Super mathematics

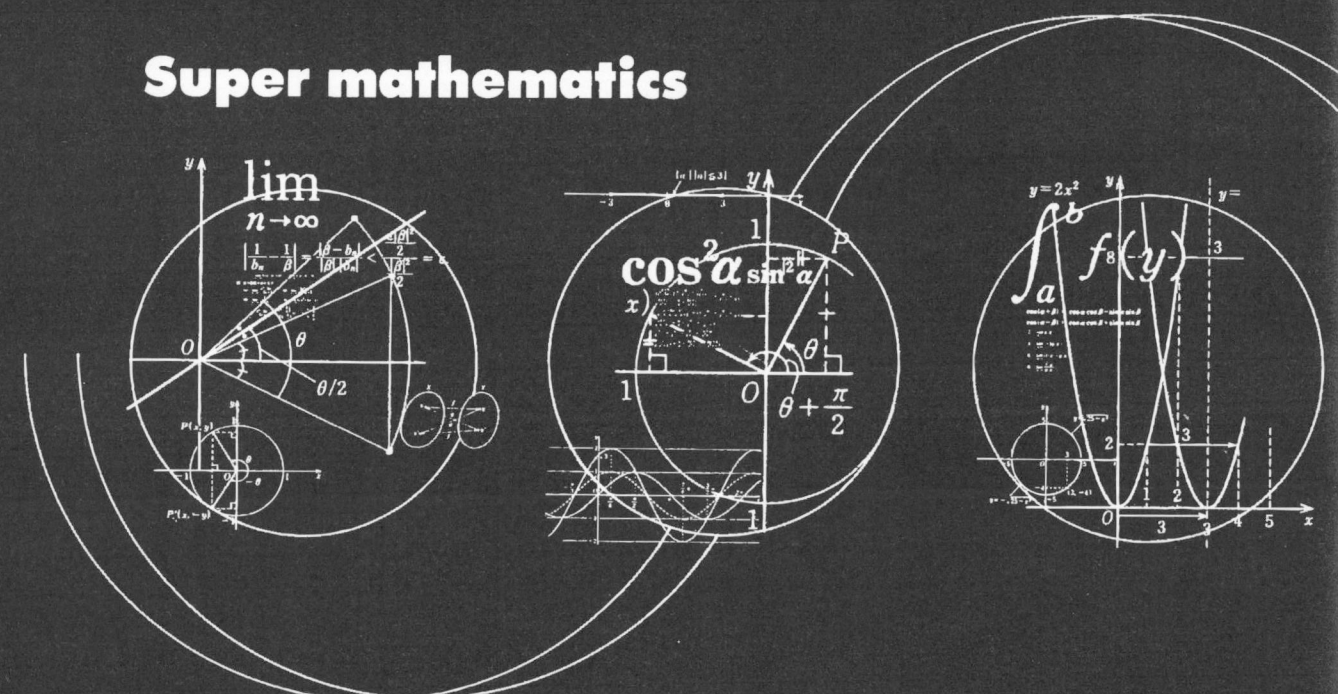

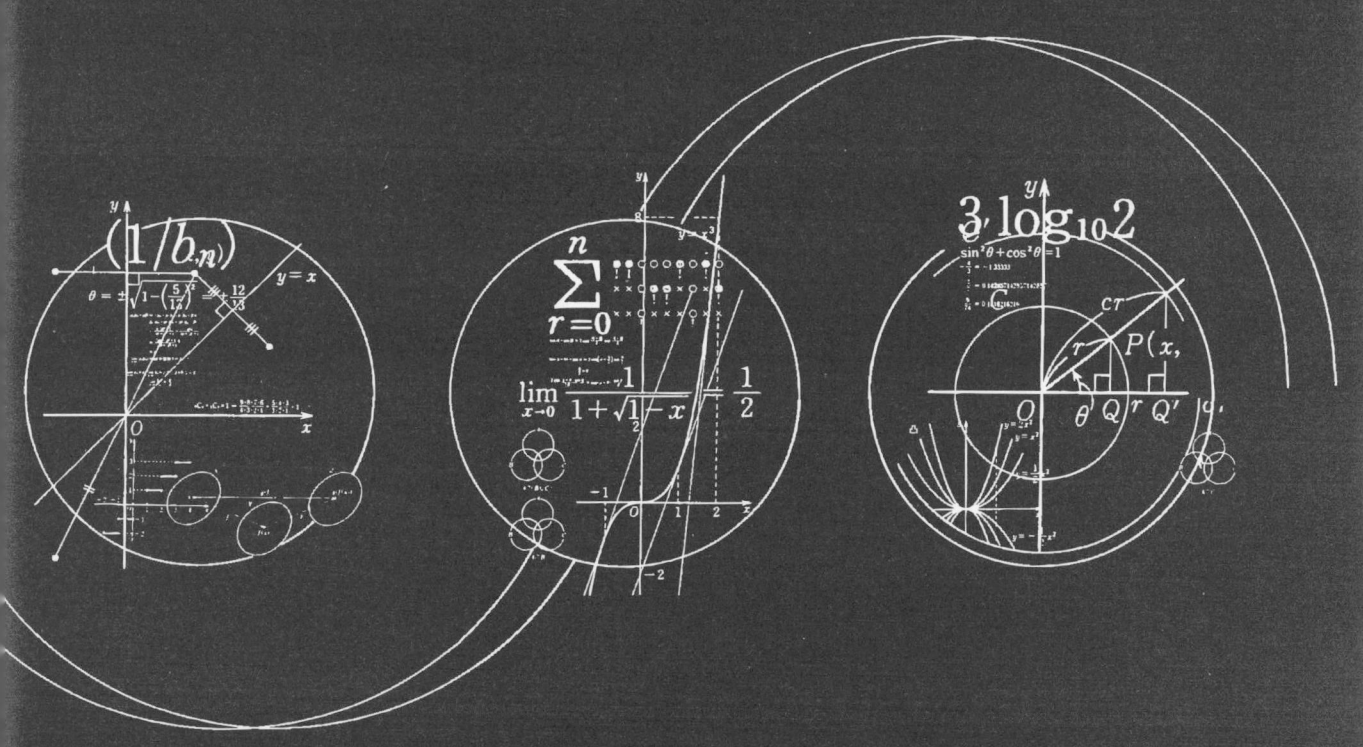

마츠자카 가즈오 지음
김태성 옮김

Super mathematics

수학독본

제 ❷ 권 간단한 함수 / 평면도형과 식 / 지수함수·로그함수 / 삼각함수

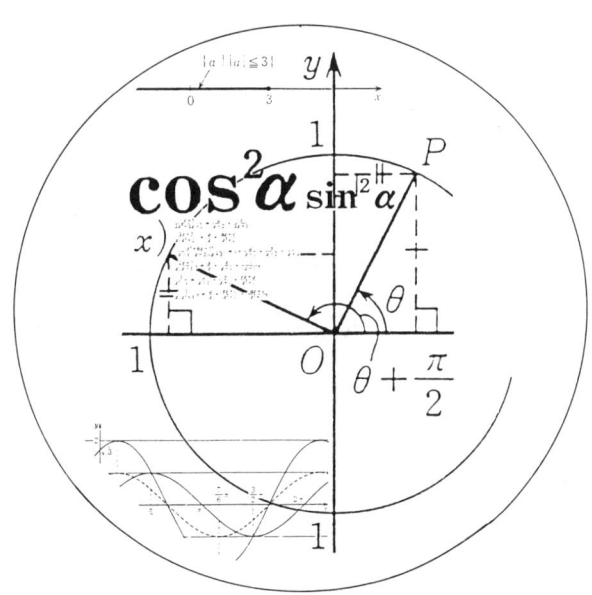

한길사

머리말

　나는 이 강의를, 초·중등 수학을 성실한 자세로 배우기를 원하는 모든 사람을 위하여 쓰고 있습니다. 내용은 중고교 수학, 특히 고교 수학입니다만, 나이가 어린 독자도 읽을 수 있도록 자세히 쓰고 있습니다.

　이 강의는, 재미있는 이야기를 취하여 하나로 정리한 것은 아닙니다. 이것은 여섯 권 전권을 통하는 어떤 종류의 일관성과 흐름을 가지고 있습니다. 결국, 나는 하나의 새로운 교과서를 쓰는 것인지도 모릅니다. 그러나, 이것은 보통 교과서와는 다릅니다. 왜냐하면 나는 여러 가지 제약없이 이 책을 쓰고 있기 때문입니다. 이 강의는 보통 교과서보다 훨씬 자유롭습니다. 또 ──그러리라고 생각합니다만── 훨씬 깊고 풍부한 내용을 담고 있습니다. 여러분은 이 강의를 읽음으로써 지금까지 깨닫지 못했던 것을 알게 되고, 새로운 발견을 하기도 하고, 매우 흥미있는 수학 문제에 인도되기도 할 것입니다.

　이 강의에는 예나 예제가 많이 있습니다. 그리고 질문도 많이 있습니다. 질문은 쉬운 문제부터 조금 생각해야만 되는 문제까지 여러 단계의 것이 골고루 있습니다. 그리고 독자의 편의를 위해, 원칙적으로 모든 문제에 대한 해답을 넣었습니다. 나는 독자에게 시간이 허용하는 한 이러한 문제를 모두 풀어 보기를 권유합니다. 수학의 여러 개념을 마음 속에 새겨 두기 위해서는, 그저 책을 읽고 이해한다는 생각만으로는 불충분하고, 역시 "자신의 힘으로 풀어본다"고 하는 실천이 필요하기 때문입니다.

　나는 너무 기교적이거나 발생원이 확실하지 않은 이상하고 부자연스러운 문제는 될 수 있는 한 피했습니다. 내가 이 강의를 통해서 이야기하고 싶은 것은 흐름이 있는 수학의 한 이야기이지 기술이나 요령 그 자체가 아니기 때문입니다.

　이 강의에서는 상식적인 교과 과정의 의미로 초·중등 수학의 범위로 생각할 수 있기 때문에 ——어디까지가 초·중등 수학이고 어디부터가 고등 수학인지는 확실하지 않습니다만 ——조금 위쪽까지 연장하였습니다. 이것은 결코 교과 과정을 거기까지 끌어 올리는 것을 주장하는 의미는 아닙니다. 다만, 이야기의 전개에서 자연적으로 거기까지 나아가는 편이 좋다고 생각했기 때문에 나아가는 것 뿐입니다. 이 강의에는 인위적으로 부자연스러운 곳은 없습니다. 따라서, 이것은 아마 최종적으로는 독자를 상당히 높은 수준까지 이끌 것입니다.

　이 강의에는 때때로 생략해도 좋은 곳이 있습니다. 그것은 본문과는 일단 관계가 없는 것이어서 그 때마다 그것을 예고하고 있습니다. 그러나, 그것은 흥미있는 부분이기 때문에 될 수 있으면 독자들이 읽기를 바랍니다. 그러나, 읽어 보고도 알 수 없다면 생략하고, 후일에 또 되돌아보시오. 이 주의는 다른 일반적인 것에서도 통용됩니다. 이 강의를 읽어가면서 이해할 수 없는 곳이 있다면, 독자는 우선 다음으로 나아가고, 조금 지난 후 다시 그곳을 읽어 보십시오.

나는 이 강의를 나이 어린 독자들이 읽어 주기를 바랍니다. 그러나 또 대학생이나 사회인——특히 학교 선생님, 수학에 흥미를 가진 부모님, 일반적으로 교육에 관심을 가진 분들——이 읽기를 기대합니다. 이 강의가 수학을 배우는 사람, 수학을 가르치는 사람에게 조금이나마 매력 있는 존재가 된다면 나는 만족합니다.

끝으로 나는, 직접 간접으로 이 강의를 쓰는데 도움을 주신 분들과 이 강의의 출판에 협력해 주신 분들에게 감사를 표합니다.

수학독본 2

Super mathematics

차례

제 5 장   관련하면서 변화하는 세계 : 간단한 함수

제 6 장   도형과 수나 식의 관계 : 평면도형과 식

제 7 장　급속·완만하게 변화하는 관계 : 지수함수·로그함수

제 8 장 원 속에 숨어 있는 함수 : 삼각함수

얼마 안되는 원리를 써서 아주 많은 것을 이룩한 일은 기하학의 영광이다.

뉴턴

5 관련하면서 변화하는 세계
—— 간단한 함수

5.1 함수와 그 그래프

우리는 제3장에서 방정식을 푸는 방법과 등식의 증명을 배웠고, 제4장에서는 부등식을 푸는 방법과 부등식의 증명 등을 배웠습니다. 이 장에서는 함수에 대해서 배우기로 합니다.

우리가 살고 있는 이 세계에서는, 자연 현상이건 사회 현상이건, 여러 가지 양이 서로 관련을 가지면서 변화하는 예를 많이 볼 수 있습니다. 일반적으로, 변화하는 몇 개의 수——변수——가 있고, 이 수들의 변화 사이에 어떤 일정한 법칙이 인정될 때, 우리는 이들 변수 사이에 "함수 관계"가 있다고 합니다. 좀 과장해서 말한다면, 여러 가지 학문은 그런 "함수 관계"를 최대한으로 밝히는 것을 목적으로 한다고도 할 수 있을 것입니다.

　　우리가 이 장에서 배우게 될 것은 이와 같은 "함수"라는 개념의 출발점입니다. 이 장에서 맨 먼저 다루는 것은 가장 간단한 함수인 일차함수, 이차함수, 분수함수 등이지만, 무슨 일이나 일을 시작할 때에는 이러한 가장 기본적인 것부터 시작해야만 한다는 것은 앞에서도 여러번 지적한 바 있습니다.

　　그럼, 이제부터 함수 공부를 시작합시다. 여기서 주의해야 할 점은, 이 장에서 다루는 수는 항상 실수라는 점입니다.

◆　함수, 독립변수와 종속변수

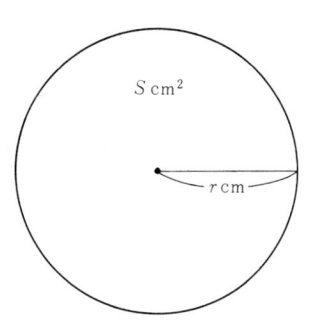

　　반지름 r cm인 원의 넓이를 S cm^{2}라 하면
$$S = \pi r^2$$
이라는 관계가 있다는 것은 잘 알려진 사실입니다. 여기서 π(파이)는 원주율입니다. r에 여러 가지 양의 값을 대입하면 거기에 대응하여 S의 값이 하나씩 정해집니다.

　　예를 들면,

　　$r = 2$로 하면 $S = 4\pi$, $r = 10$으로 하면 $S = 100\pi$가 됩니다.

　　일반적으로 두 변수 x, y가 있고, x의 값을 하나 정하면 거기에 대응해서 y의 값이 단 하나만 정해질 때 y를 x의 **함수**라고 합니다. 또 이때 x를 **독립변수**, y를 **종속변수**라고 합니다. 물론 이 말은, x의 값은 마음대로 정할 수 있으며, x의 값이 정해지면 이에 종속해서 y의 값이 정해진다는 것을 뜻합니다.

　　y가 x의 함수라는 것을, 일반적으로
$$y = f(x), \qquad y = g(x)$$
등의 기호를 써서 나타냅니다. 또, 함수 $y = f(x)$에서 x가 a라는 값을 취하면, 이에 대응하는 y의 값을 $f(a)$로 나타냅니다.

예를 들면, $f(x) = x^2 + 2x - 3$이면

$$f(1) = 0, \quad f(-1) = -4, \quad f(3) = 12$$

가 됩니다.

함수에 관해서 일반적으로 논하는 경우에는 이와 같이 보통 독립변수를 x, 종속변수를 y로 나타냅니다. 이것은 수학에서 널리 사용되고 있는 관습입니다. 물론 개별적인 문제에서는, 독립변수나 종속변수는 각각의 상황에 맞는 여러 가지 문자로 표시됩니다.

예를 들면, 위에서는 원의 반지름을 r, 넓이를 S로 나타냈는데, 이때 S는 r의 함수이며, r은 독립변수, S는 종속변수입니다. 또, 수직선상을 움직이는 점 P가 있을 때, 시각 t에서의 점 P의 좌표를 x라고 하면, x는 t의 함수로 생각되며, 이 경우의 독립변수는 시간 t이고, 종속변수는 점 P의 위치를 나타내는 좌표 x입니다.

$$x = f(t) : t\text{는 시간}$$

◈ 함수의 정의역·치역

함수 $y = f(x)$에서, 독립변수 x의 **변역**, 즉 x가 취할 수 있는 값 전체의 집합을 이 함수의 **정의역**이라고 합니다.

일반론에 맞는 문자로 만들기 위해 (위의 r, S 대신에) 원의 반지름을 x, 넓이를 y로 하면 $y = \pi x^2$ 이지만, 이 경우 x는 원의 반지름을 나타내는 문자이므로 이 함수의 정의역은 양의 실수 전체의 집합입니다. 이것을 분명히 나타내기 위해서는

$$y = \pi x^2 \qquad (x > 0)$$

과 같이 씁니다. 그러나 일반적으로, $f(x)$가 "x의 식"으로 주어져 있을 때에는, 단서가 없는 한 함수 $y = f(x)$의 정의역은,

식 $f(x)$가 의미를 갖는 x의 값 전체의 집합

이라고 생각하는 것이 보통입니다.

㉵ (1) 함수 $y = 2x+3$, $y = x^2-5$ 등의 정의역은 실수
전체의 집합입니다.

(2) 함수 $y = \dfrac{1}{x-4}$ 의 정의역은 4 이외의 모든 실
수의 집합입니다. 이 정의역을 간단히 $\{x \,|\, x \neq 4\}$와
같이 씁니다.

(3) 함수 $y = \sqrt{x-2}$ 의 정의역은 2 이상의 모든 실
수의 집합 $\{x \,|\, x \geqq 2\}$입니다. 근호 안은 음의 값을 취
할 수 없기 때문입니다. (이 장에서는 <u>실수만</u>을 다루
고 있다는 것을 상기해 주십시오.)

그리고 위의 예(1)의 $y = x^2-5$ 와 같은 함수의 정의역
은 실수 전체의 집합이지만, 때로는 이 본래의 정의역을,
이를테면 $-3 \leqq x \leqq 4$와 같은 범위로 “제한”해서 생각하
는 일도 있습니다. 정의역을 집합 $\{x \,|\, -3 \leqq x \leqq 4\}$로 제
한했을 때의 함수 $y = x^2-5$ 를

$$y = x^2-5 \qquad (-3 \leqq x \leqq 4)$$

와 같이 씁니다.

함수 $y = f(x)$에서, x가 정의역 내의 모든 값을 취할
때의 $f(x)$의 값 전체의 집합을 이 함수의 **치역**이라고 합
니다.

예를 들면,

함수 $y = 2x+3$ 의 치역은 실수 전체

함수 $y = x^2$ 의 치역은 $\{y \,|\, y \geqq 0\}$

함수 $y = x^2 \, (x \geqq 2)$ 의 치역은 $\{y \,|\, y \geqq 4\}$

가 됩니다. 이러한 것을 여러분 스스로가 확인해 보십시
오. (실제로는 함수의 그래프를 이용하면 이러한 것이 보
다 분명히 확인될 수 있습니다.)

문제 1 다음 함수의 치역은 무엇인가 답하시오.

(1) $y = 2x+3$ $(x < 0)$ (2) $y = x^2-1$

(3) $y = x^2-1$ $(x \geqq 1)$ (4) $y = (x-1)^2+2$

◈ 좌표평면과 함수의 그래프

함수 $y = f(x)$에서 x의 값의 변화에 따라 y의 값이 어떻게 변하는지 그 모양을 한눈에 알아볼 수 있게 하기 위해 그래프가 사용됩니다. 함수의 그래프를 그리기 위해서는 좌표평면이 필요합니다. 좌표평면은 이 책의 150페이지에서 언급한 바도 있고, 또 이 강의를 듣는 여러분은 이미 잘 알고 있으리라 생각하지만, 복습하는 셈치고 다시 설명하겠습니다.

평면상에 직교하는 두 직선을 그어 이것들을 **좌표축**이라 하고, 교점 O를 **원점**이라고 합니다. 또, 두 직선상에 각각 단위점 E_1, E_2를 $OE_1 = OE_2$가 되도록 잡습니다. 그러면 이 두 좌표축은 같은 단위의 길이를 가지는 수직선이 됩니다. 종이에 그릴 때에는 보통 두 좌표축의 한쪽을 수평으로, 다른 쪽을 수직으로 그리고, 수평축의 양의 방향은 오른쪽 방향, 수직축의 양의 방향은 위쪽 방향으로 잡습니다. 수평축, 수직축은 각각 가로축, 세로축이라고도 불립니다.

그러면 여기서 평면상에 있는 임의의 점의 좌표를 정하는 법을 설명하겠습니다. P를 평면상의 임의의 점이라고 했을 때, P에서 가로축의 수선 PQ를, 세로축의 수선 PR을 그리고, 세로축상에서의 Q의 좌표를 x, 가로축상에서의 R의 좌표를 y라고 하면, P에 대해서 두 실수의 쌍 (x, y)가 정해집니다. 반대로, 가로축상의 점 $Q(x)$와 세로축상의 점 $R(y)$가 주어졌을 때, 이들 점에서 각각 가로축, 세로축의 수선을 그리면, 이들 수선의 교점으로서 P가 정해집니다. 이렇게 해서 평면상의 점 P와 두 실수의 쌍 (x, y)가 정해집니다.

반대로, 가로축상의 점 $Q(x)$와 세로축상의 점 $R(y)$가 주어졌을 때, 이들 점에서 각각 가로축, 세로축으로 수선을 그리면, 이들 수선의 교점으로서 P가 정해집니다. 이렇게 해서 평면상의 점 P와 두 실수의 쌍 (x, y)가 일대일

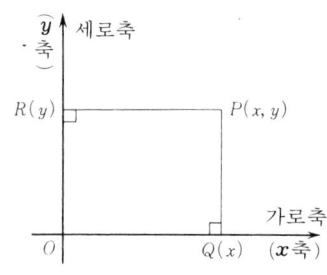

로 대응합니다. 점 P에 대응하는 두 실수의 쌍 (x, y)를 점 P의 좌표라 하고, 그 첫번째 성분 x를 P의 **x좌표**, 두 번째 성분 y를 P의 **y좌표**라고 부릅니다. 또, 점 P의 좌표가 (x, y)라는 것을 $P(x, y)$로 쓰며, 흔히 점 P를 점 (x, y)라고도 합니다.

이와 같이 좌표가 정해진 평면이 **좌표평면**입니다. 그리고 위와 같이 좌표평면의 일반적인 점의 좌표를 (x, y)로 쓸 때에는 가로축을 **x축**, 세로축을 **y축**이라 부르고, 또 그 평면을 **xy평면**이라고 합니다. 물론 경우에 따라서는 ──── 즉, 함수의 그래프를 그릴 때 독립변수, 종속변수의 문자를 어떻게 정하느냐에 따라 ──── 일반적인 점의 좌표를 (s, t), (x_1, x_2) 등으로 쓸 수도 있습니다. 이 경우 좌표평면은 각각 st평면, x_1x_2평면이라 합니다.

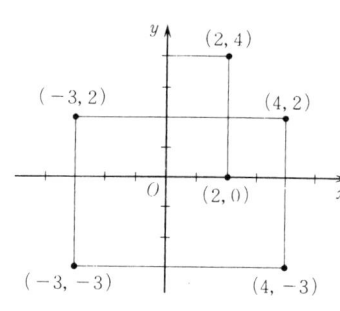

왼쪽 그림에 점의 좌표를 몇 가지 나타냈습니다. 이 그림에서 물론 점$(2, 4)$와 점$(4, 2)$는 같지 않습니다. 즉, 평면에 있는 점의 좌표는 "차례대로 적은 두 수의 쌍"인 것입니다.

좌표평면은 두 좌표축에 의해서 네 부분으로 나누어집니다. 이 네 부분을 왼쪽 그림에서와 같이, 각각 **제1 사분면, 제2 사분면, 제3 사분면, 제4 사분면**이라고 합니다. 단 각 좌표축은 어느 사분면에도 포함시키지 않습니다.

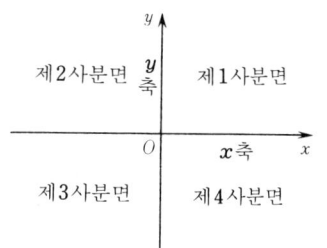

집합의 기호를 사용하면, 예를 들어 제1 사분면은 $x>0$, $y>0$을 만족시키는 좌표 (x, y)를 갖는 점 전체의 집합이므로,

$$\{(x, y) \mid x>0, y>0\}$$

으로 나타낼 수가 있습니다. 제1 사분면은 특히 양의 사분면이라고도 불립니다.

그리고, 위에서도 말한 바와 같이 보통 좌표축은 어느 사분면에도 포함시키지 않는데, 경제학 등에서는 집합 $\{(x, y) \mid x \geqq 0, y \geqq 0\}$을 음이 아닌 사분면 등으로 부르기도 합니다.

문제 2 위와 같이 제2 사분면, 제3 사분면, 제4 사분면을
각각 집합의 표시로 나타내시오.

지금 하나의 함수 $y=f(x)$가 주어졌다고 합시다. 이
때 정의역내의 각 x에 대하여, 이것에 대응하는 함수의
값 $y=f(x)$를 구하여,

$$(x, y) = (x, f(x))$$

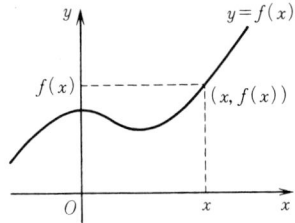

를 좌표로 하는 점을 좌표평면상에 잡으면, 이들 점 전체
의 집합은 평면상에 하나의 도형을 만듭니다. 이 도형이
함수 $y=f(x)$의 **그래프**입니다. 주어진 함수의 그래프를
그리면, 독립변수 x의 값이 변화함에 따라 종속변수 y의
값이 어떻게 변화하는지, 그 모양이 일목요연해집니다.

[주의 : 함수의 그래프를 그릴 때, 두 축의 단위의 길이
는 똑같이 잡는 것이 원칙입니다. 다만, 그렇게 하면 실
제로 그래프를 그리기가 매우 어렵게 되는 경우가 있는
데, 그러한 경우에는 ── 예외적이지만 ── 두 축의 단
위의 길이를 바꾸는 것이 허용됩니다. 그리고 통계 자료
의 그래프인 경우에는, 표현하고자 하는 내용이 보통의
함수의 경우와 다르므로 종종 두 축의 단위의 길이를 현
저하게 달리 하기도 하는데, 이런 경우에는 그래프가 그
려져 있는 평면을 보통 의미의 좌표평면이라 부를 수는
없을 것입니다.]

◆ **일차함수와 그 그래프**

x의 함수 y가 x의 일차식에 의해서

$$y=ax+b$$

로 표시될 때, y를 x의 **일차함수**라고 합니다. 여기서 a,
b는 상수이고, a는 0이 아닙니다.

예를 들면 함수 $y=2x$에서 x의 값과 y의 값의 대응표

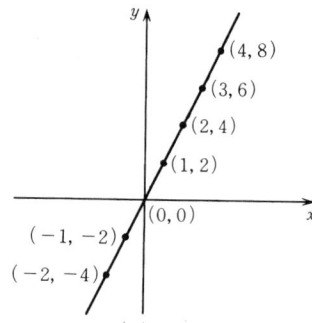

를 만들어 보면, 다음과 같이 됩니다.

x	……	-4	-3	-2	-1	0	1	2	3	4	……
y	……	-8	-6	-4	-2	0	2	4	6	8	……

그리고 좌표 (x, y)의 점을 연결하면 왼쪽 위의 그림과 같은 직선이 됩니다.

마찬가지로 함수 $y = x$, $y = 2x$, $y = \frac{1}{2}x$, $y = -x$, $y = -2x$, $y = -\frac{1}{2}x$ 등의 그래프를 그리면 각각 왼쪽 아래 그림과 같은 직선이 됩니다.

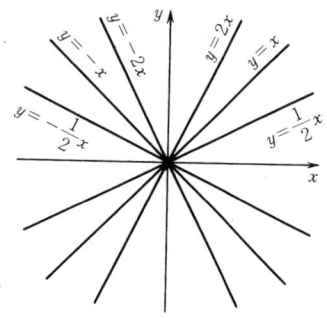

일반적으로 일차함수 $y = ax$의 그래프는 원점을 지나는 직선이 된다는 것을 설명하겠습니다. 이 그래프상의 점 $(1, a)$에서 x축으로 수선을 내리긋고, 또 임의의 점 (x, ax)에서 x축으로 수선을 내리그으면, 그림의 두 직각삼각형의 밑변과 높이의 비는 같아집니다. 따라서 이들 삼각형은 닮은꼴이며, 원점 O, 점 $(1, a)$, 점 (x, ax)는 같은 직선상에 있다는 것을 알 수 있습니다. 그러므로 함수 $y = ax$의 그래프는 원점과 점 $(1, a)$를 연결하는 직선이 되는 것입니다.

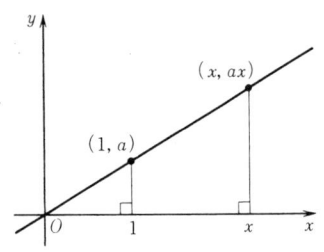

함수 $y = ax$는, $a > 0$이면 x가 증가함에 따라 y도 증가하며, 그래프는 오른쪽으로 비스듬히 올라가는 직선이 되고, $a < 0$이면 x가 증가함에 따라 y는 감소하며, 그래프는 오른쪽으로 비스듬히 내려가는 직선이 됩니다.

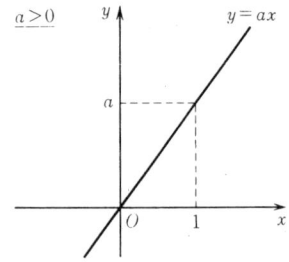
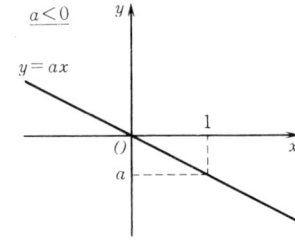

또, a의 절대값이 작으면 $y = ax$의 그래프는 x축(가로축)에 가까워지고, a의 절대값이 크면 y축(세로축)에 가까워집니다. a를 이 직선의 **기울기**라고 합니다.

비례를 써서 말하면, 일차함수 $y=ax$는 y가 x에 **비례**하는 관계를 나타내고 있습니다. 그래프의 기울기 a는 **비례상수**입니다.

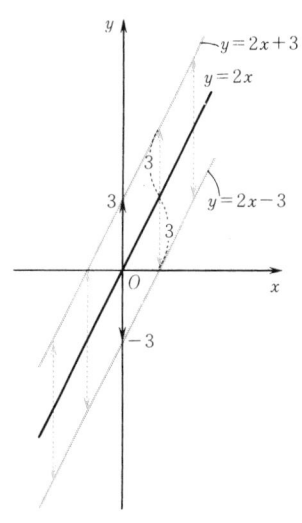

다음에는 예를 들어 $y=2x+3$의 그래프를 생각해 봅시다. 이 함수와 함수 $y=2x$를 비교해 보면, 같은 x의 값에 대한 $y=2x+3$의 값은 $y=2x$의 값보다 항상 3만큼 크게 됩니다. 따라서 함수 $y=2x+3$의 그래프는 함수 $y=2x$의 그래프를 y축의 방향으로 3만큼 평행이동시킨 직선이 됩니다.

마찬가지로 함수 $y=2x-3$의 그래프는 함수 $y=2x$의 그래프를 y축의 방향으로 -3만큼 평행이동시킨 직선입니다.

[주의 : y축의 방향으로 -3만큼 평행이동시킨다는 것은 "y축의 음의 방향으로 3만큼 평행이동시킨다"는 뜻입니다. 일반적으로, 단순히 "y축의 방향으로 b만큼 평행이동시킨다"고 하면, 이것은 "y축의 양의 방향으로 b만큼 평행이동시킨다"는 것을 의미합니다. 따라서 $b<0$인 경우에는, 이것은 "y축의 음의 방향으로 $|b|$만큼 평행이동시키는 결과가 됩니다.]

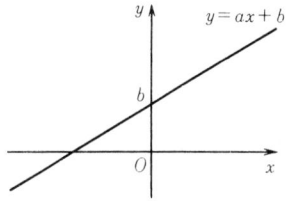

일반적으로 함수 $y=ax+b$의 그래프는 함수 $y=ax$의 그래프를 y축의 방향으로 b만큼 평행이동시킨 것으로서, 그것은 점 $(0,\ b)$를 지나며 기울기가 a인 직선이 됩니다. b를 이 직선의 **y절편**, 또는 단지 **절편**이라고 합니다. 또, 함수 $y=ax+b$의 그래프인 직선을 단지 **직선 $y=ax+b$**라고도 합니다.

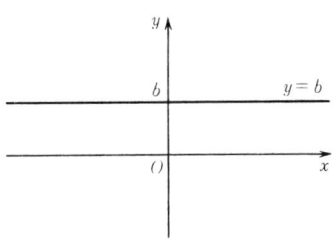

함수 $y=ax+b$에서 $a=0$인 경우에는 단순히 $y=b$가 되어 우변은 x를 포함하지 않습니다. 그래도 이것이 "x의 함수"일까요? 우리는 이것도 x의 함수로 생각하기로 합니다. 즉, "x가 어떤 값을 취해도 y가 항상 일정한 값 b를 취하는 함수"로 생각하는 것입니다. 이와 같은 함수를 **상수함수**라고 합니다. 상수함수 $y=b$의 그래프는

점 $(0,\ b)$를 지나 x축에 평행인 직선이며, 그 기울기는 0
입니다.

[주의 : 오해할 우려가 없는 경우에는 상수함수를 단지
"상수"라 하기도 합니다.]

문제 3 다음 직선의 기울기와 절편을 말하시오.

(1)　$y=x$　　　　(2)　$y=-2x$　　(3)　$y=3x+2$

(4)　$y=-1+\dfrac{1}{2}x$　(5)　$y=5$　　　(6)　$y=-3$

문제 4 다음 6개의 경우 중 함수 $y=ax+b$의 그래프가 제
2사분면을 지나는 경우는 어느 경우일까요? 또, 제3사분
면을 지나는 것은 어느 경우일까요?

(1)　$a>0,\ b>0$　　(2)　$a>0,\ b<0$

(3)　$a<0,\ b>0$　　(4)　$a<0,\ b<0$

(5)　$a=0,\ b>0$　　(6)　$a=0,\ b<0$

예제 다음 함수의 그래프를 그리시오.

(1)　$y=|x|$　　(2)　$y=|x+1|+\left|\dfrac{1}{2}x-1\right|$

풀이 절대값 기호를 포함하는 식에 대해서는 절대값
기호 속이 $\geqq0$이 되는 경우와 $\leqq0$이 되는 경우로 나누
어서 생각할 필요가 있습니다.

(1)　절대값의 정의에 따라

$$x\geqq0일\ 때　　y=|x|=x$$
$$x\leqq0일\ 때　　y=|x|=-x$$

따라서 그래프는 왼쪽 그림과 같이 됩니다.

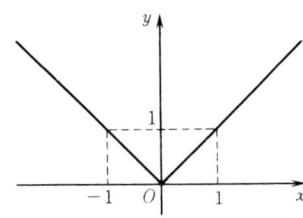

(2)　$x+1\geqq0$ 즉 $x\geqq-1$일 때
$$|x+1|=x+1$$
$x+1\leqq0$ 즉 $x\leqq-1$일 때
$$|x+1|=-(x+1)$$
$\dfrac{1}{2}x-1\geqq0$ 즉 $x\geqq2$일 때
$$\left|\dfrac{1}{2}x-1\right|=\dfrac{1}{2}x-1$$

$$\frac{1}{2}x-1 \leqq 0 \quad 즉 \quad x \leqq 2 \text{ 일 때}$$
$$\left|\frac{1}{2}x-1\right| = -\left(\frac{1}{2}x-1\right)$$

따라서

1 $x \leqq -1$ 일 때
$$y = -(x+1) - \left(\frac{1}{2}x-1\right) = -\frac{3}{2}x$$

2 $-1 \leqq x \leqq 2$ 일 때
$$y = (x+1) - \left(\frac{1}{2}x-1\right) = \frac{1}{2}x+2$$

3 $2 \leqq x$ 일 때
$$y = (x+1) + \left(\frac{1}{2}x-1\right) = \frac{3}{2}x$$

그러므로 그래프는 오른쪽 그림처럼 꺾은선이 됩니다.

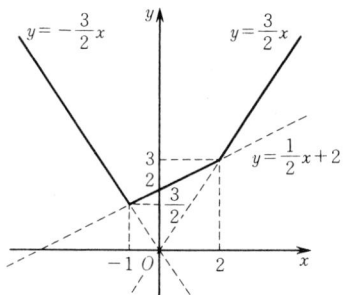

문제 5 다음 함수의 그래프를 그리시오.

(1) $y = |x-1|$　　　(2) $y = |x-1| - |x+1|$

(3) $y = \dfrac{|x|+x}{2}$

예제 그래프를 이용하여 다음 부등식을 푸시오.
$$|2x-6| < x \qquad ①$$

풀이 두 함수
$$y = |2x-6| \qquad ②$$
$$y = x \qquad ③$$

의 그래프를 그리면 각각 오른쪽 그림과 같이 됩니다.

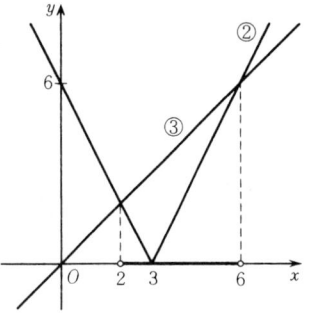

이들 그래프의 교점의 x좌표를 구하면,

$x \leqq 3$의 범위에서는

　　방정식 $6-2x=x$를 풀어　　　$x=2$

$x \geqq 3$의 범위에서는

　　방정식 $2x-6=x$를 풀어　　　$x=6$

부등식 ①의 풀이는 함수 ③의 그래프가 함수 ②의 그래프보다 위에 있는 부분이므로, 위의 그림에서 다음 답을 얻을 수 있습니다. 　　　　〈답〉 $2 < x < 6$

문제 6 다음 부등식을 푸시오.

(1) $|x| > \dfrac{1}{3}x + 2$　　　(2) $|x| + |x-1| \leqq 3$

5.2 이차함수

x의 함수 y가 x의 이차식에 의해서

$$y = ax^2 + bx + c$$

로 표시될 때, y를 x의 **이차함수**라고 합니다. 여기서 a, b, c는 상수이고, a는 0이 아닙니다.

다음에는 이차함수의 그래프에 대해서 생각해 봅시다.

◆　$y = ax^2$의 그래프

먼저 가장 간단한 이차함수

$$y = x^2$$

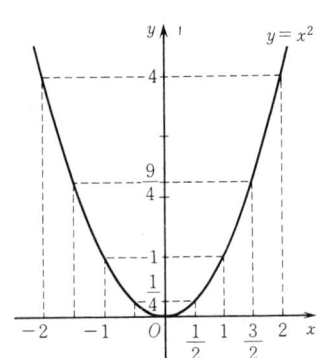

에 관해서, x의 여러 가지 값에 대한 y의 값을 알아보면 다음과 같이 됩니다.

x	……	-2	$-\dfrac{3}{2}$	-1	$-\dfrac{1}{2}$	0	$\dfrac{1}{2}$	1	$\dfrac{3}{2}$	2	……
y	……	4	$\dfrac{9}{4}$	1	$\dfrac{1}{4}$	0	$\dfrac{1}{4}$	1	$\dfrac{9}{4}$	4	……

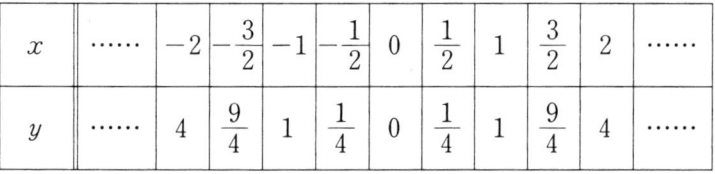

이들 값의 쌍 (x, y)를 좌표로 하는 점을 좌표평면상에 잡고, 이것들을 매끄러운 선으로 연결하면, 이 함수의 그래프는 대체로 왼쪽 위의 그림과 같은 곡선이 됩니다.

다음에 함수

$$y = ax^2$$

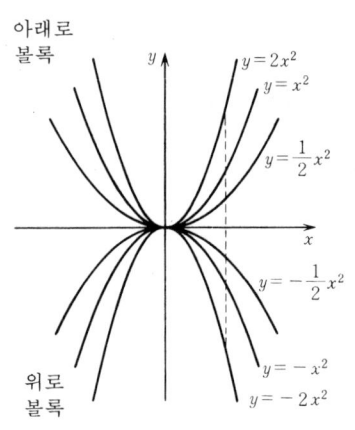

을 생각하면, 같은 x의 값에 대한 이 함수의 값은 항상 함수 $y = x^2$의 값의 a배가 되어 있습니다. 이 사실로부터 a의 값이 변화함에 따라 이 함수의 그래프는 왼쪽 아래 그림과 같이 된다는 것을 알 수 있습니다.

함수 $y = ax^2$의 그래프의 성질은 다음과 같습니다.

1 원점을 지난다. ──── 이것은 분명합니다.

2 y축에 대해서 대칭이다. ──── 이것은 임의의 x에 대해서 $ax^2 = a(-x)^2$인 것에서 알 수 있습니다.

3 $a > 0$인 경우, 그래프는 제1사분면과 제2사분면에 있고, x의 절대값 $|x|$가 0에서부터 증가함에 따라 y의 값도 증가하며, $|x|$가 무한히 커지면 y도 무한히 커집니다.

한편 $a < 0$인 경우, 그래프는 제3사분면과 제4사분면에 있고, x의 절대값 $|x|$가 0으로부터 증가함에 따라 y의 값은 감소하며, $|x|$가 무한히 커지면 y는 음이되고 이것의 절대값 $|y|$가 무한히 커집니다.

함수 $y = ax^2$의 그래프인 곡선을 우리는 **포물선**이라고 부릅니다. 그리고 y축을 이 포물선의 **축**, 원점을 **꼭지점**이라고 합니다. 또, 이 포물선은

$a > 0$일 때는 **아래로 볼록** $a < 0$일 때는 **위로 볼록**

하다고 합니다.

◆ $y = a(x-p)^2$의 그래프

예를 들면, 두 이차함수

$$y = 2x^2 \text{ 과 } y = 2(x-3)^2$$

에 관해서, x의 값에 대응하는 y의 값을 표로 만들면 다음과 같이 됩니다.

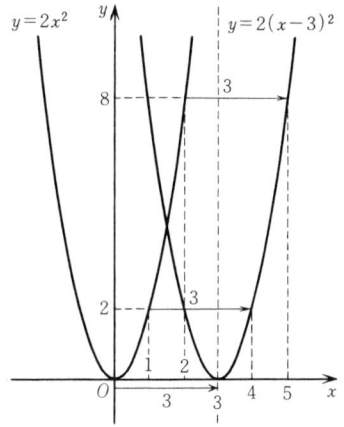

x	$\cdots$	-2	-1	0	1	2	3	4	5	$\cdots$
$2x^2$	$\cdots$	8	2	0	2	8	18	32	50	$\cdots$
$2(x-3)^2$	$\cdots$		50	32	18	8	2	0	2	8	$\cdots$

즉, $2x^2$의 값을 오른쪽으로 세 자리씩 이동시킨 것이 $2(x-3)^2$의 값이 됩니다.

이 사실로부터 함수

$$y = 2(x-3)^2$$

의 그래프는 함수 $y=2x^2$의 그래프를 x축의 방향으로 3 만큼 평행이동시킨 포물선임을 알 수 있습니다.

마찬가지로, 함수 $y=2(x+3)^2$의 그래프는 함수 $y=2x^2$의 그래프를 x축의 방향으로 -3만큼 평행이동시킨 포물선이 됩니다.

일반적으로 함수

$$y=a(x-p)^2$$

의 그래프는 함수 $y=ax^2$의 그래프를 x축의 방향으로 p 만큼 평행이동시킨 포물선이고, 그 축은 직선 $x=p$, 꼭 지점은 $(p,\ 0)$입니다. 여기서 직선 $x=p$라는 것은 점 $(p,\ 0)$을 지나 x축에 수직인 (즉, y축에 평행인) 직선을 말합니다.

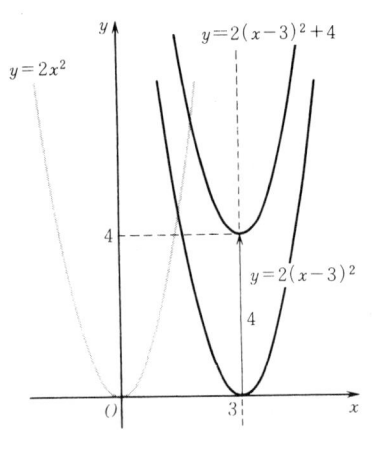

◆ $y=a(x-p)^2+q$의 그래프

다음에는 이차함수

$$y=2(x-3)^2+4$$

를 생각해 봅시다. 이것과 함수 $y=2(x-3)^2$을 비교해 보면 같은 x의 값에 대한 위 함수의 값은 함수 $y=2(x-3)^2$의 값보다 항상 4만큼 커집니다. 따라서 이 함수의 그래프는 함수 $y=2(x-3)^2$의 그래프를 y축의 방향으로 4만큼 평행이동시킨 것이 됩니다.

즉, 함수

$$y=2(x-3)^2+4$$

의 그래프는 $y=2x^2$의 그래프를 x축의 방향으로 3, y축의 방향으로 4만큼 평행이동시킨 포물선이며, 그 축은 직선 $x=3$, 꼭지점은 점$(3,\ 4)$입니다. 일반적으로 다음이 성립됩니다.

이차함수 $y=a(x-p)^2+q$의 그래프는 $y=ax^2$의 그래프를 x축의 방향으로 p, y축의 방향으로 q 만큼 평행이동시킨 포물선이며,

축은 직선 $x=p$, 꼭지점은 $(p,\ q)$

（예） 이차 함수 $y=(x-2)^2-1$의 그래프를 그리시오.

（풀이） 이 함수의 그래프는 $y=x^2$의 그래프를 x축의 방향으로 2, y축의 방향으로 -1만큼 평행이동시킨 포물선이며, 오른쪽 그림과 같이 됩니다. 이 포물선의 축은 직선 $x=2$, 꼭지점은 $(2, -1)$입니다.

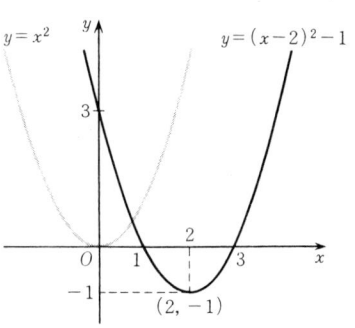

[주의 : 이 함수의 그래프가 그림과 같이 y축과 점 $(0, 3)$에서 만나는 일, 또 x축과 점 $(1, 0)$, $(3, 0)$에서 만나는 일을 확인해 보십시오.]

（문제 7） 다음 이차함수의 그래프의 축과 꼭지점을 구하고, 그래프를 그리시오.

(1) $y=(x+1)^2$

(2) $y=\dfrac{1}{2}x^2-2$

(3) $y=-(x-1)^2+1$

(4) $y=2(x+2)^2+1$

◆ $y=ax^2+bx+c$의 그래프

이차함수 $y=ax^2+bx+c$는 이것을 $y=a(x-p)^2+q$의 꼴로 변형하면 이미 배운 결과를 사용해서 그 그래프를 그릴 수가 있습니다

（예） 이차함수 $y=\dfrac{1}{2}x^2+x-\dfrac{3}{2}$의 그래프를 그리시오.

（풀이） 우변의 식을 변형하면

$$y = \frac{1}{2}(x^2+2x) - \frac{3}{2}$$

$$= \frac{1}{2}(x^2+2x+1) - \frac{1}{2} - \frac{3}{2}$$

$$= \frac{1}{2}(x+1)^2 - 2$$

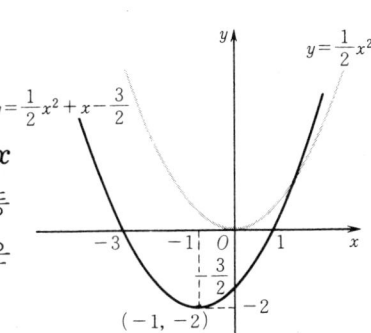

그러므로 이 함수의 그래프는 $y=\dfrac{1}{2}x^2$의 그래프를 x축의 방향으로 -1, y축의 방향으로 -2만큼 평행이동시킨 포물선이며, 오른쪽 그림과 같이 됩니다. 그 축은 직선 $x=-1$, 꼭지점은 $(-1, -2)$입니다.

일반적으로 이차함수 $y = ax^2 + bx + c$ 는

$$y = a\left(x^2 + \frac{b}{a}x + \frac{b^2}{4a^2}\right) - \frac{b^2}{4a} + c$$

$$= a\left(x + \frac{b}{2a}\right)^2 - \frac{b^2 - 4ac}{4a}$$

으로 변형할 수 있으므로, 그 그래프는 $y = ax^2$의 그래프를

x축의 방향으로 $-\dfrac{b}{2a}$, y축의 방향으로 $-\dfrac{b^2 - 4ac}{4a}$

만큼 평행이동시킨 포물선이고,

축은 직선 $x = -\dfrac{b}{2a}$,   꼭지점은 점 $\left(-\dfrac{b}{2a},\ -\dfrac{b^2 - 4ac}{4a}\right)$

가 됩니다.

이차함수 $y = ax^2 + bx + c$의 그래프인 포물선을 단순히 **포물선 $y = ax^2 + bx + c$**라고도 합니다.

문제 8 다음 이차함수를 $y = a(x - p)^2 + q$의 꼴로 변형하여 그래프의 축과 꼭지점을 구하고, 그 그래프를 그리시오.

(1) $y = \dfrac{1}{2}x^2 + 2x$ (2) $y = x^2 - 2x + 3$

(3) $y = -x^2 - 4x - 3$ (4) $y = -2x^2 + 3x$

예제 그래프가 다음 조건을 만족하는 이차함수를 각각 구하시오.

(1) 세 점 $(0, -5)$, $(-1, 0)$, $(3, 4)$를 지난다.

(2) 꼭지점이 $(-3, 10)$이며, 점$(1, -6)$을 지난다.

풀이 (1) 구하는 이차함수를 $y = ax^2 + bx + c$라고 하면,

$$x = 0, -1, 3일 때$$
$$각각 y = -5, 0, 4$$

이므로

$$\begin{cases} c = -5 \\ a - b + c = 0 \\ 9a + 3b + c = 4 \end{cases}$$

가 됩니다. 이 연립방정식을 풀면

$$a = 2, b = -3, c = -5$$

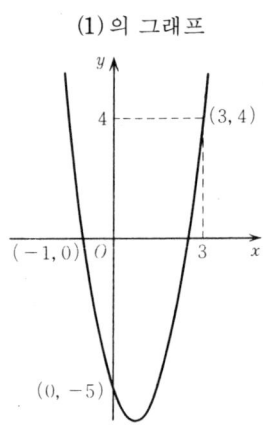

(1)의 그래프

〈답〉 $y=2x^2-3x-5$

(2) 그래프의 꼭지점이 $(-3, 10)$이므로 구하는 이차함수는

$$y=a(x+3)^2+10$$

의 꼴로 나타낼 수 있습니다.

그리고 그래프가 점$(1, -6)$을 지나므로

$$-6=a(1+3)^2+10=16a+10$$

따라서

$$a=-1$$

그러므로

$$y=-(x+3)^2+10=-x^2-6x+1$$

〈답〉 $y=-x^2-6x+1$

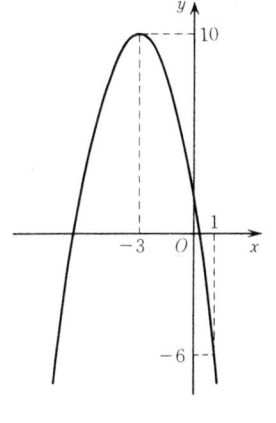

문제 9 그래프가 다음 조건을 만족하는 이차함수를 각각 구하시오.

(1) 세 점 $(0, 2)$, $(2, 0)$, $(-2, -12)$를 지난다.

(2) 꼭지점이 $(3, -4)$이고, 점 $(5, 0)$을 지난다.

(3) 두 점 $(1, 1)$, $(4, 4)$를 지나며, 꼭지점이 x축상에 있다.

예제 p의 값이 여러 가지로 변할 때, 포물선

$$y=x^2+px$$

의 꼭지점은 어떤 도형 위를 움직일까요?

풀이 $y=x^2+px=\left(x+\dfrac{p}{2}\right)^2-\dfrac{p^2}{4}$

이므로, 꼭지점의 좌표를 (x, y)라 하면

$$x=-\dfrac{p}{2}, \qquad y=-\dfrac{p^2}{4}$$

이 됩니다. 이 두 식에서 p를 소거하면

$$y=-x^2$$

즉, 꼭지점은 포물선 $y=-x^2$ 위를 움직입니다.

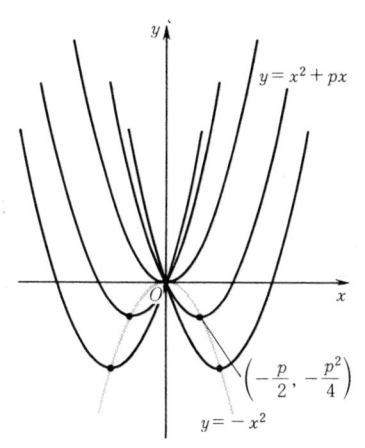

문제 10 p의 값이 여러 가지로 변할 때, 포물선
$$y=-x^2+2px+p$$
의 꼭지점은 어떤 도형 위를 움직일까요?

◆ **이차함수의 최대·최소**

이차함수 $y=a(x-p)^2+q$의 그래프는 축이 직선 $x=p$, 꼭지점이 (p, q)인 포물선이며, 아래 그림과 같이
$$a>0\text{이면 아래로 볼록,}\quad a<0\text{이면 위로 볼록}$$
합니다.

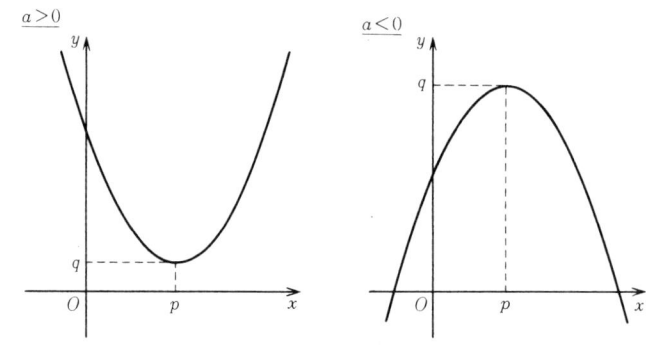

이 그림에서 다음과 같은 사실을 알 수 있습니다.

이차함수 $y=a(x-p)^2+q$는

 <u>$a>0$이면 $x=p$에서 최소값 q를 갖는다.</u>

 <u>y의 최대값은 없다. (y는 얼마든지 큰 값을 갖는다.)</u>

 <u>$a<0$이면 $x=p$에서 최대값 q를 갖는다.</u>

 <u>y의 최소값은 없다. (y는 얼마든지 작은 값을 갖는다.)</u>

⑩ (1) 이차함수 $y=x^2-2x+3$은
$$y=(x-1)^2+2$$
로 변형시킬 수 있습니다. 따라서 이 함수 y는 $x=1$에서 최소값 2를 갖습니다. y의 최대값은 없습니다.

 (2) 이차함수 $y=-\dfrac{1}{2}x^2-2x+1$은
$$y=-\dfrac{1}{2}(x+2)^2+3$$
으로 변형시킬 수 있습니다. 따라서 이 함수 y는 x

$=-2$에서 최대값 **3**을 갖습니다. y의 최소값은 없습니다.

여러분은 실제로 이 예 (1), (2)의 함수의 그래프를 그려 보십시오.

문제 11 다음 이차함수의 최대값 또는 최소값을 구하시오. 또, 함수가 그 값을 가질 때의 x의 값을 말하시오.

(1) $y = x^2 - 4x + 7$ (2) $y = 3 - 6x - x^2$

(3) $y = 4x^2 + 12x + 9$ (4) $y = -2x^2 + 3x$

(5) $y = \dfrac{1}{2}x^2 + x$ (6) $y = -\dfrac{1}{2}x^2 + 2x - 4$

252페이지에서 본 바와 같이, 일반적으로 이차함수 $y = ax^2 + bx + c$ 는

$$y = a\left(x + \frac{b}{2a}\right)^2 - \frac{D}{4a} \quad (단, D = b^2 - 4ac)$$

로 변형시킬 수 있습니다. 따라서 a의 양·음에 따라 그 그래프를 생각하면 다음과 같은 사실을 알 수 있습니다.

이차함수 $y = ax^2 + bx + c$ 는,

$a > 0$이면

$x = -\dfrac{b}{2a}$ 에서 최소값 $-\dfrac{D}{4a}$ 를 가지며, 최대값은 없다.

$a < 0$이면

$x = -\dfrac{b}{2a}$ 에서 최대값 $-\dfrac{D}{4a}$ 를 가지며, 최소값은 없다.

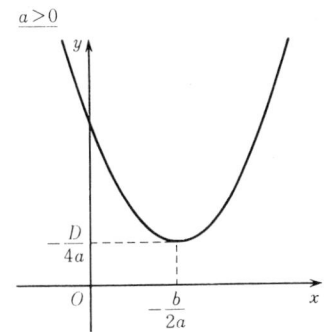

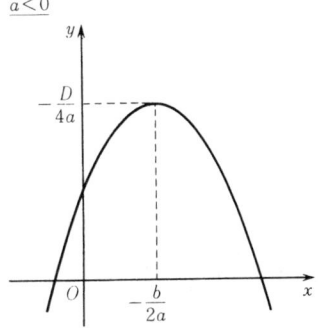

이상과 같이 이차함수 $y=ax^2+bx+c$ 는 $a>0$ 인가, $a<0$ 인가에 따라 최소값 또는 최대값 중에서 어느 한쪽만을 가집니다. 그러나 이것은 정의역을 실수 전체로 생각한 경우이고, 정의역을 제한해서 생각한 경우에는 사정이 달라집니다. 다음과 같은 예를 생각해 봅시다.

예 정의역을 $\{x \mid -1 \leq x \leq 4\}$ 로 제한했을 때의 이차함수 $y=x^2-2x-2$ 의 최대값과 최소값을 구하시오.

정의역을 $\{x \mid -1 \leq x < 4\}$ 로 제한한 경우는 어떻게 될까요?

풀이 **1** $-1 \leq x \leq 4$ 의 범위를 생각하면,
$$y=x^2-2x-2=(x-1)^2-3$$
의 그래프는 왼쪽 위 그림의 포물선의 실선 부분이 됩니다.

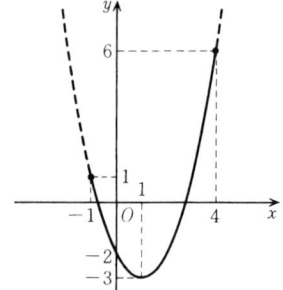

따라서 정의역을 $\{x \mid -1 \leq x \leq 4\}$ 로 한 경우 y 는

$x=4$ 일 때 최대값 6

$x=1$ 일 때 최소값 -3

을 가집니다.

2 $-1 \leq x < 4$ 의 범위를 생각하면 위 그림의 오른쪽 끝의 점 $(4, 6)$ 이 제거되어 아래 그림처럼 됩니다. 그러므로 정의역을 $\{x \mid -1 \leq x < 4\}$ 로 한 경우 y 는

$x=1$ 일 때 최소값 -3

을 가지지만 y 의 최대값은 없습니다.

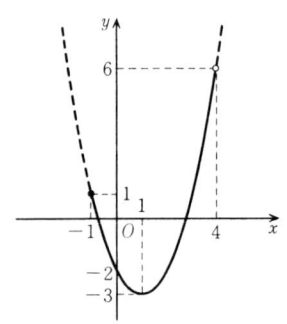

이 정의역 $\{x \mid -1 \leq x < 4\}$ 에 대응하는 함수 y 의 치역은
$$\{y \mid -3 \leq y < 6\}$$
이 됩니다.

문제 12 다음 함수를 ( )안에 보인 정의역으로 생각했을 때, 그 최대값과 최소값을 구하시오. 또, 함수가 그 값을 가질 때의 x 의 값을 말하시오.

(1) $y=x^2-4x \quad (0 \leq x \leq 3)$

(2) $y = x^2 + x - 1$ $(-2 \leqq x \leqq 1)$

(3) $y = 5 - 2x^2$ $(-1 \leqq x \leqq 2)$

(4) $y = -\dfrac{1}{2}x^2 + 2x$ $(-2 \leqq x \leqq 1)$

문제 13 다음 함수를 (   )안에 보인 정의역으로 생각했을 때, 그 치역을 구하시오.

(1) $y = x^2 - 3x$ $(2 < x < 4)$

(2) $y = -2x^2 - 4x + 5$ $(-3 < x < 1)$

(3) $y = \dfrac{1}{2}x^2 - 3x + 6$ $(0 \leqq x < 4)$

예제 폭 20cm의 구리판을 단면이 오른쪽 그림처럼 되도록 구부려서 홈을 만들기로 하였습니다. 홈의 단면적을 최대로 하기 위해서는 x, y를 각각 얼마로 하면 될까요? 또, 이 때의 단면적을 구하시오.

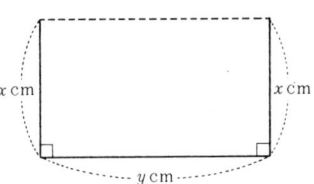

풀이 단면적을 $S\,cm^2$라고 하면

$$2x + y = 20 \qquad\qquad ①$$
$$S = xy \qquad\qquad ②$$

가 됩니다.

①에서 $y = 20 - 2x$이므로 이것을 ②에 대입하면

$$S = 20x - 2x^2 \qquad\qquad ③$$

즉, S는 x의 이차함수입니다. 이 이차함수 S의 최대값을 구하면 됩니다. 다만 $x > 0$, $y > 0$이므로, ①에서 알 수 있는 바와 같이 x의 변역은

$$0 < x < 10$$

입니다.

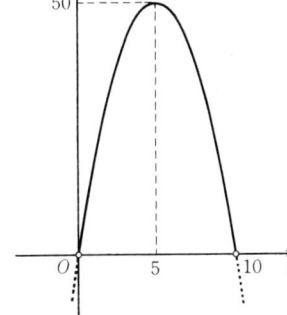

그러면, 변역 $0 < x < 10$에서

$$S = 20x - 2x^2 = -2(x-5)^2 + 50$$

의 그래프를 그리면 오른쪽 그림의 실선 부분이 됩니다. (이 그림에서는 세로축의 단위의 길이를 가로축의 단위의 길이보다 작게 잡고 있습니다) 이 그림에서 알 수 있듯이, S는 $x = 5$일 때 최대값 50을 갖습니다. 그리고 $x = 5$일 때 ①로부터 $y = 10$입니다. 따라서 다음 답이 나옵니다.

〈답〉 $x = 5,\ y = 10$, 단면적 $= 50\ \mathrm{cm}^2$

문제 14 　위의 예제에서 단면의 대각선의 길이가 최소가 되는 것은 $x,\ y$가 각각 얼마일 때일까요? 또, 그 대각선의 길이의 최소값을 구하시오. [힌트 : 대각선의 길이를 최소로 하려면 그것의 제곱 $x^2 + y^2$을 최소로 하면 됩니다.]

문제 15 　밑변과 높이의 합이 12cm인 이등변삼각형의 넓이가 최대로 되는 것은 어떤 모양일 때입니까? 또, 그 넓이의 최대값을 구하시오.

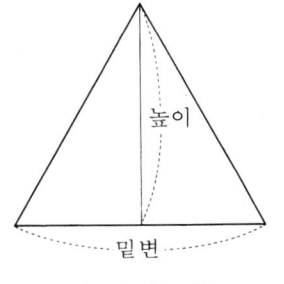

밑변＋높이＝12cm

◆　이차함수의 그래프와 이차방정식

함수 $y = f(x)$가 $x = \alpha$에서 갖는 값이 $f(\alpha) = 0$이 된다면, 이 함수의 그래프는 x축상의 점 $(\alpha,\ 0)$을 지나갑니다. 반대로, 이 함수의 그래프가 점 $(\alpha,\ 0)$을 지나간다면 $f(\alpha) = 0$입니다. 즉, 함수 $y = f(x)$의 그래프가 x축의 점 $(\alpha,\ 0)$을 지나간다는 것은 α가 방정식 $f(x) = 0$의 실근이라는 것과 같은 뜻입니다. 우리는 먼저 이것을 분명히 인식해 두어야 하겠습니다.

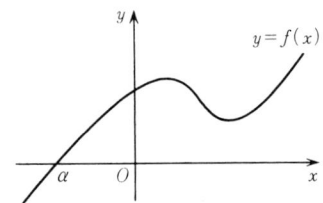

함수 $y = f(x)$의 그래프와 x축과의 교점(공유점)의 x좌표는 바로 방정식 $f(x) = 0$의 실수해인 것입니다.

여기서 특히 이차함수
$$y = ax^2 + bx + c \qquad\qquad ①$$
의 그래프와 이차방정식
$$ax^2 + bx + c = 0 \qquad\qquad ②$$
의 근 사이의 관계를 생각해 봅시다.

여기서는 간단히 하기 위해 <u>$a > 0$</u>으로 가정합니다.

이때 ①의 그래프는 밑으로 볼록하며, 방정식 ②의 판별식을 $D = b^2 - 4ac$라고 하면, 252페이지에서 본 바와 같이 꼭지점의 y좌표는 $-\dfrac{D}{4a}$ 이므로, 이것은

　　　$D > 0$이면 음, 　$D = 0$이면 0, 　$D < 0$이면 양

이 됩니다. 즉, $D > 0,\ D = 0,\ D < 0$에 따라 꼭지점은 각각

x축보다 아래부분, x축 위, x축보다 위부분에 있습니다. 그러므로 각각의 경우에 따라 그래프는 다음과 같이 됩니다.

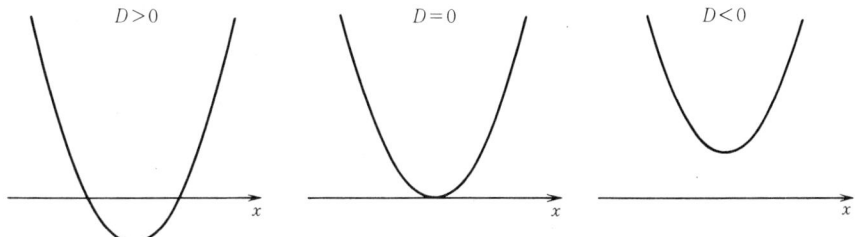

따라서 다음과 같은 사실을 알 수 있습니다.

이차 함수 ①의 그래프는

  1 $D>0$일 때, x축과 두 점에서 만난다.

  2 $D=0$일 때, x축과 단 한 점을 공유한다.

  3 $D<0$일 때, x축과 만나지 않는다.

위의 **1**의 경우, 그 두 교점의 x좌표가 이차방정식 ②의 두 실근입니다.

2의 경우는 그 공유점의 x좌표가 방정식 ②의 이중근 입니다. 이 경우 ①의 그래프는 x축에 **접한다**고 하고, x 축과의 공유점 $\left(-\dfrac{b}{2a},\, 0\right)$을 **접점**이라고 합니다.

3의 경우에는, 방정식 ②는 실근을 갖지 않습니다. 즉, 이 경우의 ②의 풀이는 허근입니다.

$a<0$일 때도 결론적으로는 위와 똑같은 결과가 얻어집니다. 여러분은 스스로 그래프를 그려서, $a<0$일 때에도 위의 **1, 2, 3**이 성립된다는 것을 확인하십시오. 이와 같은 기본적인 연습은 어떤 의미에서 "반복"에 지나지 않지만, 어떤 일을 마음 속에 단단히 새겨 두기 위해서 필요한 것입니다. 나는 여러분이 이러한 연습을 소홀히 하지 않기를 바랍니다.

예 함수 $y=x^2-2x+k$의 그래프와 x축과의 공유점의 개수는 k의 값에 따라 어떻게 변하는지 알아보시오.

풀이 이차방정식 $x^2-2x+k=0$의 판별식을 D라 하면

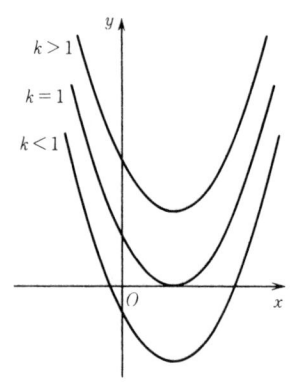

$$\frac{D}{4}=1-k$$

입니다. 따라서 이 함수의 그래프는, x축과

　$D>0$　즉, $k<1$일 때, 두 점에서 만나고,

　$D=0$　즉, $k=1$일 때, 다만 한 점을 공유하며,

　$D<0$　즉, $k>1$일 때, 만나지 않습니다.

〈답〉　$k<1$일 때 2개, $k=1$일 때 1개,

　　　　　$k>1$일 때 0개

문제 16　함수 $y=x^2-kx+4$의 그래프와 x축과의 공유점
의 개수는 k의 값에 따라 어떻게 변할까요?

위에서는 포물선 $y=ax^2+bx+c$와 x축과의 교점에 대
해서 고찰해 보았는데, 좀더 일반적으로 포물선 $y=ax^2$
$+bx+c$와 직선 $y=mx+n$에 대해서도 같습니다. 즉, 이
포물선과 직선의 공유점의 좌표는 바로 연립방정식

$$\begin{cases} y=ax^2+bx+c \\ y=mx+n \end{cases}$$

의 실근인 것입니다. 위의 두 방정식에서 y를 소거하면 x
에 관한 이차방정식

$$ax^2+(b-m)x+(c-n)=0$$

이 얻어지는데, 이 이차방정식의 실근이 공유점의 x좌표
입니다. 따라서, 특히 공유점의 개수는 이 이차방정식의
실근의 개수를 생각함으로써 구할 수 있습니다.

예　포물선 $y=\dfrac{1}{2}x^2-x+1$과 직선 $y=x-\dfrac{1}{2}$의 교점의
　　좌표를 구하시오.

풀이　교점의 x좌표는 x에 관한 이차방정식

$$\frac{1}{2}x^2-x+1=x-\frac{1}{2}$$

의 실근으로서 구해집니다. 위의 방정식을 정리하면

　$x^2-4x+3=0$　　그러므로 $x=1$ 또는 $x=3$

　　　　$x=1$ 일 때　$y=1-\dfrac{1}{2}=\dfrac{1}{2}$

$$x=3 \text{ 일 때 } \quad y=3-\frac{1}{2}=\frac{5}{2}$$

그러므로 교점은 2개 있고, 그 좌표는 $\left(1, \frac{1}{2}\right)$, $\left(3, \frac{5}{2}\right)$입니다. 포물선과 직선을 그리면 오른쪽 그림과 같이 됩니다.

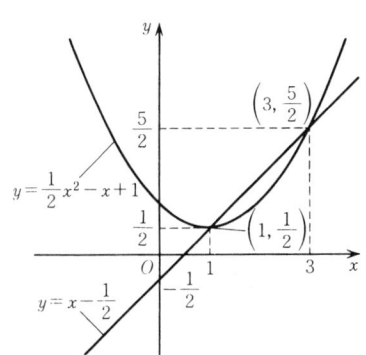

예제 포물선 $y=x^2+2$와 직선 $y=2x+n$의 공유점의 개수는 n의 값에 따라 어떻게 달라질까요?

풀이 $y=x^2+2$와 $y=2x+n$에서 y를 소거하면,

$$x^2+2=2x+n$$

$$x^2-2x+(2-n)=0$$

이 x에 관한 이차방정식의 실근이 공유점의 x좌표입니다. 이 이차방정식의 판별식을 D라 하면,

$$\frac{D}{4}=1-(2-n)=n-1$$

따라서 공유점의 개수는

$$D>0 \quad \text{즉, } \quad n>1 \text{일 때 2개}$$

$$D=0 \quad \text{즉, } \quad n=1 \text{일 때 1개}$$

$$D<0 \quad \text{즉, } \quad n<1 \text{일 때 0개}$$

그림을 그리면 오른쪽 그림과 같이 됩니다.

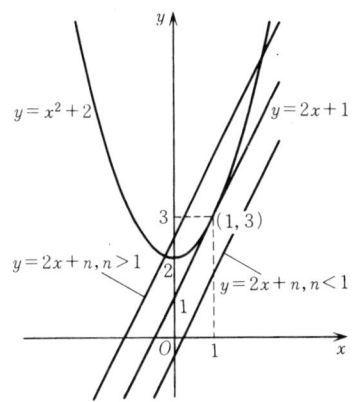

위의 예제에서 공유점이 단 1개일 때, 즉 $n=1$일 때 포물선과 직선은 **접한다**고 합니다. 이때 공유점의 좌표는, $(1, 3)$입니다. 이 공유점 $(1, 3)$을 포물선과 직선의 **접점**이라고 합니다.

문제 17 포물선 $y=x^2+4$와 다음 직선과의 공유점의 개수를 알아보시오.

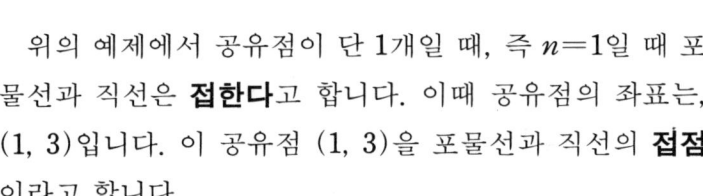

(1) $y=-2x+n$ (2) $y=mx+2$

문제 18 직선 $y=2ax-2a$가 포물선 $y=x^2+3$과 접하도록 상수 a의 값을 정하시오. 또, 접점의 좌표를 구하시오.

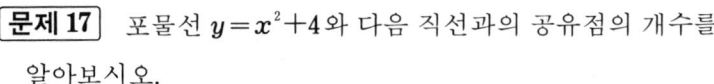

◆ **이차함수의 그래프와 이차부등식**

다음에는 이차함수 $y=ax^2+bx+c$ 의 그래프를 써서

이차부등식

$$ax^2 + bx + c > 0 \qquad ①$$
$$ax^2 + bx + c \geqq 0 \qquad ②$$
$$ax^2 + bx + c < 0 \qquad ③$$
$$ax^2 + bx + c \leqq 0 \qquad ④$$

의 근을 생각해 봅시다. 여기서도 앞서와 마찬가지로 $a > 0$으로 합니다.

258페이지에서도 본 바와 같이

$$D = b^2 - 4ac$$

로 놓으면 D의 부호에 따라 $y = ax^2 + bx + c$의 그래프는 다음과 같이 됩니다.

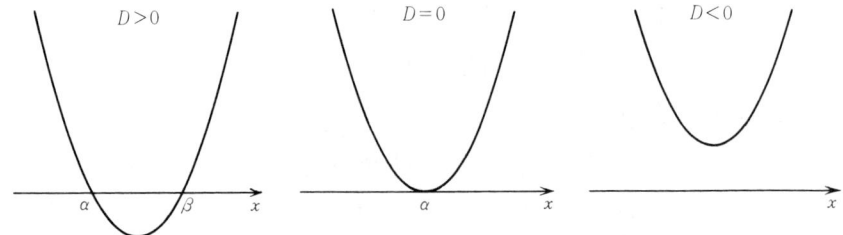

이 그림에서 다음 사실을 알 수 있습니다.

1 $D > 0$일 때 이차방정식 $ax^2 + bx + c = 0$의 근을 α, β로 하고, $\alpha < \beta$라 하면

　　　　①의 근은　　$x < \alpha,\ \beta < x$

　　　　②의 근은　　$x \leqq \alpha,\ \beta \leqq x$

　　　　③의 근은　　$\alpha < x < \beta$

　　　　④의 근은　　$\alpha \leqq x \leqq \beta$

2 $D = 0$일 때 이차방정식 $ax^2 + bx + c = 0$의 이중근을 α로 하면

　　　　①의 근은　　α 이외의 모든 실수

　　　　②의 근은　　실수 전체

　　　　③의 근은　　없다

　　　　④의 근은　　$x = \alpha$

3 $D < 0$일 때

①, ②의 근은   실수 전체

③, ④의 근은   없다

이상의 결과는 $a>0$의 경우이지만, $a<0$의 경우에는 ①, ②의 근을 각각 ③, ④의 근과 바꿈으로써 완전히 대조적인 결과과 됩니다. 이것은 연습 문제로서 여러분에게 맡기겠습니다.

참고 삼아 다음에 $a<0$인 경우의 $y=ax^2+bx+c$의 그래프만을 보여 드리겠습니다.

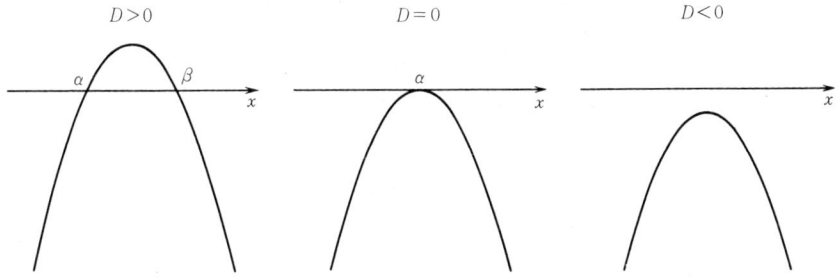

물론 실제로는 이러한 결과를 우리는 이미 제4장 191～193페이지에서 배웠습니다. 그러나 거기서는 그래프라는 시각적인 요소가 없었습니다. 위와 같은 함수의 그래프를 생각하면 그러한 것들을 훨씬 직관적으로 알 수 있어 이해하기가 쉬워집니다. 아마 여러분도 이러한 점이 함수의 그래프가 지니는 하나의 커다란 효용이라는 것을 느껴서 알 것입니다.

덧붙여서 이차함수 $y=ax^2+bx+c$에 관해서,

모든 실수 x에 대하여 $y>0$

이 되는 것은 어떤 경우인지 생각해 봅시다. "모든 실수 x에 대하여 $y>0$"이 된다는 것은

이차부등식 $ax^2+bx+c>0$의 근이 실수 전체

라는 것과 같습니다. 그리고 위에서 알아본 바에 의하면 그것은 $a>0$, $D<0$인 경우입니다.

또, "모든 실수 x에 대하여 $y\geqq0$"이 되는 것은 $a>0$, $D\leqq0$인 경우입니다.

마찬가지로 "모든 실수 x에 대하여 $y<0$", "모든 실수

에 대하여 $y \leqq 0$"이 되는 것은 각각 "$a<0$, $D<0$", "$a<0$, $D \leqq 0$"인 경우라는 것을 알 수 있습니다.

이런 사실들을 간추려 정리로서 다음에 적어놓겠습니다.

이차함수 $y = ax^2 + bx + c$에 관해서, $D = b^2 - 4ac$로 놓으면,

1 모든 실수 x에 대하여 $y > 0 \Longleftrightarrow a>0$, $D<0$

2 모든 실수 x에 대하여 $y \geqq 0 \Longleftrightarrow a>0$, $D \leqq 0$

3 모든 실수 x에 대하여 $y < 0 \Longleftrightarrow a<0$, $D<0$

4 모든 실수 x에 대하여 $y \leqq 0 \Longleftrightarrow a<0$, $D \leqq 0$

앞 장의 225페이지에서 배운 "필요충분조건"이라는 말을 쓰면, 이를테면 위의 **1**을

x의 이차식 $ax^2 + bx + c$의 값이

모든 실수 x에 대하여 항상 양이 되기

위한 필요충분조건은 $a>0$, $D<0$이다

라고 말할 수 있습니다. [주의 : 여기서는 x의 이차함수 또는 x의 이차식을 대상으로 하고 있으므로 $a \neq 0$이 전제로 되어 있다는 것에 유의해 주십시오.]

예 모든 실수 x에 대해서

$$x^2 + mx + (m+3) > 0$$

이 성립되도록 상수 m의 값의 범위를 정하시오.

풀이 $y = x^2 + mx + (m+3)$으로 하면, 이 이차함수의 x^2의 계수는 양이므로, 모든 실수 x에 대해서 $y>0$이 되기 위한 필요충분조건은

$$D = m^2 - 4(m+3) < 0$$

입니다. 즉,

$$m^2 - 4m - 12 < 0$$

$$(m-6)(m+2) < 0$$

그러므로

$$-2 < m < 6$$

문제 19 다음 부등식이 모든 실수 x에 대해서 성립되도록
상수 m의 값의 범위를 정하시오.

(1) $4x^2 - 3mx + (2m+1) > 0$

(2) $mx^2 - 4x + (m-3) \geqq 0$

(3) $mx^2 + (m-1)x + (m-1) < 0$

◆ 그래프의 응용과 보충 문제

지금까지 배운 바와 같이 방정식이나 부등식의 근을
생각할 때, 그래프를 그려 보면 상황이 매우 분명해지는
일이 흔히 있습니다. 다음에 예제를 몇 개 들어 보겠습니
다.

예제 부등식 $x^2 - 2 < |x|$를 푸시오.

풀이 두 함수

$$y = x^2 - 2 \qquad ①$$
$$y = |x| \qquad ②$$

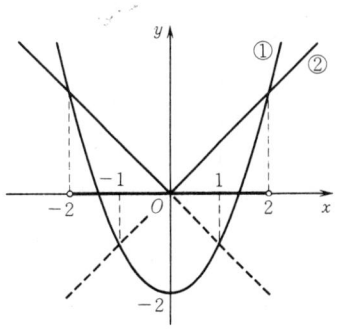

의 그래프를 그리면 오른쪽 그림과 같이 됩니다. 이들
그래프의 교점의 x좌표를 구하면,

$x \geqq 0$일 때는 방정식 $x^2 - 2 = x$의 실근

$\qquad$ $-1, 2$ 중 양의 쪽으로서 $x = 2$

$x < 0$일 때는 방정식 $x^2 - 2 = -x$의 실근

$\qquad$ $-2, 1$ 중 음의 쪽으로서 $x = -2$

구하는 근은 ①의 그래프가 ②의 그래프의 아래쪽에
있는 x의 값의 범위이므로

$$-2 < x < 2$$

가 됩니다.

예제 이차함수 $y = ax^2 + bx + c$의 그래프를 그려
서 이차방정식 $ax^2 + bx + c = 0$이 하나의 양의 근과
하나의 음의 근을 갖기 위한 필요충분조건은 $ac < 0$이
라는 것을 증명하시오.

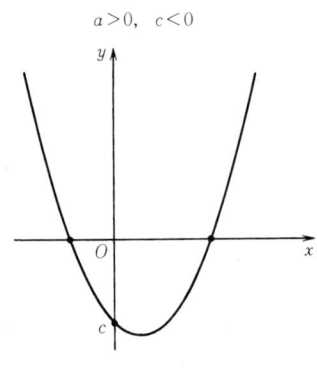

$a>0, \quad c<0$

증명 이차함수 $y=ax^2+bx+c$의 그래프는, $a>0$ 이면 아래로 볼록하고, $a<0$이면 위로 볼록한 포물선 이며, y축과의 교점의 y좌표는 c입니다.

이차방정식 $ax^2+bx+c=0$이 하나의 양의 근과 하 나의 음의 근을 갖는다는 것은 이 그래프가 x축의 양 의 부분과도 음의 부분과도 만난다는 것을 말합니다. 그리고 그러기 위한 필요충분조건은, 왼쪽의 두 그림 과 같이 분명히 $a>0$, $c<0$이든가 또는 $a<0$, $c>0$인 것입니다.

즉, 이차방정식 $ax^2+bx+c=0$이 하나의 양의 근과 하나의 음의 근을 갖는다는 조건은

$$ac<0$$

이라는 조건과 같은 값이 됩니다.

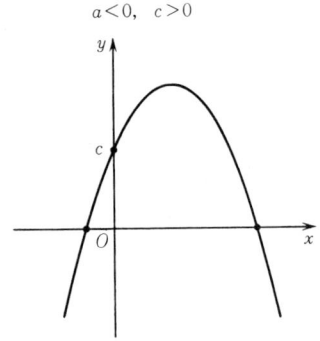

$a<0, \quad c>0$

예제 이차방정식 $x^2+2(2k-3)x+(k-1)=0$이 두 개의 서로 다른 양의 근을 갖도록 상수 k의 값의 범위 를 정하시오.

풀이 이 방정식이 두 개의 서로 다른 양의 근을 갖는 다는 것은

포물선 $y=x^2+2(2k-3)x+(k-1)$

이 x축의 양의 부분과 두 점에서 만난다는 말입니다.

이 포물선은 아래로 볼록하며, 축은 직선 $x=-(2k-3)$, y축과의 교점의 y좌표는 $k-1$입니다.

따라서, 그림에서 알 수 있듯이, 위의 조건은

$$\frac{D}{4}=(2k-3)^2-(k-1)>0 \qquad ①$$
$$-(2k-3)>0 \qquad ②$$
$$k-1>0 \qquad ③$$

이 동시에 성립되는 것과 같은 값입니다.

①의 이차부등식을 풀면

$(k-2)(4k-5)>0$ 으로 부터 $k<\dfrac{5}{4}, 2<k$

②로부터 $k<\dfrac{3}{2}$

③으로부터 $\qquad\qquad\qquad k>1$

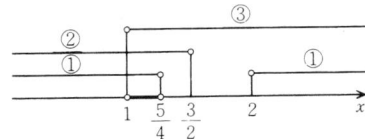

구하는 범위는 이것들의 공통 부분으로

$$1<k<\frac{5}{4}$$

가 됩니다.

문제 20 다음 부등식을 푸시오.

(1) $|2x|<x^2$ $\qquad$ (2) $|2x|\leqq x^2$

문제 21 이차방정식 $mx^2-x+(m-5)=0$이 하나의 양의 근과 하나의 음의 근을 갖도록 상수 m의 값의 범위를 정하시오.

문제 22 이차방정식 $x^2+mx+(3-m)=0$에 관해서, 다음의 각 조건에 맞도록 상수 m의 값의 범위를 정하시오.

(1) 2개의 서로 다른 양의 근를 갖는다.

(2) 하나의 양의 해와 하나의 음의 근를 갖는다.

(3) 2개의 서로 다른 음의 근를 갖는다.

끝으로 복습도 겸한 절 끝의 연습 문제라는 뜻에서 문제를 몇 개 실었습니다.

문제 23 함수 $y=x^2+px+q$에 관해서, 다음의 각 조건이 만족할 수 있도록 상수 p, q의 값을 정하시오.

(1) $x=2$ 일 때 y는 최소값 5를 갖는다.

(2) $x=2$ 일 때 $y=5$가 되고, y의 최소값은 4이다.

(3) 이 함수의 그래프는 직선 $y=x+2$에 접하고, 접점의 x좌표는 1이다.

문제 24 실수 x, y가 $2x+y=3$이라는 조건을 만족시키면서 움직일 때,

(1) $2x^2+y^2$의 최소값을 구하시오.

(2) $2x^2-y^2$의 최대값을 구하시오.

문제 25 실수 x, y가 $x \geqq 0$, $y \geqq 0$, $2x+y=3$이라는 조건을 만족시키면서 움직일 때,

(1) $2x^2+y^2$의 최대값, 최소값을 구하시오.

(2) $2x^2-y^2$의 최대값, 최소값을 구하시오.

문제 26 부등식 $x^2+|x|-12<0$을 푸시오.

문제 27 a를 $1<a<2$를 만족시키는 상수로 합니다. 이때 m이 어떤 실수이든간에 x에 관한 이차방정식

$$(x-1)(x-2)=m(x-a)$$

는 반드시 두 개의 서로 다른 실근을 갖는다는 것을 증명하시오. [힌트: 이 이차방정식의 판별식이 모든 실수 m에 대해서 양이 된다는 것을 보여주면 됩니다. 그러기 위해서 264페이지의 정리를 이용하십시오.]

5.3 분수함수·무리함수

이차함수 다음에는 분수함수·무리함수를 배우기로 합니다. 먼저 분수함수부터 시작합니다.

◆ 분수함수

x의 분수식(유리식)에 의해서 표시되는 함수, 예를 들면

$$y=\frac{4}{x}, \qquad y=-\frac{2x^2+4}{x-1}, \qquad y=\frac{5x-3}{x^2+2}$$

과 같은 함수를 x의 분수함수 또는 유리함수라고 합니다.

분수함수의 정의역은 분모가 0이 되지 않는 x의 값 전체의 집합입니다. 예를 들어 위의 세 분수함수의 정의역은 각각

$$\{x \mid x \neq 0\}, \quad \{x \mid x \neq 1\}, \quad \text{실수 전체}$$

가 됩니다.

여기서는 분모가 x의 일차식이고, 분자가 x의 일차식

또는 영차식인 간단한 분수함수, 예를 들면

$$y = \frac{4}{x}, \qquad y = \frac{x}{2x-3}, \qquad y = -\frac{3x+5}{x+2}$$

와 같은 함수만을 생각하기로 합니다. 수학자들은 이러한 분수함수를 **일차 분수함수**라 부르고 있습니다.

◈ $y = \frac{k}{x}$의 그래프

가장 간단한 (일차) 분수함수는 $y = \frac{k}{x}$ 라는 꼴의 함수입니다. 이것은 y가 x에 반비례한다는 관계를 나타내고 있습니다. 여기서 k는 비례상수입니다.

지금 함수 $y = \frac{1}{x}$에 관해서, x의 여러 가지 값에 대한 y의 값을 구하여 표를 만들면 다음과 같이 됩니다.

x	$\cdots$	-3	-2	-1	$-\frac{1}{2}$	$-\frac{1}{3}$	$\cdots$	0	$\cdots$	$\frac{1}{3}$	$\frac{1}{2}$	1	2	3	$\cdots$
y	$\cdots$	$-\frac{1}{3}$	$-\frac{1}{2}$	-1	-2	-3	$\cdots$		$\cdots$	3	2	1	$\frac{1}{2}$	$\frac{1}{3}$	$\cdots$

이들 값의 쌍 (x, y)를 좌표로 하는 점을 좌표평면상에 잡고 매끄러운 선으로 연결하면 오른쪽 그림과 같은 곡선이 얻어집니다.

여러분은 이 그래프에서 다음과 같은 사실을 관찰할 수 있을 것입니다.

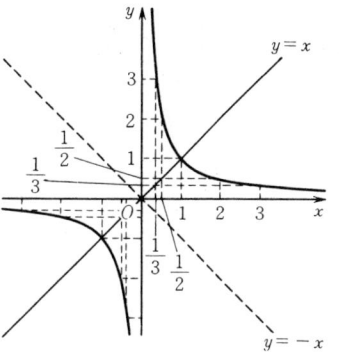

1 그래프는 제1사분면과 제3사분면에 있다. ——실제로 $x > 0$이면 $y > 0$, 또 $x < 0$이면 $y < 0$이다.

2 제3사분면 안에 있는 그래프는 제1사분면 안에 있는 그래프와 원점에 대해서 대칭이다. ——예를 들면 오른쪽 그림과 같이 제1사분면 안에 있는 그래프상의 점

$$\left(\frac{1}{3}, 3\right), \quad \left(\frac{1}{2}, 2\right), \quad (1, 1), \quad \left(2, \frac{1}{2}\right), \quad \left(3, \frac{1}{3}\right)$$

에 대하여, 이들과 원점에 대해서 대칭인 점

$$\left(-\frac{1}{3}, -3\right), \left(-\frac{1}{2}, -2\right), (-1, -1), \left(-2, -\frac{1}{2}\right), \left(-3, -\frac{1}{3}\right)$$

은 제3사분면 안에 있는 그래프상에 있습니다.

3 그래프는 직선 $y=x$에 대해서 대칭이다. —— $y=\dfrac{1}{x}$ 즉, $xy=1$ 이라는 관계는 x와 y를 바꾸어도 변하지 않습니다. 따라서 이 함수의 그래프는 x축과 y축을 바꾸어도 같은 결과가 됩니다. 이것은 이 그래프가 "x축과 y축 사이를 등분하는 $45°$선" 즉 직선 $y=x$에 대해서 대칭이라는 것을 뜻합니다. 직선 $y=-x$도 이 그래프의 또 하나의 대칭축입니다.

4 $|x|$가 무한히 커지면 그래프는 x축에 무한히 가까워지고, $|x|$가 무한히 작아지면 그래프는 y축에 무한히 가까워진다. —— 실제로 $|x|$가 무한히 커지면 $|y|$는 0에 무한히 가까워지고, $|x|$가 0에 무한히 가까워지면 $|y|$는 무한히 커집니다.

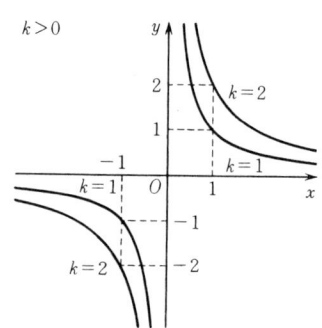

일반적으로 함수 $y=\dfrac{k}{x}$의 그래프는,

$k>0$이면, 제 1 사분면과 제 3 사분면에 있고, 원점에 관해 대칭인 두 부분으로 이루어지는 한 쌍의 곡선,

$k<0$이면, 제 2 사분면과 제 4 사분면에 있고, 원점에 관해서 대칭인 두 부분으로 이루어지는 한 쌍의 곡선

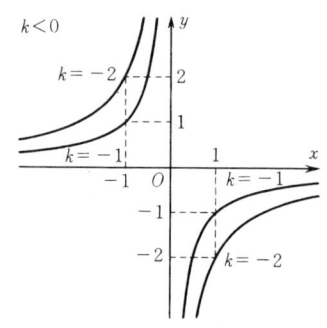

이 됩니다. 왼쪽에 $k=1,\,2$ 및 $k=-1,\,-2$인 경우의 그래프가 있습니다.

이들 곡선은 어느 것이나 원점에서 멀어질수록 x축, y축에 무한히 가까워집니다. 이와 같이 곡선이 무한히 가까워지는 직선을 그 곡선의 **점근선**이라고 합니다. 곡선 $y=\dfrac{k}{x}$에서는 직교하는 두 직선, 즉 x축과 y축이 점근선으로 되어 있습니다. 이 곡선을 **직각쌍곡선**이라고 합니다.

◆ $y=\dfrac{k}{x-p}+q$**의 그래프**

예를 들면 함수

$$y=\dfrac{4}{x-2}+3 \qquad ①$$

의 그래프를 생각해 봅시다. 먼저 함수

$$y = \frac{4}{x-2} \qquad ②$$

의 그래프는 249페이지에서 생각한 것과 마찬가지로, 함수

$$y = \frac{4}{x} \qquad ③$$

의 그래프를 x축의 방향으로 2만큼 평행이동시킨 것이 됩니다. 또, 함수 ①의 그래프는 함수 ②의 그래프를 y축의 방향으로 3만큼 평행이동시킨 것입니다.

따라서 함수 ①의 그래프는 함수 ③의 그래프를 x축의 방향으로 2, y축의 방향으로 3만큼 평행이동시킨 직각쌍곡선이며, 두 직선 $x=2$와 $y=3$이 그 점근선이 됩니다. 오른쪽에 그 그림이 있습니다.

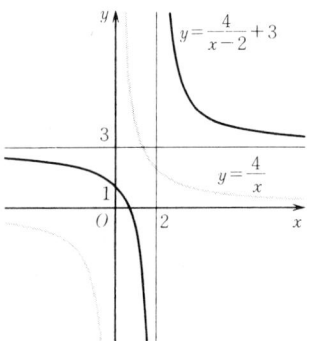

일반적으로 다음과 같은 사실이 성립됩니다.

함수 $y = \dfrac{k}{x-p} + q$ 의 그래프는 $y = \dfrac{k}{x}$ 의 그래프를

x축의 방향으로 p, y축의 방향으로 q

만큼 평행이동시킨 직각쌍곡선이며,

그 점근선은 두 직선 $x=p$, $y=q$

가 된다.

문제 28 다음 함수의 그래프의 점근선을 구하고, 그 그래프를 그리시오.

(1) $y = \dfrac{2}{x-3}$ (2) $y = \dfrac{1}{x+1} - 4$

(3) $y = -\dfrac{3}{x-2} + 1$

문제 29 직각쌍곡선 $y = \dfrac{2}{x}$ 를 다음과 같이 이동시켰을 때, 이것을 그래프로 하는 함수를 구하시오.

(1) x축의 방향으로 3만큼 평행이동시킨다.

(2) y축의 방향으로 -5만큼 평행이동시킨다.

(3) x축의 방향으로 -2, y축의 방향으로 1만큼 평행이동시킨다.

◈　$y=\dfrac{ax+b}{cx+d}$ 의 그래프

일반적인 일차 분수함수 $y=\dfrac{ax+b}{cx+d}$ 는, 이것을 $y=\dfrac{k}{x-p}+q$의 꼴로 변형함으로써 그 그래프를 그릴 수가 있습니다. 다음 예를 봅시다.

㈎　함수 $y=\dfrac{4x+10}{2x+3}$ 의 그래프를 그리시오.

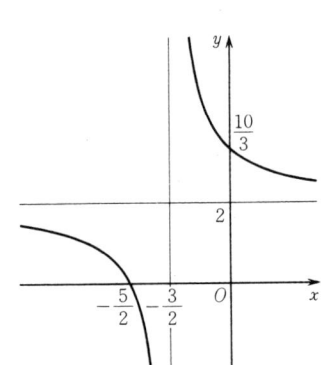

[풀이]　$4x+10$을 $2x+3$으로 나누면 몫은 2, 나머지는 4가 됩니다. 즉

$$4x+10=2(2x+3)+4$$

따라서

$$y=\dfrac{4x+10}{2x+3}=\dfrac{2(2x+3)+4}{2x+3}$$

$$=\dfrac{4}{2x+3}+2=\dfrac{2}{x+\dfrac{3}{2}}+2$$

그러므로 이 함수의 그래프는 $y=\dfrac{2}{x}$ 의 그래프를 x축의 방향으로 $-\dfrac{3}{2}$, y축의 방향으로 2만큼 평행이동시킨 직각 쌍곡선으로서 왼쪽 그림과 같이 됩니다.

점근선은 두 직선 $x=-\dfrac{3}{2}$, $y=2$입니다.

[문제 30]　다음 함수의 점근선을 구하고, 그 그래프를 그리시오.

(1)　$y=\dfrac{3x}{x-1}$　　　(2)　$y=\dfrac{2x+1}{x+1}$

(3)　$y=\dfrac{3-2x}{x-2}$　　　(4)　$y=\dfrac{-2x+3}{2x+1}$

◈　간단한 분수방정식 · 분수부등식

이항하여 정리하면 $R(x)$를 x의 분수식으로서

$$R(x)=0$$

의 꼴이 되는 방정식을 **분수방정식**,

$$R(x)>0,\quad R(x)<0$$

등의 꼴이 되는 부등식을 **분수부등식**이라고 합니다.

다음 예제는 간단한 분수방정식을 풀어보는 것이 목적입니다.

예제 함수 $y=\dfrac{4x+10}{2x+3}$ 의 그래프(이것은 앞 페이지의 예에서 그렸습니다)와 다음의 각 직선이 만나는 교점의 좌표를 구하시오.

(1) 직선 $y=1$ (2) 직선 $y=x$

풀이 (1) 교점은 오른쪽 그림과 같이 단 하나 있는데, 그 교점을 A라 하면 A의 x좌표는

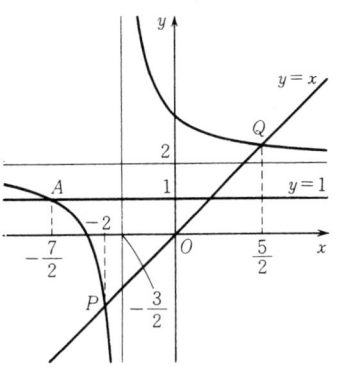

$$\frac{4x+10}{2x+3}=1$$

을 만족시킵니다. 양변에 $2x+3$을 곱하고 분모를 없애면,

$$4x+10=2x+3$$

이것을 풀면

$$x=-\frac{7}{2}$$

그러므로 교점 A의 좌표는 $\left(-\dfrac{7}{2},\,1\right)$입니다.

(2) 교점은 오른쪽 그림에서와 같이 2개 있으며, 교점 $P,\,Q$의 x좌표는

$$\frac{4x+10}{2x+3}=x$$

를 만족시킵니다. 양변에 $2x+3$을 곱하고 분모를 없애면,

$$4x+10=2x^2+3x$$

정리하면

$$2x^2-x-10=0$$
$$(x+2)(2x-5)=0$$

따라서 $x=-2,\,\dfrac{5}{2}$

그러므로 교점 $P,\,Q$의 좌표는 각각 $(-2,\,-2)$, $\left(\dfrac{5}{2},\,\dfrac{5}{2}\right)$가 됩니다.

문제 31 함수 $y = \dfrac{2x+2}{2x-1}$ 의 그래프를 그리고, 다음의 각

직선과 만나는 교점을 구하시오.

(1) x축   (2) 직선 $y=-1$ (3) 직선 $y=x$

문제 32 직각쌍곡선 $y = \dfrac{1}{x}$ 과 다음의 각 직선과의 교점의

좌표를 구하시오.

(1) 직선 $y = \dfrac{5}{2} - x$ (2) 직선 $y = 3x - 2$

예제 그래프를 이용해서 분수부등식

$$\frac{4x+10}{2x+3} > x$$

의 해를 구하시오.

풀이 두 함수

$$y = \frac{4x+10}{2x+3} \qquad\qquad ①$$

$$y = x \qquad\qquad ②$$

의 그래프를 그리면, 앞 페이지의 예제에서 본 바와 같

이 교점의 x좌표는 -2, $\dfrac{5}{2}$ 입니다.

주어진 부등식의 해는, ①의 그래프가 ②의 그래프

보다 위쪽에 있는 x의 값의 범위이지만, 그림에서 알

수 있듯이

$$x < -2, \quad -\frac{3}{2} < x < \frac{5}{2}$$

가 됩니다.

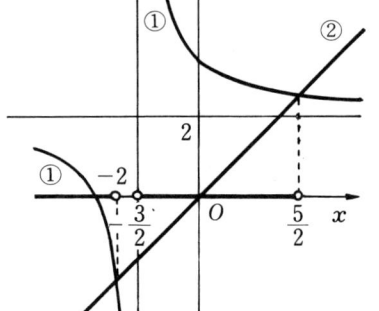

문제 33 다음 부등식을 푸시오.

(1) $x + \dfrac{3}{2} > \dfrac{1}{x}$ (2) $\dfrac{5}{x+2} \geqq x-2$

(3) $\dfrac{x}{x-1} \leqq 2x-2$

◆ 무리함수

다음에는 무리함수에 대해서 배우기로 합니다.

근호 안에 x를 포함하는 식으로 표시되는 함수, 예를

들면

$$y = \sqrt{x}, \quad y = \sqrt{4-2x}, \quad y = \sqrt{x^2+1} + 4$$

와 같은 함수를 x의 **무리함수**라고 합니다. 무리함수의
정의역은 근호 안을 음으로 만들지 않은 x의 값 전체의
집합입니다. 예를 들면 위의 세 무리함수의 정의역은 각
각

$$\{x \mid x \geqq 0\}, \qquad \{x \mid x \leqq 2\}, \qquad \text{실수 전체}$$

가 됩니다.

이제부터 근호 안이 x의 일차식이 되는 무리함수의 그
래프를 생각해 보기로 합니다.

◆ $y = \sqrt{ax}$ 의 그래프

먼저 가장 간단한 무리함수

$$y = \sqrt{x} \qquad\qquad\qquad ①$$

에 대해서 생각해 봅시다.

이 함수의 정의역은 $\{x \mid x \geqq 0\}$이며, 양변을 제곱하면

$$y^2 = x$$

가 됩니다. 그러나 식 ①은 $y^2 = x$와 같은 값이 아닙니다.
왜냐 하면 ①에서는 $y \geqq 0$이기 때문입니다. 즉, 식 ①은

$$y^2 = x, \quad y \geqq 0 \qquad\qquad ②$$

와 같은 값입니다. 그러므로 함수 ①의 그래프는 ②에 의
해서 표시되는 도형과 같아집니다.

②에서 x와 y를 바꾸어쓰면

$$y = x^2, \quad x \geqq 0 \qquad\qquad ③$$

이 됩니다. ③은 정의역을 $\{x \mid x \geqq 0\}$으로 제한한 함수

$$y = x^2 \quad (x \geqq 0)$$

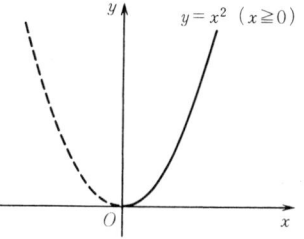

을 나타냅니다. 이 그래프는 y축을 축, 원점을 꼭지점으
로 하고 아래로 볼록한 포물선의 오른쪽 절반입니다.

②는 ③의 x와 y를 바꾼 것이므로 ②가 나타내는 곡선
은 ③이 나타내는 곡선의 x축과 y축의 역할을 뒤바꾼 것
으로 되어 있습니다. 다시 말하면 ②가 나타내는 곡선은
③이 나타내는 곡선을 "직선 $y = x$에 대해서 대칭으로
이동시킨 것"입니다. 따라서 이것은 x축을 축, 원점

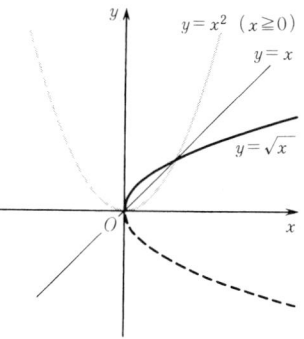

을 꼭지점으로 하고 오른쪽으로 벌어진 포물선의 위쪽 절반이 됩니다.

그리고 ②는 ①과 같은 값이었습니다. 그러므로 이 도형이 "함수 $y = \sqrt{x}$ 의 그래프"입니다.

다음에 함수

$$y = \sqrt{-x} \qquad\qquad ④$$

의 그래프를 생각해 봅시다. ④는

$$y^2 = -x, \quad y \geqq 0$$

과 같은 값이며, 여기서 x와 y를 바꾸어쓰면

$$y = -x^2, \quad x \geqq 0 \qquad\qquad ⑤$$

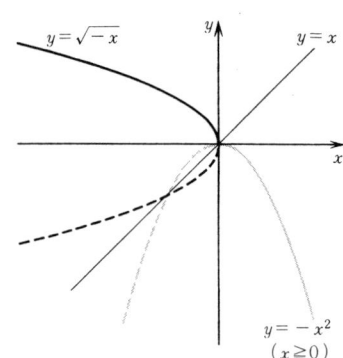

가 됩니다. ⑤는 함수 $y = -x^2$의 정의역을 $\{x \mid x \geqq 0\}$으로 제한한 것이며, 그 그래프는 y축을 축, 원점을 꼭지점으로 하고 위로 볼록한 포물선의 오른쪽 절반입니다.

함수 ④의 그래프는, 그것을 직선 $y = x$에 대해서 대칭으로 이동시킴으로써 얻어집니다. 따라서 이것은 x축을 축, 원점을 꼭지점으로 하고 왼쪽으로 벌어진 포물선의 위쪽 절반입니다.

[주의 : 나는 위에서 "오른쪽으로 벌어진"이니 "왼쪽으로 벌어진" 따위의 말을 썼는데, 그 뜻은 그림을 보면 분명히 알 수 있으며, 아무런 주석도 필요치 않을 것입니다. "볼록"이라는 말을 쓴다면 "오른쪽으로 벌어진"을 "왼쪽으로 볼록", "왼쪽으로 벌어진"을 "오른쪽으로 볼록"이라고도 할 수 있을 것입니다.]

일반적으로, $a \neq 0$일 때 $y = \sqrt{ax}$ 는

$$y^2 = ax, \quad y \geqq 0$$

과 같은 값이며, 이 x, y를 바꾸면

$$y = \frac{1}{a} x^2, \quad x \geqq 0$$

이 됩니다. 그러므로 함수 $y = \sqrt{ax}$ 의 그래프는, 함수

$$y = \frac{1}{a} x^2 \ (x \geqq 0)$$

의 그래프를 직선 $y = x$에 대해서 대칭으로 이동시킨 것

이며, 그것은 x축을 축, 원점을 꼭지점으로 하는 포물선의 위쪽 절반입니다.

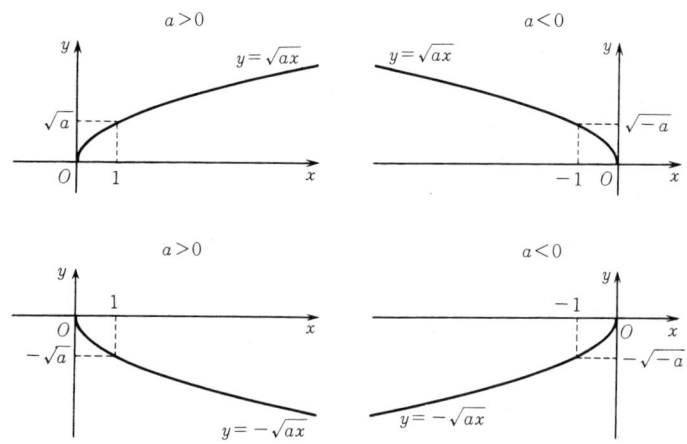

또, 함수 $y=-\sqrt{ax}$ 의 그래프는 명백히 함수 $y=\sqrt{ax}$ 의 그래프와 x축에 대하여 대칭입니다. 그러므로 그 그래프는 x축을 축, 원점을 꼭지점으로 하는 포물선의 아래쪽 절반이 됩니다.

[문제 34] 함수 $y=\sqrt{2x}$, $y=\sqrt{-2x}$, $y=-\sqrt{2x}$, $y=-\sqrt{-2x}$ 의 그래프를 그리시오.

◆ $y=\sqrt{ax+b}$ 의 그래프

함수 $y=\sqrt{a(x-p)}$ 의 그래프는 $y=\sqrt{ax}$ 의 그래프를 x축의 방향으로 p만큼 평행이동시킨 것입니다. 따라서 일반적으로 함수
$$y=\sqrt{ax+b}$$
의 그래프는, 이것을
$$y=\sqrt{a(x-p)}$$
의 꼴로 변형시킴으로써 그릴 수가 있습니다.

(예) 함수 $y=\sqrt{2x+5}$ 의 그래프를 그리시오.

[풀이] $y=\sqrt{2x+5}$ 는
$$y=\sqrt{2\left(x+\frac{5}{2}\right)}$$

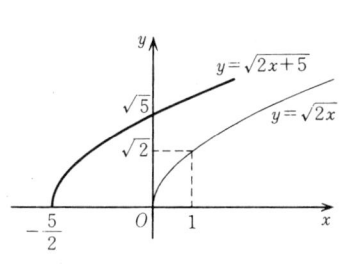

로 변형됩니다. 그러므로 이 함수의 그래프는 $y=\sqrt{2x}$ 의 그래프를 x축의 방향으로 $-\dfrac{5}{2}$ 평행이동시킨 것이며, 꼭지점의 x좌표는 $-\dfrac{5}{2}$입니다.

문제 35 다음 함수의 그래프를 그리시오.

(1) $y=\sqrt{x-3}$ (2) $y=\sqrt{2-x}$

(3) $y=2\sqrt{x+1}$ (4) $y=\sqrt{-2x-1}$

(5) $y=-\sqrt{x-1}$ (6) $y=-\sqrt{2x+4}$

문제 36 $y=2\sqrt{x}$의 그래프를 다음과 같이 이동시켰을 때, 이것을 그래프로 하는 함수를 구하시오.

(1) x축에 대해서 대칭으로 이동시킨다.

(2) y축에 대해서 대칭으로 이동시킨다.

(3) y축의 방향으로 -3만큼 평행이동시킨다.

◆ 간단한 무리방정식 · 무리부등식

예를 들면

$$\sqrt{2x+5}=x-5, \quad \sqrt{2x+5}>x-5$$

와 같이 근호 안에 x가 포함되어 있는 방정식이나 부등식을 **무리방정식**, **무리부등식**이라고 합니다.

그래프를 이용해서 간단한 무리방정식, 무리부등식을 풀어 봅시다. 다음 예제는 간단한 무리방정식을 푸는 데에 그 목적이 있습니다.

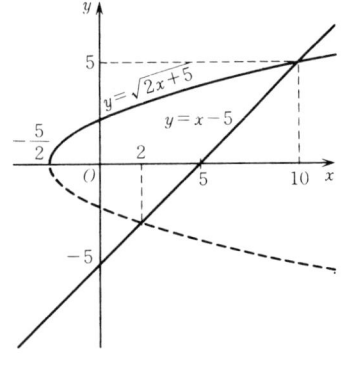

예제 함수 $y=\sqrt{2x+5}$의 그래프와 직선 $y=x-5$ 가 만나는 교점의 좌표를 구하시오.

풀이 교점은 그림에서 알 수 있듯이 단 하나 있으며, 그 x좌표는

$$\sqrt{2x+5}=x-5$$

를 만족시킵니다. 이 양변을 제곱하면,

$$2x+5=x^2-10x+25$$

즉,

$$x^2-12x+20=0$$

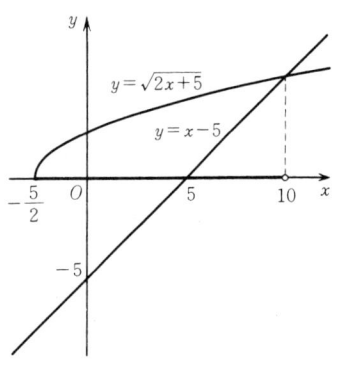

이것을 풀면, $x=2, 10$

그러나 그림에서 보듯 분명히 교점의 x좌표는 5보다 큽니다. 따라서 $x=10$. 이때 $y=5$

  그러므로 교점의 좌표는 $(10, 5)$입니다.

[주의 : 위에서 "무리방정식 $\sqrt{2x+5}=x-5$"의 양변을 제곱한 방정식을 풀면 $x=10$ 이외에 $x=2$라는 해가 나왔는데, 이 $x=2$는 $y=-\sqrt{2x+5}$ 의 그래프와 직선 $y=x-5$와의 교점의 x좌표입니다. 무리방정식을 풀 때에는 항상 양변의 그래프를 고려하는 편이 확실하고도 안전합니다.]

  예제 위의 예제의 결과를 이용하여 부등식
$$\sqrt{2x+5} > x-5$$
를 푸시오.

풀이 이 부등식의 해는 함수
$$y=\sqrt{2x+5}$$
의 그래프가 직선 $y=x-5$보다 위에 있는 x의 값의 범위입니다.

  이 함수의 그래프와 직선 $y=x-5$와의 교점의 x 좌표는 10이었습니다. 그러므로 구하는 해는, 그림에서와 같이
$$-\frac{5}{2} \leq x < 10$$
이 됩니다.

[주의 : 함수 $y=\sqrt{2x+5}$ 의 정의역은 $x \geq -\frac{5}{2}$ 이므로, 이 예제의 부등식의 해를 생각할 때에는 처음부터 x에 $x \geq -\frac{5}{2}$ 라는 제한이 붙어 있습니다. 이것을 깜빡 잊고 구하는 해를 "$x<10$" 따위로 대답하면 안됩니다.]

문제 37 다음 각 쌍의 두 함수의 그래프를 그리고, 교점의 좌표를 구하시오.

(1) $y=\sqrt{2x+3}$, $y=3$ (2) $y=-\sqrt{x}$, $y=x-6$

(3) $y=\sqrt{4-2x}$, $y=2-x$ (4) $y=\sqrt{x-2}$, $y=\dfrac{1}{3}x$

$\boxed{\text{문제 38}}$ 다음 부등식을 푸시오.

(1) $\sqrt{x+2}>3x-4$ (2) $\sqrt{2x+5}\leqq\dfrac{1}{2}x$

(3) $8-x\geqq\sqrt{5x+10}$ (4) $\dfrac{1}{3}(x+2)>\sqrt{x}$

$\boxed{\text{문제 39}}$ 함수 $y=\sqrt{2x-1}$ 의 그래프와 직선 $y=x+k$ 의
공유점의 개수는

$$k<-\frac{1}{2},\quad -\frac{1}{2}\leqq k<0,\quad k=0,\quad 0<k$$

에 따라 1개, 2개, 1개, 0개임을 설명하시오. [힌트 : k의 값
이 변함에 따라 직선 $y=x+k$가 어떻게 움직이는가를 생
각하십시오. 그리고 함수의 그래프와 직선과의 위치 관계
를 잘 관찰해 보십시오.]

◆ **역함수**

끝으로 "역함수"에 대해서 설명하겠습니다.

그러기 위해서 먼저 "함수"의 개념에 대해서 다시 한
번 돌이켜보고자 합니다.

두 변수 x, y가 있고, 변수 x의 값을 하나 정하면 거기
에 따라 y의 값이 단 하나 정해질 때, y를 x의 함수라 하
고, y가 x의 함수라는 것을 일반적으로

$$y=f(x) \qquad\qquad ①$$

로 쓴다는 것은 앞에서 설명한 바 있습니다. 또, x를 독
립변수, y를 종속변수라고 부르는 일, x가 취할 수 있는
값 전체의 집합을 함수의 정의역, x가 정의역 전체를 움
직였을 때 y가 취하는 값 전체의 집합을 함수의 치역이
라 부른다는 것 등도 이미 배운 바 있습니다.

지금 함수 ①의 정의역을 A, 치역을 B로 합니다. 이때
①에서의 문자 "f"는 A의 각 요소 x에 B의 요소 $f(x)$를
대응시키는 "규칙"을 나타내는 것으로 생각해도 됩니다.

즉, f라는 것은 수에 수를 대응시키는 하나의 규칙이며, 이 규칙 f에 의해서 A의 요소 x를 정하면 그에 따라 B의 단 하나의 요소 $f(x)$가 정해진다고 생각하는 것입니다. 예를 들어, $f(x)=2x+3$이면 f는 "각각의 실수 x에 실수 $2x+3$을 대응시키는 규칙"을 나타내는 것으로 생각합니다. 정확히 말하면, "함수"라는 것은 이 "x에 $f(x)$를 대응시키는 규칙" 또는 "대응 그 자체"를 가리키는 것입니다. 즉, 문자 f 그 자체가 함수인 것입니다.

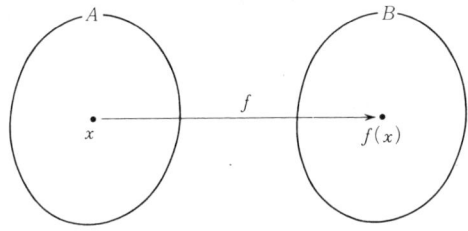

위와 같이 함수 ①의 정의역이 A, 치역이 B라고 하면, A의 각 요소 x에 대하여 B의 요소 $f(x)$가 단 하나 정해집니다. 그러나 일반적으로는, B의 각 요소 y에 대하여 $y=f(x)$가 되는 A의 요소 x가 단 하나만 정해지는 것은 아닙니다. 만일 B의 각 요소 y에 대하여 $y=f(x)$가 되는 A의 요소 x가 단 하나만 정해진다면, y에 그 x를 대응시킴으로써 x를 y의 함수로 생각할 수가 있습니다. 이 함수를

$$x=g(y) \qquad\qquad ②$$

로 나타냅니다. 즉, y에 x를 대응시키는 "규칙"을 g로 나타낸 것입니다. 이때, 함수 ②를 함수 ①의 **역함수**라고 합니다. 좀더 정확히 말하면, x에 y를 대응시키는 규칙

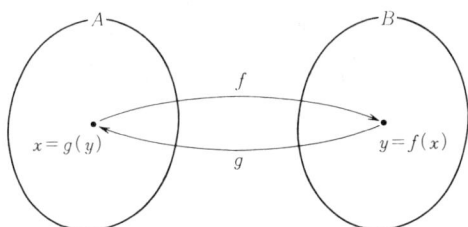

f와 반대 방향인, y에 x를 대응시키는 규칙 g를 **f의 역함수**라고 하는 것입니다. 함수 ②에서는 y가 독립변수, x가 종속변수로 됩니다.

위에서 말한 바와 같이 "함수"라는 낱말은 사실은 "대응" 그 자체를 가리키는 것이지만, 한편 우리가 지금까지 그렇게 해온 바와 같이, 종속변수를 독립변수의 함수라고 부르는 표현도 역시 편리하며, 수학에서는 일상적으로 사용되고 있습니다. 또, 이 경우 독립변수를 x, 종속변수를 y로 나타내는 일도 일반적인 관습입니다. 그렇기 때문에 역함수에 대해서도 보통은 함수 ②에서의 독립변수, 종속변수를 나타내는 문자 y, x를 각각 x, y로 대치해서 함수

$$y = g(x)$$

를 함수 $y = f(x)$의 역함수라고 부릅니다.

우리는 앞으로도 이 관습적인 표현에 따르기로 합니다.

⟨예⟩ 함수 $y = 2x + 3$의 정의역, 치역은 모두 실수 전체의 집합이며, 임의의 실수 y에 대하여 x는

$$x = \frac{1}{2}y - \frac{3}{2}$$

으로서 단 하나가 정해집니다. 그러므로 함수 $y = 2x + 3$은 역함수를 가지며, 그 역함수는

$$y = \frac{1}{2}x - \frac{3}{2}$$

입니다.

⟨예⟩ 함수 $y = x^2$의 정의역은 실수 전체의 집합이고, 치역 B는 $B = \{y \mid y \geqq 0\}$ 입니다. 이때, B의 임의의 원소 y에 대하여 x는 단 하나로는 정해지지 않습니다. 왜냐하면, $y = x^2$을 x에 관해서 풀면

$$x = \pm\sqrt{y}$$

가 되기 때문입니다. 따라서 함수 $y = x^2$은 역함수를 갖지 않습니다.

그러나, 만약 함수 $y=x^2$에서 정의역을 집합 A $=\{x|x\geqq0\}$으로 제한했다고 하면, B의 임의의 원소 y에 대해서 A의 원소 x가

$$x=\sqrt{y}$$

로서 단 하나 정해집니다. 여기서 x와 y를 바꾸어쓰면,

$$y=\sqrt{x}$$

즉, 정의역을 $\{x|x\geqq0\}$으로 제한한 함수 $y=x^2$ 은 역함수를 가지며, 그 역함수는 $y=\sqrt{x}$입니다.

문제 40 다음 함수 중 역함수를 갖는 것은 어떤 것일까요?

(1) $y=\dfrac{1}{2}x+3$ (2) $y=|x|$

(3) $y=-x^2$ (4) $y=x^2\ (x\leqq0)$

지금까지 설명한 것을 다시 한 번 되풀이하겠습니다.

함수 $y=f(x)$의 정의역을 A, 치역을 B라고 할 때, 이 함수가 역함수를 갖는 것은,

B의 각 요소 y에 대하여

$y=f(x)$가 되는 A의 요소 x가 단 하나만 정해진다

는 경우입니다. 이때 $y=f(x)$는, 그것을 x에 관해서 풀어

$$x=g(y)$$

의 꼴로 나타낼 수가 있습니다. 여기서 문자 x와 y를 바꾸어서 얻어지는 함수

$$y=g(x)$$

가 $y=f(x)$의 역함수입니다.

명백히 역함수 $y=g(x)$의 정의역은 B, 치역은 A가 됩니다. 즉, 원래의 함수와 역함수에서는 정의역과 치역이 뒤바뀝니다. 또, 역함수의 역함수는 원래의 함수입니다.

[재차 강조하는 바이지만, 정확히는 "대응" f에 대하여 그 반대의 대응을 주는 "대응" g를 f의 역함수라고

합니다. 위의 "문자 x, y를 바꾼다"는 말에는 특별히 신비스러운 의미가 있는 것이 아닙니다.]

함수 $y=f(x)$의 역함수를 종종 $y=f^{-1}(x)$로 나타냅니다. [이것도 정확히는 f의 역함수를 f^{-1}로 나타낸다고 해야 할 것입니다.]

(예) 함수 $y=\dfrac{1}{2}x-3$의 역함수를 구하시오.

풀이 $y=\dfrac{1}{2}x-3$을 x에 관해서 풀면
$$x=2y+6$$
따라서 역함수는 $y=2x+6$입니다.

(예) 함수 $y=\dfrac{1}{x}+2$의 역함수를 구하시오. 역함수의 정의역은 무엇일까요?

풀이 함수 $y=\dfrac{1}{x}+2$의 정의역, 치역은 각각
$$\{x\,|\,x\neq0\}, \qquad \{y\,|\,y\neq2\}$$
입니다. 그리고 $y=\dfrac{1}{x}+2$를 x에 관해서 풀면
$$x=\dfrac{1}{y-2}$$
따라서 역함수는
$$y=\dfrac{1}{x-2}$$
이고, 그 정의역은 $\{x\,|\,x\neq2\}$입니다.

(예) 함수 $y=x^2+1\,(x\leq0)$의 역함수를 구하고, 그 정의역을 말하시오.

풀이 함수 $y=x^2+1\,(x\leq0)$의 치역은 $\{y\,|\,y\geq1\}$이며, $x\leq0$이라는 조건하에서 $y=x^2+1$을 x에 관해서 풀면
$$x=-\sqrt{y-1}$$
이 됩니다. 그러므로 역함수는 $y=-\sqrt{x-1}$이고, 그 정의역은 $\{x\,|\,x\geq1\}$입니다.

문제 41 다음 함수의 역함수를 구하시오. 또, 그 정의역을 말하시오.

(1) $y = 3x - 2$ (2) $y = \dfrac{1}{3}x + 2$ (3) $y = \dfrac{2}{x} - 1$

(4) $y = \dfrac{x-1}{x}$ (5) $y = \dfrac{1}{2-x}$ $(x < 2)$

(6) $y = 4x^2$ $(x \geqq 0)$ (7) $y = -x^2 + 2$ $(x \leqq 0)$

(8) $y = -\sqrt{x}$ (9) $y = \sqrt{x+4}$

(10) $y = -\sqrt{1-x}$

문제 42 $y = \sqrt{ax}$ 는 어떤 함수의 역함수일까요?

또 $y = -\sqrt{ax}$ 는 어떤 함수의 역함수일까요? (단, $a \neq 0$

으로 합니다.)

문제 43   함수 $y = \dfrac{ax+b}{x+2}$ 의 그래프는 점 $(1, 1)$을 지나며,

또 이 함수의 역함수는 원래의 함수와 일치합니다. a, b의

값을 구하시오.

◆ 역함수의 그래프

함수 $y = \dfrac{1}{2}x - 3$과 그 역함수 $y = 2x + 6$의 그래프를

그리면 오른쪽 위 그림과 같이 됩니다.

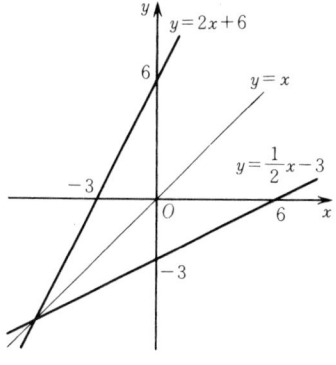

또, 함수 $y = x^2 - 6 \, (x \geqq 0)$의 역함수는 쉽사리 알 수 있

듯이 $y = \sqrt{x+6}$ 이 되는데, 이들 함수의 그래프를 그리

면 오른쪽 아래 그림과 같이 됩니다.

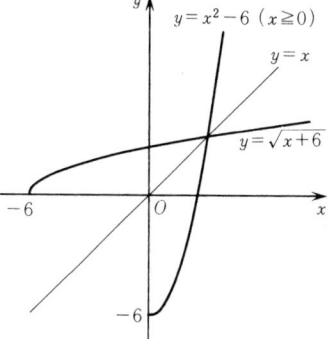

이런 예를 보아도 곧 알 수 있는 바와 같이, 함수와 그

역함수의 그래프는 직선 $y = x$에 대해서 서로 대칭이 됩

니다.

일반적으로 함수 $y = f(x)$가 역함수 $y = g(x)$를 가질

때, 양자의 그래프의 관계를 알아봅시다.

함수 $y = f(x)$의 역함수가 $y = g(x)$라는 것은, $y = f(x)$를 x에 관해서 푼 식이

$$x = g(y)$$

라는 것을 뜻합니다. 따라서 $y = f(x)$와 $x = g(y)$가 나

타내는 도형은 완전히 같습니다. ($y = f(x)$와 $x = g(y)$

는 단지 독립변수와 종속변수가 뒤바뀐 것에 지나지 않

습니다. 즉, $y = f(x)$의 그래프는 y를 독립변수, x를 종

속변수로 간주하면 독립변수 y를 수직축에, 종속변수 x

를 수평축에 잡았을 때의 $x=g(y)$의 그래프가 됩니다.)

그런데 역함수 $y=g(x)$의 그래프는 도형 $x=g(y)$에서 x와 y를 바꾸어놓은 것입니다. 다시 말하면 $y=g(x)$의 그래프와 도형 $x=g(y)$에서는 x축과 y축의 역할이 뒤바뀝니다. 따라서 $y=g(x)$의 그래프는 도형 $x=g(y)$를, x축과 y축 사이를 등분하는 45°선, 즉 직선 $y=x$에 대해서 대칭으로 이동시킨 곡선이 됩니다.

이것으로 다음 사실을 알 수 있습니다.

함수 $y=f(x)$가 역함수 $y=g(x)$를 가질 때,

$y=f(x)$의 그래프와 $y=g(x)$의 그래프는
직선 $y=x$에 대해서 대칭이다.

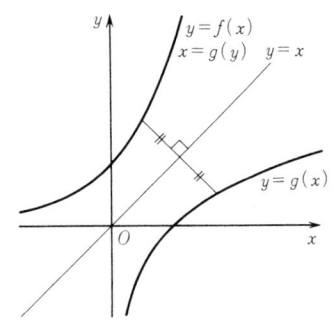

[문제 44] 문제 41의 함수 (2), (5), (7), (8)에 대하여, 함수의 그래프 및 역함수의 그래프를 그리시오.

[문제 45] 다음 함수의 그래프를 직선 $y=x$에 대해서 대칭으로 이동시킨 곡선은 어떤 함수의 그래프가 될까요?

(1) $y=\dfrac{2x}{x-3}$ (2) $y=-\sqrt{4-x}$

해석 기하학은 그의 어떤 형이상학적 사색보
다도 데카르트의 이름을 영원하게 만들었고,
정밀 과학의 발달에서 최대의 한 걸음을 이루
고 있다.

J. S. 밀

6 도형과 수나 식의 관계
—— 평면도형과 식

6.1 점의 좌표

수학에 좌표의 생각을 도입한 것은 프랑스의 철학자
르네 데카르트(1596 – 1650)입니다. 데카르트는 좌표를 써
서 도형의 성질을 대수적 수법에 의해서—— 즉, 식의 계
산에 의해서—— 알아본다고 하는 획기적인 방법을 제창
하였습니다. 이것은 오늘날 "해석기하학"의 방법으로 불
리는데, 도형의 성질을 연구하기 위한 가장 기본적인 수
단이 되어 있습니다. 우리는 이 방법에 의해서 도형의 성
질을 대수학의 수법에 의해서 해명할 수가 있으며, 반대
로 대수학적 문제를 기하학적 도형의 문제로 전환해서
생각할 수 있게 되었습니다. 이렇게 해서 "도형"과 "수와
식"이라는, 언뜻 보아 전혀 다른 성격을 지닌 것처럼 보
이는 수학의 대상 사이에 사실은 밀접한 관계가 있다는

것을 알게 됩니다.

이 장에서는 좌표를 써서 여러 가지 기본적인 도형
──특히 직선과 원──의 성질을 알아봅니다. 먼저 직
선 또는 평면상의 두 점 사이의 거리와, 선분의 내분점·
외분점의 좌표 이야기부터 시작하겠습니다.

◆ 수직선상의 두 점 사이의 거리, 내분점·외분점

처음에는 "일차원"의 경우를 생각해 봅시다.

지금 수직선상에 두 점 $A(a)$, $B(b)$가 주어졌다고 합시
다. 이때 A, B 사이의 거리 AB는 명백히

$$a < b \text{이면 } AB = b - a$$
$$a > b \text{이면 } AB = a - b$$

입니다.

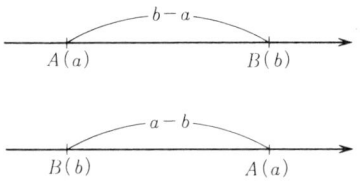

절대값의 기호를 사용하면, 위를 정리해서
두 점 $A(a)$, $B(b)$ 사이의 거리는

$$AB = |b - a|$$

로 쓸 수가 있습니다. 예를 들면,

$A(-2)$, $B(3)$이면 $AB = |3 - (-2)| = |5| = 5$

$A(2)$, $B(-5)$이면 $AB = |(-5) - 2| = |-7| = 7$

입니다.

다음에 내분점·외분점의 좌표에 대해서 생각해 봅시
다.

일반적으로, 선분 AB 위에 점 C가 있고,

$$AC : CB = m : n$$

이 성립될 때, 점 C는 선분 AB를 $m : n$으로 **내분한다**고
합니다.

또, 선분 AB의 연장선상에 점 D가 있고,
$$AD : DB = m : n$$
이 성립될 때, 점 D는 선분 AB를 $m : n$으로 **외분한다**고
합니다.

내분   외분
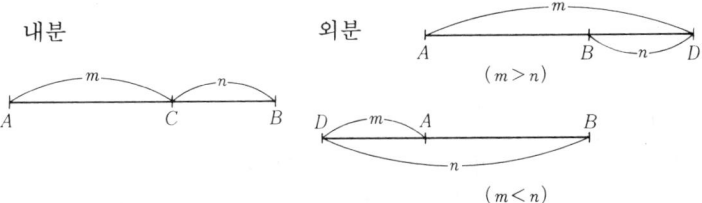

단, 위에서 m, n은 양의 수로 하고, 외분인 경우에는 $m \neq n$으로 합니다.

예를 들면, $A(3)$, $B(7)$일 때 선분 AB를 $3 : 1$로 내분하는 점 P, $3 : 2$로 외분하는 점 Q, $1 : 2$로 외분하는 점 R을 그림으로 보이면 다음과 같이 되는데, P, Q, R의 좌표는 각각 6, 15, -1이 됩니다.

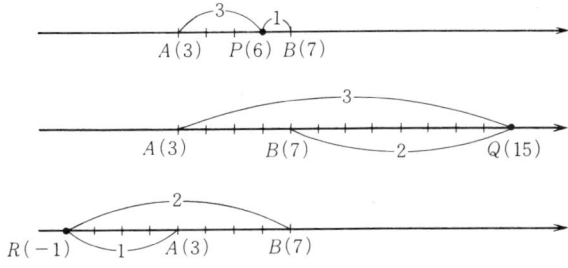

일반적으로 수직선상의 두 점 $A(a)$, $B(b)$에 대하여 선분 AB를 $m : n$으로 내분하는 점 C의 좌표 c를 구해 봅시다.

![점 A(a), C(c), B(b)를 나타낸 수직선과 m, n 구간]

지금, $a < b$라고 하면 $a < c < b$이며,
$$AC = c - a, \qquad CB = b - c$$
$$AC : CB = m : n$$
따라서
$$(c - a) : (b - c) = m : n$$

이로부터

$$n(c-a)=m(b-c)$$
$$(m+n)c=na+mb$$

그러므로

$$c=\frac{na+mb}{m+n}$$

$a>b$로 해도 역시 같은 결과가 얻어집니다. [여러분은 이 사실을 확인해 주십시오.]

특히, 선분 AB의 중점 M은 선분 AB를 $1:1$로 내분하는 점이므로, 그 좌표는 $\frac{a+b}{2}$가 됩니다.

다음에 선분 AB를 $m:n$으로 외분하는 점 D의 좌표 d를 구해 봅시다.

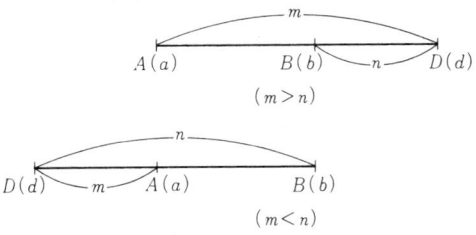

앞에서와 마찬가지로 $a<b$로 하고, 또 $m>n$으로 합니다. 이때 $a<b<d$이며,

$$AD=d-a, \qquad DB=d-b$$
$$AD:DB=m:n$$

따라서

$$(d-a):(d-b)=m:n$$

이로부터

$$m(d-b)=n(d-a)$$
$$(m-n)d=-na+mb$$

그러므로

$$d=\frac{-na+mb}{m-n}$$

위에서는 $m>n$으로 했습니다. $m<n$의 경우에는 $d<a<b$이므로 $AD=a-d$, $DB=b-d$가 되는데, 계산 결과는 같으며, 역시 d는 위의 식으로 주어집니다.

또한, $a > b$일 때에도 같은 결과가 얻어집니다. [여러분은 이 사실을 확인해 보십시오.]

위에서 얻은 내분점·외분점의 좌표도 다시 한 번 되풀이해 둡니다.

수직선상의 두 점 $A(a)$, $B(b)$에 대하여, 선분 AB를

$$m : n \text{으로 내분하는 점을 } C(c)$$
$$m : n \text{으로 외분하는 점을 } D(d)$$

라고 하면,

$$c = \frac{na + mb}{m + n}, \qquad d = \frac{-na + mb}{m - n}$$

[주의 : 위의 식은 좀 기억하기 어려우며, 특히 외분점의 경우가 그렇지만, 역시 기억해 두면 편리합니다. 다만, 공식을 잘못 적용하지 않기 위해서 개개의 구체적인 문제에 있어서는 그 때마다 그림을 그려보는 것이 안전할 겁니다.]

문제 1 수직선상의 두 점 $A(-6)$, $B(4)$에 대하여, 다음 각 점의 좌표를 구하시오.

(1) 선분 AB의 중점 M

(2) 선분 AB를 $3 : 2$로 내분하는 점 C

(3) 선분 AB를 $3 : 2$로 외분하는 점 D

(4) 선분 AB를 $1 : 4$로 내분하는 점 E

(5) 선분 AB를 $1 : 4$로 외분하는 점 F

◆ 평면상의 두 점 사이의 거리, 내분점·외분점

다음에는 "이차원"의 경우로 옮아가서, 평면상의 두 점 사이의 거리나 선분의 내분점·외분점의 좌표 등을 생각해 봅시다.

먼저, 평면상의 두 점 $A(x_1, y_1)$, $B(x_2, y_2)$에 대하여, 그 사이의 거리를 구해 봅시다.

선분 AB가 x축에나 y축에나 평행하지 않을 때에는,

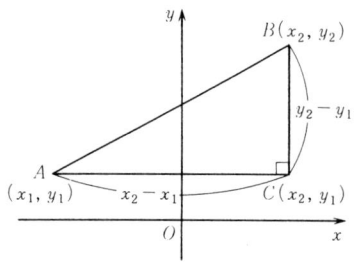

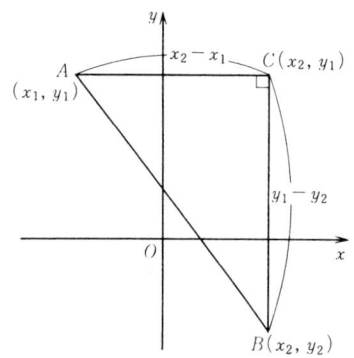

왼쪽 그림과 같이 직각삼각형 ABC를 만들면, A, B의 위치 관계가 어떻든 간에

$$AC = |x_2 - x_1| \qquad BC = |y_2 - y_1|$$

이 됩니다.

그리하여 피타고라스의 정리를 사용하면

$$AB^2 = AC^2 + BC^2$$
$$= |x_2 - x_1|^2 + |y_2 - y_1|^2$$
$$= (x_2 - x_1)^2 + (y_2 - y_1)^2$$

그러므로

$$AB = \sqrt{(x_2 - x_1)^2 + (y_2 - y_1)^2}$$

이것이 두 점 A, B 사이의 거리를 부여하는 공식입니다.

다만, 위에서는 선분 AB가 좌표축에 평행하지 않다고 하였습니다. 그러나 이 공식은 선분 AB가 좌표축에 평행할 때에도 성립됩니다. 예를 들면, AB가 x축에 평행인 경우에는 $y_1 = y_2$이므로 위 공식의 우변은

$$\sqrt{(x_2 - x_1)^2 + 0^2} = \sqrt{(x_2 - x_1)^2} = |x_2 - x_1|$$

이 되며, 이것은 분명히 x축에 평행인 선분 AB의 길이를 부여하고 있습니다. 또, 선분 AB가 y축에 평행인 경우도 마찬가지입니다.

결국 위의 공식은 평면상의 임의의 두 점 A, B에 대해서 성립되는 것입니다.

평면상의 두 점 $A(x_1, y_1)$, $B(x_2, y_2)$ 사이의 거리는

$$AB = \sqrt{(x_2 - x_1)^2 + (y_2 - y_1)^2}$$

이 공식은 중요하므로 단단히 기억해 둡시다.

이 공식의 특별한 경우로서, 원점 O와 점 $P(x, y)$와의 거리는

$$OP = \sqrt{x^2 + y^2}$$

이 됨을 알 수 있습니다.

문제 2 다음 두 점 사이의 거리를 구하시오.

(1) $(0, 0), (-3, 4)$　　　　(2) $(2, -1), (-2, 3)$

(3) $(4, 1), (-2, 4)$　　　　(4) $(3, -2), (-3, 10)$

문제 3 $A(5, -1)$, $B(6, 7)$, $C(-2, -5)$라 할 때, $AB =$ AC임을 증명하시오.

　　예제 $\triangle ABC$의 변 BC의 중점을 M이라고 하면,
$$AB^2 + AC^2 = 2(AM^2 + BM^2)$$
이 성립되는 것을 증명하시오.

증명 그림과 같이 직선 BC를 x축에 잡고, M을 지나 BC에 수직인 직선을 y축에 잡은 좌표축을 생각하고, 이 좌표축에 관한 점 A, B, C의 좌표를 각각

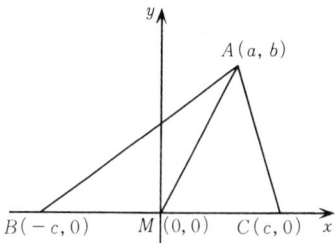

$$A(a, b), \qquad B(-c, 0) \qquad C(c, 0)$$

으로 합니다. 이때

$$
\begin{aligned}
AB^2 + AC^2 &= \{(a+c)^2 + b^2\} + \{(a-c)^2 + b^2\} \\
&= (a^2 + 2ac + c^2 + b^2) + (a^2 - 2ac + c^2 + b^2) \\
&= 2(a^2 + b^2 + c^2)
\end{aligned}
$$

한편,

$$AM^2 + BM^2 = (a^2 + b^2) + c^2 = a^2 + b^2 + c^2$$

그러므로

$$AB^2 + AC^2 = 2(AM^2 + BM^2)$$

이것으로 위의 주장이 증명되었습니다.

위의 예제는 임의의 삼각형에 대해서 성립되는 "일반적 명제"입니다. 이와 같은 도형의 일반적 성질을 증명하고자 하는 경우에는, 먼저 좌표축을 적절히 정해야 합니다. 좌표축을 정하는 방법이 문제 해결의 난이도에 아무런 영향을 주지 않는 경우도 있지만, 때로는 "좌표축을 정하는 방법"이 적절한가 적절치 않은가에 따라 짧으면

서도 세련된 해답이 되고, 반대로 혼미한 세계로 빠져버리기도 합니다. 어떤 좌표축을 선정하는 것이 적절할까요? 이것은 역시 "수학적인 육감"에 의해서 알아차리는 수밖에 도리가 없습니다. 여러분도 경험을 쌓아감에 따라 차차 그러한 "육감"을 터득하게 될 것입니다.

그리고, 위에서 "삼각형 ABC"를 "$\triangle ABC$"로 썼는데, 삼각형에 대해서는 흔히 이 기호가 사용됩니다. 앞으로도 일반적으로 삼각형을 나타내는 경우에는 주로 이 기호를 사용합니다.

$\boxed{\text{문제 4}}$ $\triangle ABC$의 변 BC를 $1:2$로 내분하는 점을 D라고 하면
$$2AB^2 + AC^2 = 3(AD^2 + 2BD^2)$$
이 되는 것을 증명하시오.

다음에, 앞서와 같이 $A(x_1, y_1)$, $B(x_2, y_2)$를 평면상의 두 점으로 하고, 선분 AB를 $m:n$으로 내분하는 점 C의 좌표 (x, y)를 구해 봅시다.

왼쪽 그림과 같이 점 A, B, C에서 x축에 수선 AA', BB', CC'를 내리면,
$$AC:CB = A'C':C'B' = m:n$$
이 되어, C'는 선분 $A'B'$를 $m:n$으로 내분하는 점이 됩니다. 점 A', B', C'의 x좌표는 각각 x_1, x_2, x이므로 수직선상의 내분점의 공식에 의해서
$$x = \frac{nx_1 + mx_2}{m+n}$$
가 됩니다. A, B, C에서 y축에 수선을 내리고 똑같이 생각하면
$$y = \frac{ny_1 + my_2}{m+n}$$
임을 알 수 있습니다.

외분점의 경우도 똑같습니다. 따라서 다음 결론이 얻어집니다.

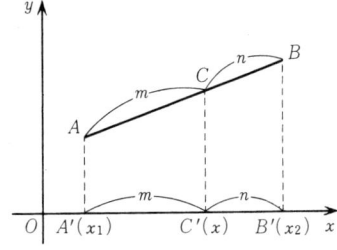

평면상의 두 점 $A(x_1, y_1)$, $B(x_2, y_2)$ 를 연결하는 선분
AB를, $m:n$으로 내분하는 점의 좌표는
$$\left(\frac{nx_1 + mx_2}{m+n}, \ \frac{ny_1 + my_2}{m+n} \right)$$
$m:n$으로 외분하는 점의 좌표는
$$\left(\frac{-nx_1 + mx_2}{m-n}, \ \frac{-ny_1 + my_2}{m-n} \right)$$
특히, 선분 AB의 중점의 좌표는
$$\left(\frac{x_1 + x_2}{2}, \ \frac{y_1 + y_2}{2} \right)$$
가 됩니다.

문제 5 $A(-2, 6)$, $B(3, -4)$로 합니다. 선분 AB를 다음
비율로 내분 또는 외분하는 점의 좌표를 구하시오.

(1) $3:2$로 내분하는 점   (2) $3:2$로 외분하는 점

(3) $1:4$로 내분하는 점   (4) $1:4$로 외분하는 점

예 $A(-3, 4)$, $P(3, 1)$로 할 때, 점 P에 대한 점 A의 대
칭인 점 B의 좌표를 구하시오.

풀이 B의 좌표를 (a, b)로 하면, P는 선분 AB의 중점
이므로
$$\frac{-3+a}{2} = 3, \qquad \frac{4+b}{2} = 1$$
이 됩니다. 이로부터 $a=9$, $b=-2$ 즉, B의 좌표는 $(9, -2)$입니다.

문제 6 A, P는 위의 예와 같은 점으로 합니다. 점 P가 선
분 AC를 $3:2$로 내분한 점이 되는 점 C의 좌표를 구하시
오.

예제 임의의 $\triangle ABC$에서, 변 BC, CA, AB의 중점
을 각각 L, M, N으로 합니다. 선분 AL, BM, CN을 이
삼각형의 **중선**이라고 합니다. 다음을 증명하시오.

1 세 중선 AL, BM, CN은 한 점 G에서 만난다.

2 점 G는 선분 AL, BM, CN을 각각 $2:1$로 내분한다.

3 세 꼭지점의 좌표를 $A(x_1, y_1)$, $B(x_2, y_2)$, $C(x_3, y_3)$ 라고 하면, 점 G의 좌표는

$$\left(\frac{x_1+x_2+x_3}{3}, \quad \frac{y_1+y_2+y_3}{3} \right)$$

이다.

증명 3에서 말한 바와 같이, 세 꼭지점의 좌표를 $A(x_1, y_1)$, $B(x_2, y_2)$, $C(x_3, y_3)$로 합니다.

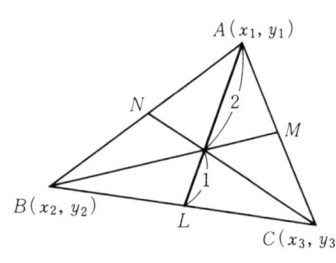

이때, 변 BC의 중점 L의 좌표는

$$\left(\frac{x_2+x_3}{2}, \quad \frac{y_2+y_3}{2} \right)$$

입니다. 지금, 중선 AL을 $2:1$로 내분하는 점의 좌표를 구하면, 내분점의 공식에 의해서

$$\left(\frac{1 \cdot x_1 + 2 \cdot \dfrac{x_2+x_3}{2}}{2+1}, \quad \frac{1 \cdot y_1 + 2 \cdot \dfrac{y_2+y_3}{2}}{2+1} \right)$$

즉

$$\left(\frac{x_1+x_2+x_3}{3}, \quad \frac{y_1+y_2+y_3}{3} \right) \qquad ①$$

이 됩니다. 이 점의 좌표는 세 꼭지점에 대해서 완전히 대칭적인 꼴을 하고 있습니다. 따라서 선분 BM, 선분 CN을 각각 $2:1$로 내분하는 점의 좌표를 구해도 ①과 똑같이 됩니다.

그러므로 이 좌표 ①을 갖는 점을 G라고 하면, 세 중선 AL, BM, CN은 점 G에서 만나며, 또 G는 세 중선을 각각 $2:1$로 내분합니다. 이것으로 우리의 주장 **1**, **2**, **3**은 모두 증명되었습니다.

삼각형의 세 중선의 교점을 삼각형의 **무게중심**이라고 합니다. 위의 예제에서 본 바와 같이, 세 꼭지점의 좌표를 (x_1, y_1), (x_2, y_2), (x_3, y_3)로 하면, 무게중심의 좌표는

$$\left(\frac{x_1+x_2+x_3}{3}, \quad \frac{y_1+y_2+y_3}{3} \right)$$

입니다.

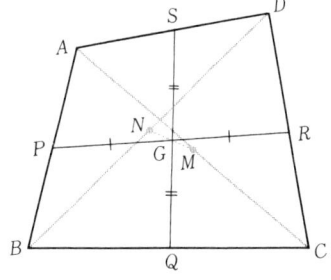

문제 7 △ABC의 두 꼭지점 A, B 및 무게중심 G의 좌표가 각각 $A(-1, -2)$, $B(8, 1)$, $C(4, 2)$일 때, 꼭지점 C의 좌표를 구하시오.

문제 8 사각형 $ABCD$의 변 AB, BC, CD, DA의 중점을 각각 P, Q, R, S라고 할 때, 선분 PR과 선분 QS는 서로 다른 것을 이등분한다는 것을 증명하시오.

문제 9 문제 8의 PR과 QS의 교점을 G로 합니다. 대각선 AC, BD의 중점을 각각 M, N이라 하면, 선분 MN도 G를 지나며, 또한 G에 대해서 이등분된다는 것을 증명하시오.

6.2 평면상의 직선

$F(x, y)$를 x, y에 관한 하나의 식으로 만들 때,
$$F(x, y) = 0$$
은 이 두 문자를 포함하는 방정식이 됩니다. 이 방정식을 만족시키는 <u>실수</u> x, y의 값의 쌍 (x, y)를 좌표로 하는 점 전체의 집합, 즉
$$\{(x, y) \,|\, F(x, y) = 0\}$$
은 평면상에 하나의 도형을 만듭니다. 이것을 **방정식 $F(x, y) = 0$이 나타내는 도형** 또는 **방정식 $F(x, y) = 0$의 그래프**라고 합니다.

또 이 도형에 대해서 $F(x, y) = 0$을 그 **도형의 방정식**이라고 합니다.

위에서는 $F(x, y) = 0$의 꼴인 방정식을 생각했지만, 물론 그 대신에 c를 상수로 하여 $F(x, y) = c$의 꼴인 방정식이라도 좋고, $F(x, y) = G(x, y)$의 꼴인 방정식이라도 좋습니다. 이것들을 이항해서 정리하면 어느 것이나 $F(x, y) = 0$의 꼴로 되기 때문입니다.

특히 함수 $y = f(x)$의 그래프는 $F(x, y) = y - f(x)$로

했을 때의 방정식 $F(x, y)=0$의 그래프인 것입니다. 따라서 함수 $y=f(x)$의 그래프에 대하여 $y=f(x)$라는 식을 그 방정식이라고 부를 수도 있습니다.

◆ 일차방정식과 직선

우리는 방정식 $y=mx+n$이 점 $(0, n)$을 지나고 기울기가 m인 직선을 나타낸다는 것을 이미 알고 있습니다. 또, n을 그 직선의 y절편(또는 단지 절편)이라고 한다는 것도 알고 있습니다. 이 방정식에서 특히 $m=0$으로 하면, $y=n$은 x축에 평행인 직선을 나타냅니다. y축에 평행이 아닌 모든 직선은 $y=mx+n$의 꼴인 방정식으로 나타낼 수가 있습니다.

y축에 평행인 직선은 $y=mx+n$의 꼴로는 나타낼 수가 없습니다. 그것은 $x=p$의 꼴인 방정식으로 표시됩니다. 이것은 점 $(p, 0)$을 지나 y축에 평행인 직선을 나타냅니다.

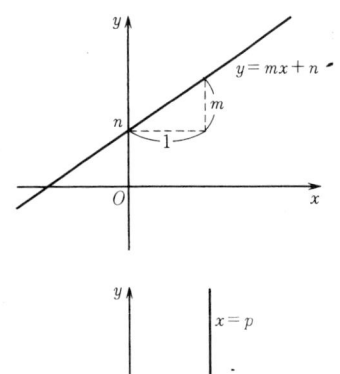

$y=mx+n$이건 $x=p$이건 한 변에 이항해서 정리하면 (x, y에 관한 일차식)$=0$의 꼴이 됩니다.

한편, x, y에 관한 일반적인 꼴의 일차방정식은

$$ax+by+c=0 \qquad ①$$

의 꼴이 됩니다. 여기서 a, b, c는 상수이고(좌변이 x, y에 관한 일차식이므로) a, b 중 적어도 한쪽은 0이 아닙니다. 이 방정식은 직선을 나타냅니다.

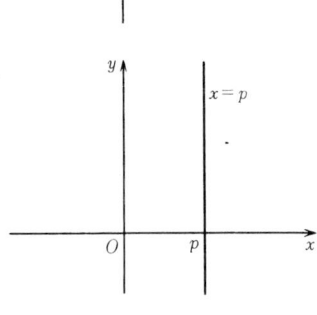

실제로, 만일 $b\neq0$이면 ①은

$$y=-\frac{a}{b}x-\frac{c}{b}$$

로 고쳐 쓸 수 있는데, 이것은 기울기가 $-\dfrac{a}{b}$이고 절편이 $-\dfrac{c}{b}$인 직선을 나타냅니다. 또 $b=0$이면, 이 경우 a는 0이 아니므로, ①은

$$x=-\frac{c}{a}$$

로 고쳐 쓸 수가 있습니다. 따라서 이것은 y축에 평행인

직선을 나타냅니다.

일차방정식 $ax+by+c=0$이 나타내는 직선을 간단히 **직선 $ax+by+c=0$**이라고도 합니다.

(예) 방정식 $2x-4y-3=0$이 나타내는 도형을 그리시오.

풀이 주어진 방정식을 변형하면

$$y=\frac{1}{2}x-\frac{3}{4}$$

이것은 기울기가 $\frac{1}{2}$이고 y절편이 $-\frac{3}{4}$인 직선을 나타 냅니다.

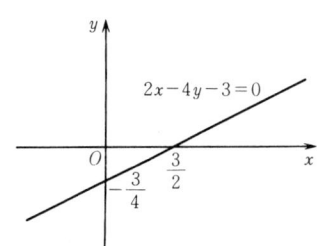

문제 10 다음 방정식이 나타내는 도형을 그리시오.

(1) $2x+y-6=0$ (2) $3x-3y+5=0$

(3) $y-2=0$ (4) $4x+9=0$

◆ 직선의 방정식의 여러 가지 꼴

위에서 본 바와 같이, 평면상의 직선은 x, y에 관한 일 차방정식으로 나타낼 수 있고, 반대로 x, y에 관한 일차 방정식은 직선을 나타냅니다.

다음에는 응용에서 특히 자주 나오므로 꼭 기억해 두 어야 할 몇 가지 방정식의 꼴에 대해서 설명하겠습니다.

[1] 점 $A(x_1, y_1)$을 지나고 기울기가 m인 직선

이 직선은 기울기가 m이므로 절편을 n으로 하면, 방 정식은

$$y=mx+n$$

으로 나타낼 수 있습니다. 이것이 점 (x_1, y_1)을 지나므로

$$y_1=mx_1+n \qquad 그러므로 \quad n=y_1-mx_1$$

따라서, 구하는 직선의 방정식은

$$y=mx+y_1-mx_1 \quad 즉 \quad y-y_1=m(x-x_1)$$

이 됩니다.

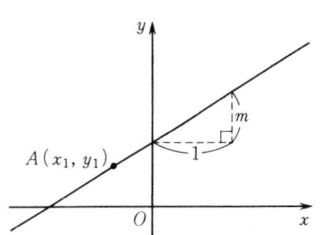

점 (x_1, y_1)을 지나고 기울기가 m인 직선의 방정식은

$$y-y_1=m(x-x_1)$$

(예) 점 $(-3, 4)$를 지나고 기울기가 2인 직선의 방정식을

구하시오.

풀이 구하는 방정식은

$$y - 4 = 2\{x - (-3)\}$$

정리하면

$$y = 2x + 10$$

[2] 두 점 $A(x_1, y_1), B(x_2, y_2)$를 지나는 직선

$x_1 \neq x_2$ 일 때

직선 AB의 기울기는 $\dfrac{y_2 - y_1}{x_2 - x_1}$ 이고, 점 (x_1, y_1)을 지나므로 **[1]**에 의해서 그 방정식은

$$y - y_1 = \frac{y_2 - y_1}{x_2 - x_1}(x - x_1)$$

이 됩니다.

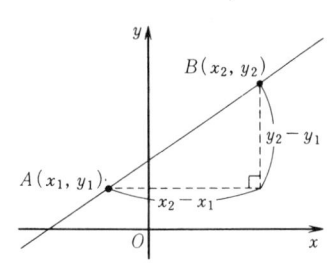

$x_1 = x_2$ 일 때

이 경우 직선 AB는 y축에 평행이고, 방정식은 $x = x_1$

이 됩니다.

두 점 $(x_1, y_1), (x_2, y_2)$를 지나는 직선의 방정식은

$x_1 \neq x_2$ 일 때 $y - y_1 = \dfrac{y_2 - y_1}{x_2 - x_1}(x - x_1)$

$x_1 = x_2$ 일 때 $x = x_1$

예 두 점 $(2, 3), (10, -1)$을 지나는 직선의 방정식을 구하시오.

풀이 공식에 따라, 구하는 방정식은

$$y - 3 = \frac{-1 - 3}{10 - 2}(x - 2) = -\frac{1}{2}(x - 2)$$

분모를 없애고 정리하면

$$x + 2y - 8 = 0$$

문제 11 다음 직선의 방정식을 구하시오.

(1) 점 $(-3, 4)$를 지나고 기울기가 $-\dfrac{1}{2}$ 인 직선

(2) 점 $(-3, 4)$를 지나고 x축에 평행인 직선

(3) 두 점 $(2, 3), (10, 5)$를 지나는 직선

(4) 두 점 $(6, -2), (4, 2)$를 지나는 직선

(5) 두 점 $(2, 0)$, $(2, -9)$를 지나는 직선

㉠ 두 점 $(a, 0)$, $(0, b)$를 지나는 직선의 방정식은
$$\frac{x}{a} + \frac{y}{b} = 1$$
임을 증명하시오. (단, $a \neq 0$, $b \neq 0$으로 합니다.)

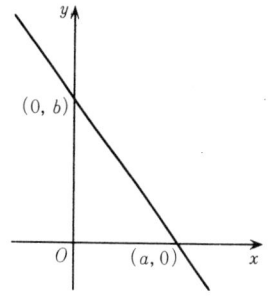

증명 두 점을 지나는 직선의 공식에 의해서, 이 직선의 방정식은
$$y - 0 = \frac{b-0}{0-a}(x-a)$$
즉
$$y = -\frac{b}{a}(x-a) \qquad (*)$$
가 됩니다.

양변에 a를 곱하여 분모를 없애고, $-bx$를 좌변으로 이항하면
$$bx + ay = ab$$
이 양변을 ab로 나누면
$$\frac{x}{a} + \frac{y}{b} = 1$$
이것으로 증명은 끝났습니다.

이 예에서 직선의 방정식은 물론 증명 안의 식$(*)$으로 되지만, 위와 같은 꼴로 정리해 두는 편이 산뜻하고 기억하기에도 편리합니다. 덧붙여 말하면, b는 이 직선의 y절 편입니다. 이것에 대응하는 뜻에서, a를 이 직선의 **x절 편**이라고 말하기도 합니다.

문제 12 다음 직선의 방정식을 구하시오.
(1) 두 점 $(3, 0)$, $(0, -2)$를 지나는 직선
(2) x절편과 y절편이 같고, 점 $(1, 3)$을 지나는 직선

문제 13 점 $(3, 2)$를 지나고 x절편, y절편이 모두 양의 정수인 직선의 방정식을 구하시오. (이 문제는 여러분에게 약간의 "정수론적"인 흥미를 줄 것입니다. 자신이 있는 사람은 아래 힌트를 보지 말고 문제에 도전해 보십시오.)

[힌트 : x절편을 a, y절편을 b라고 하면 직선 $\frac{x}{a} + \frac{y}{b} = 1$ 이 점 $(3, 2)$를 지나므로

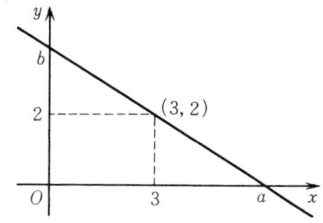

$$\frac{3}{a}+\frac{2}{b}=1$$

이 됩니다. 양변에 ab를 곱하여 이항하면

$$ab-2a-3b=0$$

이 양변에 $2\cdot3=6$을 더하고 인수분해를 하십시오.]

◈ 두 직선의 평행조건과 수직조건

앞으로 설명의 편의상 직선 l의 방정식 $y=mx+n$을 간단히

$$l : y=mx+n$$

처럼 쓰는 일이 있을 것입니다. [이것은 직선 이외의 도형에서도 사용됩니다.]

두 직선 l_1, l_2의 방정식이 각각

$$l_1 : y=mx+n, \quad l_2 : y=m'x+n'$$

일 때, 이들이 평행이기 위한 조건, 수직이기 위한 조건을 생각해 봅시다.

1 평행조건

이것은 당장 알 수 있습니다. 실제로 l_1과 l_2가 평행이라는 것은 양자를 평행으로 이동시켜 원점을 지나도록 한 두 직선 $y=mx$, $y=m'x$가 겹친다는 것을 뜻하지만, 이것은 기울기라는 뜻에서 생각하여 $m=m'$와 같은 값입니다. 즉,

$$l_1 과 \ l_2 가 평행 \Longleftrightarrow m=m'$$

입니다. [주의 : $m=m'$, $n=n'$일 때에는 l_1과 l_2는 일치하지만, 여기서는 일단 이 경우도 "평행"이라고 생각하기로 합니다.]

2 수직조건

위와 마찬가지로 l_1과 l_2가 수직이라는 것은 양자를 평행이동시켜 원점을 지나도록 한 두 직선

$$y=mx, \quad y=m'x$$

가 수직이라는 것과 같은 것입니다.

이 두 직선 $y=mx$, $y=m'x$와 직선 $x=1$과의 교점을 P, Q라고 하면, OP와 OQ가 수직이기 위한 필요충분조건은 피타고라스의 정리에 의해서

$$PQ^2=OP^2+OQ^2$$

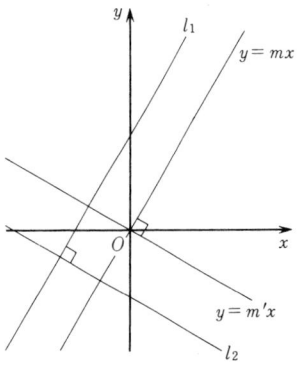

이 됩니다. 여기서 P, Q의 좌표는 각각 $(1, m)$, $(1, m')$이므로 위의 식은

$$(m-m')^2=(1+m^2)+(1+m'^2)$$

으로 나타낼 수 있습니다. 이 좌변을 전개하면

$$m^2-2mm'+m'^2=2+m^2+m'^2$$

따라서 $-2mm'=2$, 그러므로

$$mm'=-1$$

이것이 l_1과 l_2가 수직이기 위한 필요충분조건입니다. 즉,

$$l_1 \text{과 } l_2 \text{가 수직} \Longleftrightarrow mm'=-1$$

입니다.

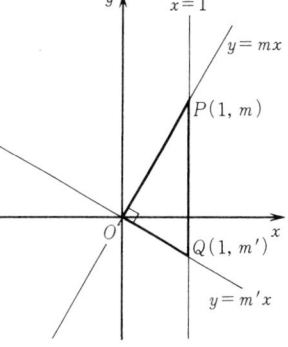

두 직선 $y=mx+n$, $y=m'x+n'$가

평행이기 위한 필요충분조건은 $m=m'$

수직이기 위한 필요충분조건은 $mm'=-1$

[주의 : 물론 위의 수직조건에서 m 또는 m'가 0인 경우는 제외됩니다. 예를 들어 만일 $m=0$이면 직선 $y=n$은 x축에 평행이고, 그것에 수직인 직선은 y축에 평행입니다. 그러나 y축에 평행인 직선은 $y=m'x+n'$의 꼴로는 쓸 수 없습니다.]

(예) 직선 $l_1 : y=-2x+5$와 $l_2 : 6x+3y=1$은 평행입니다. 왜냐하면, l_2의 방정식은

$$y=-2x+\frac{1}{3}$$

로 고쳐 쓸 수 있으며, 이것은 l_1과 기울기가 같기 때문입니다.

⟨예⟩ 직선 $l_1 : y = 3x$와 $l_2 : x + 3y + 2 = 0$은 수직입니다. 왜냐하면 l_2의 방정식은

$$y = -\frac{1}{3}x - \frac{2}{3}$$

로 고쳐 쓸 수 있으며, l_1의 기울기 3과 l_2의 기울기 $-\frac{1}{3}$ 의 곱은 -1이 되기 때문입니다.

문제 14 다음 직선의 방정식을 구하시오.

(1) 원점을 지나고, 직선 $2x - y - 5 = 0$에 평행인 직선

(2) 점 $(-1, 2)$를 지나고, 직선 $y = -\frac{3}{2}x$에 평행인 직선

(3) 점 $(1, -1)$을 지나고, 직선 $2x + 5y - 4 = 0$에 수직인 직선

(4) 두 점 $(8, 2)$, $(-2, 7)$을 지나는 직선에 수직이고, 점 $(1, 1)$을 지나는 직선

예제 직선 $x + 2y - 3 = 0$에 대해서 점 $P(1, 6)$과 대칭인 점 Q의 좌표를 구하시오.

풀이 직선 $x + 2y - 3 = 0$을 l로 하고, Q의 좌표를 (a, b)로 합니다. 직선 l의 기울기는 $-\frac{1}{2}$, 직선 PQ의 기울기는 $\frac{6-b}{1-a}$이고, l과 PQ는 수직이므로

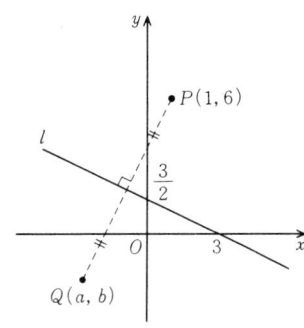

$$-\frac{1}{2} \cdot \frac{6-b}{1-a} = -1$$

이 됩니다. 분모를 없애고 정리하면,

$$2a - b = -4 \qquad\qquad ①$$

또, 선분 PQ의 중점은 $\left(\frac{1+a}{2}, \frac{6+b}{2} \right)$이며, 이 점은 직선 l 상에 있으므로,

$$\frac{1+a}{2} + 2 \cdot \frac{6+b}{2} - 3 = 0$$

이 성립됩니다. 이 식을 정리하면,

$$a + 2b = -7 \qquad\qquad ②$$

이것으로 a, b에 관한 연립일차방정식 ①, ②를 얻었습니다. ①, ②를 풀면

$$a = -3, \qquad b = -2$$

그러므로 Q의 좌표는 $(-3, -2)$입니다.

문제 15 다음 점의 좌표를 구하시오.

(1) 직선 $x-2y+5=0$에 대해서 원점 O와 대칭인 점

(2) 직선 $4x+3y-13=0$에 대해서 점 $(-3, 0)$과 대칭인 점

◈ 점과 직선 사이의 거리

두 직선의 수직조건을 이용해서 점과 직선 사이의 거리를 구해 봅시다.

지금, 직선 $ax+by+c=0$을 l로 하고, $P(x_0, y_0)$을 l 상에 없는 한 점으로 합니다. 이때 P에서 l로 내린 수선 PH의 길이, 즉 점 P와 직선 l과의 거리는 어떻게 될까요? 우리는 이 수선 PH의 길이를 주어진 상수 a, b, c 및 x_0, y_0에 의해서 나타내고자 합니다.

지금 $a \neq 0$, $b \neq 0$으로 하고, H의 좌표를 (x_1, y_1)로 하면, 직선 l, 직선 PH의 기울기는 각각 $-\dfrac{a}{b}$, $\dfrac{y_1-y_0}{x_1-x_0}$ 이고, 두 직선은 수직이므로,

$$\frac{y_1-y_0}{x_1-x_0} \cdot \left(-\frac{a}{b} \right) = -1$$

즉

$$\frac{x_1-x_0}{a} = \frac{y_1-y_0}{b}$$

이 됩니다. 이 값을 k로 두면

$$x_1-x_0=ak, \qquad y_1-y_0=bk \qquad \text{①}$$

따라서

$$PH^2=(x_1-x_0)^2+(y_1-y_0)^2=(a^2+b^2)k^2 \qquad \text{②}$$

입니다.

그런데 ①로부터 $x_1=x_0+ak$, $y_1=y_0+bk$ 이지만, 점 $H(x_1, y_1)$은 직선 $ax+by+c=0$ 상에 있으므로,

$$ax_1+by_1+c=0$$

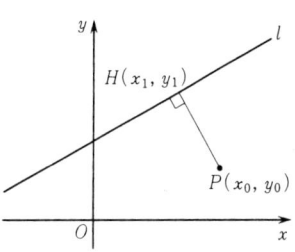

이 성립됩니다. 따라서

$$a(x_0 + ak) + b(y_0 + bk) + c = 0$$

이 되고, 이것을 k에 관해서 풀면,

$$k = -\frac{ax_0 + by_0 + c}{a^2 + b^2}$$

가 됩니다. 이것을 ②에 대입하면,

$$PH^2 = (a^2 + b^2)k^2 = \frac{(ax_0 + by_0 + c)^2}{a^2 + b^2}$$

그러므로

$$PH = \frac{|ax_0 + by_0 + c|}{\sqrt{a^2 + b^2}} \qquad ③$$

이것으로 PH의 길이를 a, b, c 및 x_0, y_0으로 나타낼 수 있게 되었습니다.

그리고, 위에서는 $a \neq 0$, $b \neq 0$으로 해서 공식 ③을 이끌어냈는데, 이 공식은 $a = 0$ 또는 $b = 0$일 때도 성립됩니다. 예를 들어 $a = 0$이면 직선 l은 x축에 평행인 직선

$$y = -\frac{c}{b}$$

가 되고, 점 $P(x_0, y_0)$과 이 직선과의 거리는 분명히

$$\left| y_0 - \left(-\frac{c}{b} \right) \right| = \left| \frac{by_0 + c}{b} \right|$$

가 됩니다. 그러나, 이것은 바로 ③의 우변에서 $a = 0$으로 한 경우와 같습니다. $b = 0$의 경우도 마찬가지입니다.

이것으로 다음 정리가 증명되었습니다.

점 (x_0, y_0)과 직선 $ax + by + c = 0$의 거리는

$$\frac{|ax_0 + by_0 + c|}{\sqrt{a^2 + b^2}}$$

이다.

이것은 <u>정리</u>입니다. 이 말을 강조하는 것은, 여러분이 이 식을 잘 기억해 두기를 바라며, 또 그만한 가치가 있다고 생각하기 때문입니다. 이 식을 기억해 두면 언젠가는 여러 기회에 도움이 될 것입니다.

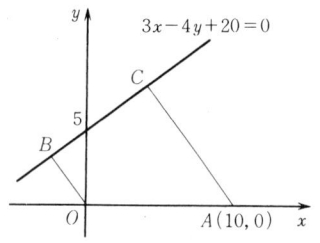

문제 16 다음 점과 직선 사이의 거리를 구하시오.

(1) 원점과 직선 $4x-3y=5$

(2) 점 $(3, 4)$와 직선 $x+2y+4=0$

(3) 점 $(-6, 3)$과 직선 $3x-2y+6=0$

문제 17 원점 O와 점 $(10, 0)$에서 직선 $3x-4y+20=0$으로 내린 수선을 각각 OB, AC로 합니다. 사다리꼴 $OACB$의 넓이를 구하시오.

◈ 삼각형의 한 성질

좌표를 이용해서 삼각형에 관한 하나의 성질을 증명해 봅시다.

예제 △ABC의 세 꼭지점 A, B, C에서 각각 대변으로 내린 수선을 AO, BM, CN으로 합니다. 이것들이 동일한 점에서 만난다는 것을 증명하시오.

증명 △ABC가 직각삼각형이면 분명히 세 수선은 직각인 꼭지점에서 만납니다.

그래서 △ABC가 직각삼각형이 아닌 경우를 생각합니다. 그림과 같이 직선 BC를 x축, 수선 AO를 y축으로 하는 좌표축을 생각하고, 세 꼭지점 A, B, C의 좌표를 각각

$$A(0, a), \quad B(b, 0), \quad C(c, 0)$$

으로 합니다.

직선 AC의 기울기는 $-\dfrac{a}{c}$이므로 수선 BM의 기울기는 $\dfrac{c}{a}$이고, BM의 방정식은

$$y=\frac{c}{a}(x-b)=\frac{c}{a}x-\frac{bc}{a}$$

가 됩니다.

마찬가지로, 직선 AB의 기울기는 $-\dfrac{a}{b}$이므로 수선 CN의 기울기는 $\dfrac{b}{a}$이고, CN의 방정식은

$$y=\frac{b}{a}(x-c)=\frac{b}{a}x-\frac{bc}{a}$$

가 됩니다.

이 두 직선 BM, CN의 y절편은 모두 $-\dfrac{bc}{a}$ 로 되어 있습니다. 즉, BM, CN은 모두 y축상의 점 $\left(0, -\dfrac{bc}{a}\right)$를 지납니다.

이것은 세 수선 AO, BM, CN이 한 점에서 만난다는 것을 나타내고 있습니다. 이것으로 증명이 끝났습니다.

위의 예제에서 보인 바와 같이, $\triangle ABC$의 세 수선은 동일한 점에서 만납니다. 이 점을 $\triangle ABC$의 **수심**이라고 합니다.

위의 예제나 293페이지의 예제와 같이, 도형의 성질을 증명하는데 좌표를 이용하는 경우, 일반적으로 그 순서는 다음과 같이 됩니다.

1 먼저 좌표축을 알맞게 정한다.
2 다음에 도형이나 그 관계를 수식으로 나타낸다.
3 그 수식을 계산에 의해서 처리한다.
4 그 결과를 기하학적으로 (도형적으로) 해석한다.

이것이 이른바 **해석기하학**의 방법입니다.

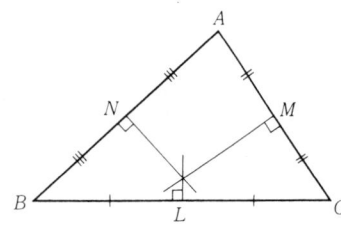

문제 18　$\triangle ABC$에서, 예를 들면 변 BC의 중점 L을 지나며 BC에 수직인 직선을 변 BC의 수직이등분선이라고 합니다. $\triangle ABC$의 각 변의 수직이등분선은 동일한 점에서 만난다는 것을 해석기하학의 방법에 의해서 증명하시오.

[주의 : 삼각형의 세 변의 수직이등분선이 만나는 교점을 $\triangle ABC$의 **외심**이라고 합니다. 이 점에 관해서는 나중에 $\triangle ABC$의 외접원을 다룰 때 접하게 될 것입니다. 그리고 여러분은 이미 어떤 "육감"이 길러졌을 것으로 생각되므로, 이 문제에서는 좌표축을 어떻게 잡느냐에 대한 힌트를 드리지 않겠습니다. 또 한 가지 덧붙이고 싶은 것은, 이를테면 위의 예제와 같은 경우에는, 사실은 좌표를 사용하는 것보다 "초등기하학"적으로 논하는 쪽이 산뜻하고 또한 간

단합니다. 이 "초등기하학에 의한 증명"은 해답란에 기재
해 두었습니다. 해석기하학의 방법이 결코 만능인 것은 아
닙니다.]

┞6.3 원과 자취

직선 다음에, 이 절에서는 원의 방정식이나 원과 직선
의 관계, 나아가서 자취의 문제를 다루기로 합니다. 먼저
원의 방정식부터 시작합니다.

◆ 원의 방정식

원은, 자연 속에서나 사람이 만든 것 속에서나 우리 주
변에서 수없이 볼 수 있는 아름다운 도형입니다.

수학적으로 원의 정의를 정확히 말한다면 어떻게 될까
요? 원에는 중심이라고 불리는 하나의 정점 C가 있습니
다. 그리고 원 위의 임의의 점 P는 C와 일정한 거리 r에
있습니다. 따라서 원이란 $CP=r$이 되는 점 P 전체의 집
합, 즉

$$\{P \mid CP = r\}$$

이라고 정의할 수가 있습니다. 이것이 원의 수학적 정의
입니다. 정점 C는 위에서 말한 바와 같이 원의 **중심**이라
불리고, 상수 r은 원의 **반지름**이라 불립니다. 물론 반지
름 r은 양의 실수입니다.

다음에는 좌표평면상에서 생각했을 때의 원의 방정식
을 구해봅시다.

좌표평면상에서 점 $C(a, b)$를 중심으로 하고, r을 반지
름으로 하는 원을 생각합니다. 이때 원 위의 임의의 점 P
의 좌표를 (x, y)라고 하면 $CP=r$이라는 조건은

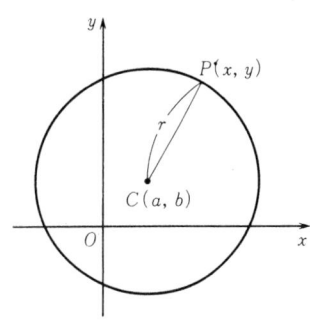

$$\sqrt{(x-a)^2+(y-b)^2}=r$$

로 나타낼 수 있습니다. 이 양변을 제곱하면

$$(x-a)^2+(y-b)^2=r^2$$

이것이 원의 방정식입니다.

중심 (a, b), 반지름 r인 원의 방정식은
$$(x-a)^2+(y-b)^2=r^2$$
특히, 원점 O를 중심으로 하고 반지름 r인 원의 방정식은
$$x^2+y^2=r^2$$

방정식이 $(x-a)^2+(y-b)^2=r^2$인 원을 단지 **원 $(x-a)^2+(y-b)^2=r^2$** 이라고도 합니다.

다음 몇 개의 원의 방정식을 구해 보세요.

(예) 점$(2, -1)$을 중심으로 하고 반지름 $\sqrt{6}$인 원의 방정식은

$$(x-2)^2+(y+1)^2=6$$

입니다.

(예) 점$(-2, 3)$을 중심으로 하고 원점을 지나는 원은, 점 $(-2, 3)$과 원점과의 거리가 $\sqrt{(-2)^2+3^2}=\sqrt{13}$ 이므로, 반지름은 $\sqrt{13}$ 입니다. 따라서 이 원의 방정식은

$$(x+2)^2+(y-3)^2=13$$

이 됩니다.

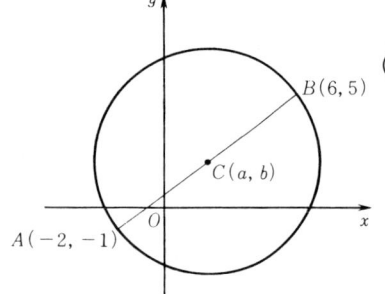

(예) 두 점 $A(-2, -1)$, $B(6, 5)$를 연결하는 선분 AB를 지름으로 하는 원의 방정식은 어떻게 될까요?

이 원의 중심을 $C(a, b)$라고 하면, C는 선분 AB의 중점이므로

$$a=\frac{-2+6}{2}=2, \quad b=\frac{-1+5}{2}=2$$

가 됩니다. 그리고

$$AC=\sqrt{\{2-(-2)\}^2+\{2-(-1)\}^2}=5$$

이므로, 이 원은 중심이 $(2, 2)$이고 반지름이 5인 원입니다. 따라서 그 방정식은

$$(x-2)^2+(y-2)^2=25$$

가 됩니다.

예 x축상에 중심이 있고, 두 점 $A(0, 2)$, $B(3, 1)$을 지나는 원의 방정식을 구해 봅시다.

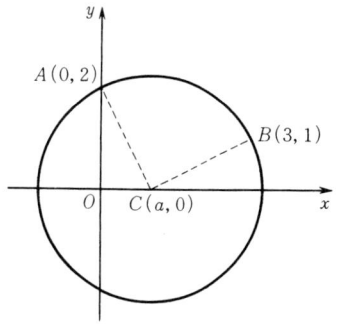

중심을 $C(a, 0)$이라 하면 $AC = BC$이므로

$$a^2+2^2=(a-3)^2+1^2$$

이 됩니다. 이것을 풀면 $a=1$. 따라서 중심의 좌표는 $(1, 0)$이고, $AC^2=1^2+2^2=5$이므로 반지름은 $\sqrt{5}$ 입니다. 그러므로 구하는 방정식은

$$(x-1)^2+y^2=5$$

가 됩니다.

문제 19 다음 원의 방정식을 구하시오.

(1) 원점을 중심으로 하고 반지름 3인 원

(2) 점 $(1, -3)$을 중심으로 하고 반지름 4인 원

(3) 점 $(-3, 2)$를 중심으로 하고 원점을 지나는 원

(4) 두 점 $(1, 4)$, $(5, 2)$를 지름의 양 끝으로 하는 원

(5) 중심이 직선 $x+y=3$ 위에 있고, 두 점 $(4, 1)$, $(2, -3)$을 지나는 원

원의 방정식 $(x-a)^2+(y-b)^2=r^2$의 좌변을 전개하면

$$x^2-2ax+a^2+y^2-2by+b^2=r^2$$

이 되고, 이것을 정리하면

$$x^2+y^2+lx+my+n=0 \qquad\qquad ①$$

의 꼴이 됩니다. 물론 이 식의 좌변에 0이 아닌 상수를 곱해도 방정식으로서는 같습니다. 따라서 원은

<u>x^2과 y^2의 계수가 같고, xy의 항이 없는</u>

<u>x, y에 관한 이차방정식</u>

으로 나타낼 수 있게 됩니다.

반대로 ①의 꼴인 이차방정식이 나타내는 도형은 어떤 것인지 생각해 봅시다.

예 다음의 세 방정식을 생각해 봅시다.

(1) $x^2 + y^2 - 2x - 8y - 48 = 0$

(2) $x^2 + y^2 + 6x - 4y + 13 = 0$

(3) $x^2 + y^2 - 4x + 6y + 20 = 0$

먼저 (1)은

$$(x^2 - 2x + 1) + (y^2 - 8y + 16) = 48 + 1 + 16$$
$$(x-1)^2 + (y-4)^2 = 65$$

로 변형시킬 수 있습니다. 이것은 점 $(1, 4)$를 중심으로 하고 반지름 $\sqrt{65}$인 원을 나타냅니다.

(2)는

$$(x^2 + 6x + 9) + (y^2 - 4y + 4) = -13 + 9 + 4$$
$$(x+3)^2 + (y-2)^2 = 0$$

으로 변형시킬 수 있습니다. 이 방정식은 $x+3=0$, $y-2=0$일 때, 즉 $x=-3$, $y=2$일 때에 한해서 성립됩니다. 그러므로 이 방정식은 한 점 $(-3, 2)$를 나타냅니다.

(3)은

$$(x^2 - 4x + 4) + (y^2 + 6y + 9) = -20 + 4 + 9$$
$$(x-2)^2 + (y+3)^2 = -7$$

로 변형시킬 수 있습니다. 이 방정식을 만족시키는 실수 x, y는 존재하지 않습니다. 즉, 이 방정식이 나타내는 도형은 없습니다.(다시 말하면, 이 방정식이 나타내는 도형은 공집합입니다.)

위의 예에서도 본 바와 같이, 일반적으로 이차방정식

$$x^2 + y^2 + lx + my + n = 0 \qquad ①$$

은, 이것을

$$(x-a)^2 + (y-b)^2 = k$$

의 꼴로 변형시킬 수가 있지만, 이때

$k > 0$이면 ①은 원을 나타냅니다.

$k = 0$이면 ①은 한 점 (a, b)를 나타냅니다.

$k<0$이면 ①이 나타내는 도형은 없습니다.

[주의 : $k=0$인 경우, ①은 "점원"을 나타내고, $k<0$인 경우, ①은 "허원"을 나타낸다고 하는 일이 있습니다. "점원"과 "허원"은 하나의 문자에 관한 이차방정식의 경우의 "이중근"과 "허수근"에 대응합니다. 물론 "허원"은 실재하는 도형은 아닙니다.]

문제 20 다음 방정식은 어떤 도형을 나타낼까요?

(1) $x^2+y^2-6x+4y-12=0$

(2) $3x^2+3y^2-2x-3y+1=0$

(3) $x^2+y^2-2x+2y+2=0$

(4) $x^2+y^2+8x-4y+25=0$

◈ 삼각형의 외접원

임의의 삼각형이 주어졌을 때, 그 세 꼭지점을 지나는 원이 단 하나 존재합니다. 다음 예제를 봅시다.

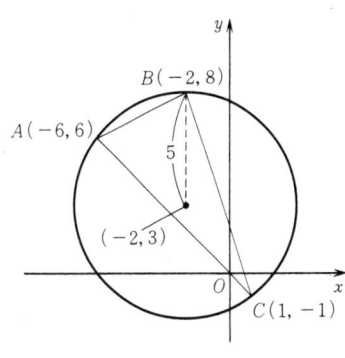

예제 세 점 $A(-6, 6)$, $B(-2, 8)$, $C(1, -1)$을 지나는 원의 방정식을 구하시오.

풀이 구하는 원의 방정식을
$$x^2+y^2+lx+my+n=0$$
으로 둡니다.

이것이 점 $A(-6, 6)$, $B(-2, 8)$, $C(1, -1)$을 지나는 데서

$$(-6)^2+6^2-6l+6m+n=0$$
$$(-2)^2+8^2-2l+8m+n=0$$
$$1^2+(-1)^2+l-m+n=0$$

이것들을 각각 정리하면
$$\begin{cases} -6l+6m+n+72=0 \\ -2l+8m+n+68=0 \\ l-m+n+2=0 \end{cases}$$

이 연립방정식을 풀면 $l=4$, $m=-6$, $n=-12$.

따라서 구하는 방정식은
$$x^2+y^2+4x-6y-12=0$$
즉,
$$(x+2)^2+(y-3)^2=25$$
입니다.

삼각형의 세 꼭지점을 지나는 원을 그 삼각형의 **외접원**이라 하고, 그 중심을 **외심**이라고 합니다. 위의 예제에서 $\triangle ABC$의 외심은 점 $(-2, 3)$ 입니다.

삼각형의 외심은 그 꼭지점에서 등거리에 있는 점입니다. 앞의 문제 18에서 세 변의 수직이등분선의 교점은 삼각형의 외심이 됩니다. 왜냐하면, 그 점은 세 꼭지점에서 등거리에 있기 때문입니다.

문제 21 다음의 세 꼭지점을 가지는 $\triangle ABC$의 외접원의 방정식과 외심의 좌표를 구하시오.

(1) $A(4, 6)$, $B(-3, 5)$, $C(1, -3)$

(2) $A(0, -7)$, $B(11, -4)$, $C(5, 8)$

◆ 원과 직선

평면상의 원과 직선은 다음 그림과 같이 두 교점을 갖든가, 단 한 점을 공유하든가, 만나지 않든가 하는 것 중 어느 하나입니다.

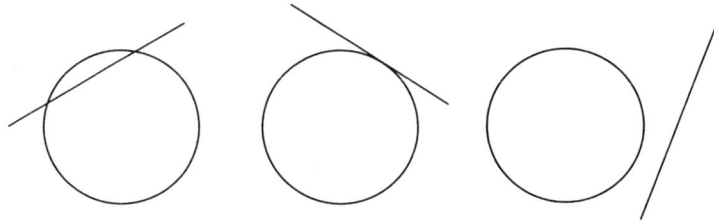

위의 한가운데 그림과 같이 단 한 점만을 공유하는 경우에는 직선과 원은 **접한다**고 하고, 그 직선을 원의 **접선**, 또 공유점을 그 접선과 원의 **접점**이라고 합니다.

예를 들면 원 $x^2+y^2=r^2$ 과 직선 $y=mx+n$의 공유점의 좌표는 연립방정식

$$\begin{cases} x^2+y^2=r^2 & ① \\ y=mx+n & ② \end{cases}$$

의 <u>실수해</u>로서 얻어집니다. ②를 ①에 대입해서 정리하면

$$(m^2+1)x^2+2mnx+(n^2-r^2)=0$$

이 x에 관한 이차방정식의 실수해가 공유점의 x좌표입니다. 따라서, 이 이차방정식이 다른 두 개의 실근을 갖는가, 이중근을 갖는가, 허수근을 갖는가에 따라 원과 직선의 공유점의 개수는 각각 2, 1, 0이 됩니다.

(예) 원 $x^2+y^2=25$ 와 직선 $y=-x+1$의 공유점을 구해 봅시다. 연립방정식

$$\begin{cases} x^2+y^2=25 \\ y=-x+1 \end{cases}$$

을 풀면 $x=4$, $y=-3$ 또는 $x=-3$, $y=4$. 그러므로 공유점은 2개 있고, 그것들의 좌표는 $(4, -3)$, $(-3, 4)$입니다.

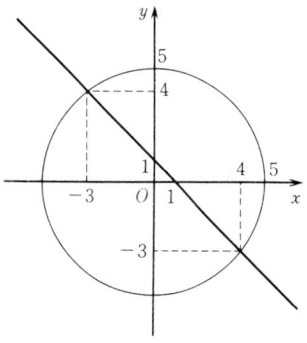

(예) 원 $x^2+y^2=4$와 직선 $y=-x+4$의 공유점을 구하기 위해 연립방정식

$$\begin{cases} x^2+y^2=4 & ① \\ y=-x+4 & ② \end{cases}$$

를 생각합시다. ②를 ①에 대입해서 정리하면

$$x^2-4x+6=0$$

이 이차방정식은 실수해를 갖지 않습니다. 그러므로 이 원과 직선은 공유점을 갖지 않습니다. 여러분은 실제로 그림을 그려 이 원과 직선이 만나지 않는다는 것을 확인해 주십시오.

문제 22 원 $x^2+y^2=4$ 와 다음 직선들과의 공유점을 구하

시오.

(1) $x-2y+2=0$ (2) $x+y=1$

예제   원 $x^2+y^2=1$과 직선 $y=2x+n$의 공유점의 개수는 n의 값에 따라 어떻게 변할까요?

풀이   공유점의 개수는, 연립방정식

$$x^2+y^2=1 \qquad \text{①}$$
$$y=2x+n \qquad \text{②}$$

의 실수해의 개수와 일치합니다. ②를 ①에 대입해서 정리하면

$$5x^2+4nx+(n^2-1)=0 \qquad \text{③}$$

이 이차방정식의 판별식을 D라고 하면

$$\frac{D}{4}=(2n)^2-5(n^2-1)=5-n^2$$
$$=-(n+\sqrt{5})(n-\sqrt{5})$$

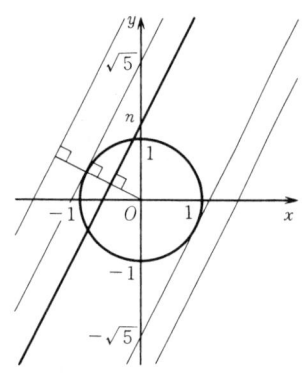

이차방정식 ③은

$$D>0, \quad D=0, \quad D<0$$

에 따라 서로 다른 두 실근, 중근, 허근을 갖습니다. 따라서

$$-\sqrt{5}<n<\sqrt{5} \quad \text{일 때 공유점은 2개}$$
$$n=\pm\sqrt{5} \quad \text{일 때 공유점은 1개}$$
$$n<-\sqrt{5}, \sqrt{5}<n \text{일 때 공유점은 0개}$$

가 됩니다.

별해   원점 O로부터 직선 $y=2x+n$ 즉,

$$2x-y+n=0$$

에의 거리 d는 306페이지의 점과 직선의 거리 공식에 의해서

$$d=\frac{|n|}{\sqrt{2^2+1^2}}=\frac{|n|}{\sqrt{5}}$$

이 됩니다. 원 $x^2+y^2=1$은 원점을 중심으로 하고 반지름이 1인 원이므로, 분명히 $d<1$일 때 직선은 원과 두 점에서 만나고, $d=1$일 때는 단 한 점을 공유하며,

$d > 1$일 때는 만나지 않습니다.

그리고 $d < 1$, $d = 1$, $d > 1$이라는 것은 각각 $|n| <$ $\sqrt{5}$, $|n| = \sqrt{5}$, $|n| > \sqrt{5}$ 라는 것과 같은 값입니다. 그러므로 $|n| < \sqrt{5}$, $|n| = \sqrt{5}$, $|n| > \sqrt{5}$ 에 따라 공유점은 2개, 1개, 0개가 됩니다.

위의 예제에서 특히 $n = \pm \sqrt{5}$일 때 직선은 원에 접합니다.

문제 23 원 $x^2 + y^2 = 9$와 다음 직선과의 공유점의 개수를 구하시오.

(1) $y = x + n$ (2) $y = mx - 6$

◆ 원의 접선

원의 접선은 접점을 지나는 반지름에 수직입니다.

이것을 이용하면 원 $x^2 + y^2 = r^2$의 둘레 위의 한 점 $P(x_0, y_0)$에 접하는 접선의 방정식을 다음과 같이 간단히 구할 수가 있습니다.

먼저, P가 좌표축상에 없는 것으로 합니다. 이때 P에서의 접선은 반지름 OP에 수직이고, OP의 기울기는 $\dfrac{y_0}{x_0}$이므로 접선의 기울기는 $-\dfrac{x_0}{y_0}$ 이 됩니다. 따라서 P에서의 접선의 방정식은

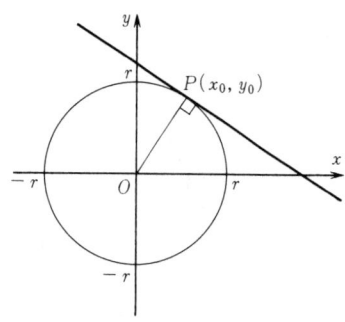

$$y - y_0 = -\frac{x_0}{y_0}(x - x_0)$$

입니다. 양변에 y_0을 곱해서 분모를 없애면

$$y_0 y - y_0^2 = -x_0 x + x_0^2$$

$-x_0 x$를 좌변으로, $-y_0^2$을 우변으로 이항하면

$$x_0 x + y_0 y = x_0^2 + y_0^2$$

그런데 점 $P(x_0, y_0)$는 원 $x^2 + y^2 = r^2$의 둘레 위에 있으므로 $x_0^2 + y_0^2 = r^2$입니다. 그러므로 구하는 접선의 방정식은

$$x_0 x + y_0 y = r^2 \qquad \qquad ①$$

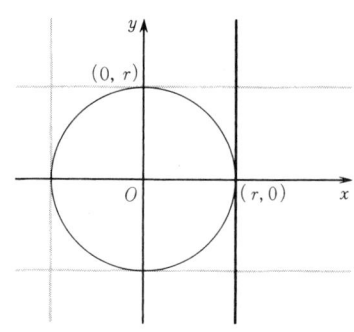

이 됩니다.

다음에는 점 P가 좌표축상에 있을 때, 예를 들어 $P(r, 0)$이라고 하면, 접선의 방정식은 분명히 $x=r$이지만, 이것은 ①에서

$$x_0=r, \qquad y_0=0$$

으로 한 경우와 일치합니다. $P(0, r)$ 등일 때도 마찬가지입니다. 즉, ①은 P가 원주상의 어느 점일 때에도 통용되는 것입니다.

원 $x^2+y^2=r^2$의 둘레 위의 점 (x_0, y_0)에 접하는 접선의 방정식은

$$x_0 x+y_0 y=r^2$$

이 공식은 간단해서 쉽게 기억할 수 있습니다. 또, 기억해둘 만한 가치가 있습니다. 나는 여러분이 이 공식을 기억해 주기를 바랍니다.

예 원 $x^2+y^2=5$의 둘레 위의 점 $(-1, 2)$에 접하는 접선의 방정식은

$$-x+2y=5$$

입니다.

문제 24 원 $x^2+y^2=10$의 원주 위의 점 $(3, 1)$, $(-1, 3)$, $(\sqrt{10}, 0)$, $(0, -\sqrt{10})$에서는 접선의 방정식을 구하시오.

예제 원 $x^2+y^2=5$에 접하는, 기울기가 2인 직선의 방정식을 구하시오.

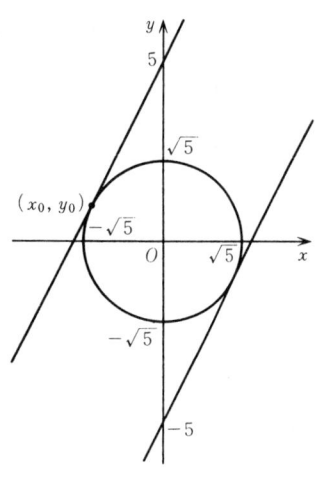

풀이 **1** 구하는 접선의 접점을 (x_0, y_0)라고 하면, 접선의 방정식은

$$x_0 x+y_0 y=5 \qquad\qquad ①$$

이고, 그 기울기가 2이므로 $-\dfrac{x_0}{y_0}=2$, 즉

$$x_0=-2y_0 \qquad\qquad ②$$

가 됩니다. 또, 점 (x_0, y_0)는 원 $x^2+y^2=5$의 원주 위에

있으므로
$$x_0^2 + y_0^2 = 5 \qquad\qquad ③$$
입니다. x_0, y_0에 관한 연립방정식 ②, ③을 풀면,

$$\begin{cases} x_0 = -2 \\ y_0 = 1, \end{cases} \qquad \begin{cases} x_0 = 2 \\ y_0 = -1 \end{cases}$$

이것들을 ①에 대입해서 정리하면,
$$y = 2x + 5, \qquad y = 2x - 5$$
이것들이 구하는 접선의 방정식입니다.

풀이 **2** 기울기가 2인 직선은, y절편을 n으로 하면
$$y = 2x + n$$
으로 나타낼 수 있습니다. 이것을 $x^2 + y^2 = 5$에 대입해서 정리하면
$$5x^2 + 4nx + (n^2 - 5) = 0$$
직선이 원에 내접하는 것은 이 이차방정식이 이중근을 갖는 경우, 즉
$$\frac{D}{4} = (2n)^2 - 5(n^2 - 5) = 25 - n^2 = 0$$
이 되는 경우입니다. 이것으로부터 $n = \pm 5$

그러므로 구하는 접선의 방정식은 $y = 2x + 5$ 및 $y = 2x - 5$입니다.

풀이 **3** 풀이 2와 마찬가지로, 기울기가 2인 직선의 방정식은
$$y = 2x + n$$
으로 나타낼 수 있으며, 원점과 이 직선과의 거리 d는
$$d = \frac{|n|}{\sqrt{2^2 + 1^2}} = \frac{|n|}{\sqrt{5}}$$
입니다. 직선이 원에 접하는 것은 이 거리 d가 정확히 원의 반지름 $\sqrt{5}$ 와 같아지는 경우 밖에 없습니다. 그러므로
$$\frac{|n|}{\sqrt{5}} = \sqrt{5} \quad 즉, \quad |n| = 5$$
따라서 $n = \pm 5$이고, 접선의 방정식은
$$y = 2x + 5, \quad y = 2x - 5$$

가 됩니다.

　[주의 : 이 예제에 대해서는 풀이 1보다 오히려 풀이 2 또는 풀이 3 쪽이 간단할지 모릅니다. 다만, 풀이 1의 방법은 동시에 접점의 좌표를 구할 수 있다는 이점을 지니고 있다고 말할 수 있겠지요.]

문제 25 　r, m을 상수라 하고, r은 양이라고 합니다. 위 예제의 풀이 2 또는 풀이 3의 방법으로, 원 $x^2+y^2=r^2$에 접하고, 기울기가 m인 직선의 방정식은

$$y=mx \pm r\sqrt{m^2+1}$$

이라는 것을 증명하시오.

문제 26 　원 $x^2+y^2=10$의 접선에서 다음 기울기를 갖는 것을 구하시오.

(1) 　기울기가 $\dfrac{1}{3}$ 　　　(2) 　기울기가 -1

　예제 　점 $(15, 5)$를 지나고, 원 $x^2+y^2=25$에 접하는 직선의 방정식을 구하시오.

풀이 　구하는 접선의 접점을 (x_0, y_0)이라고 하면, 접선의 방정식은

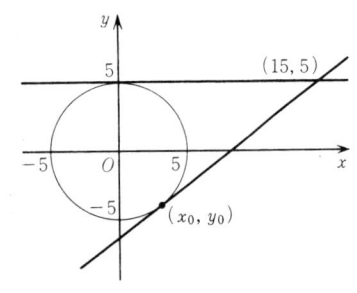

$$x_0 x + y_0 y = 25 \qquad ①$$

이며, 이것이 점 $(15, 5)$를 지나므로

$$15x_0 + 5y_0 = 25$$

즉

$$3x_0 + y_0 = 5 \qquad ②$$

또

$$x_0^2 + y_0^2 = 25 \qquad ③$$

②, ③을 x_0, y_0에 관해서 풀면

$$\begin{cases} x_0 = 0 \\ y_0 = 5 \end{cases} \qquad \begin{cases} x_0 = 3 \\ y_0 = -4 \end{cases}$$

이것들을 ①에 대입해서 정리하면

$$y=5, \qquad 3x-4y=25$$

이 둘이 구하는 접선의 방정식입니다.

문제 27 다음 접선의 방정식을 구하시오.

(1) 점 $(4, 0)$을 지나는 원 $x^2+y^2=4$의 접선

(2) 점 $(7, -1)$을 지나는 원 $x^2+y^2=25$의 접선

◆ 자취의 방정식

예를 들면, 점 C를 중심으로 하고 반지름 r인 원이란 $CP=r$이라는 조건을 만족시키는 점 P 전체의 집합입니다.

이와 같이 어떤 주어진 조건을 만족시키는 점 전체의 집합을, 그 조건을 만족시키는 점의 **자취**라고 합니다. 원은 정점으로부터의 거리가 일정한 점의 자취입니다.

자취의 또다른 간단한 예를 보기로 합시다.

(예) (1) 정직선 l로부터 일정한 거리 d에 있는 점의 자취는 평행인 두 직선입니다.

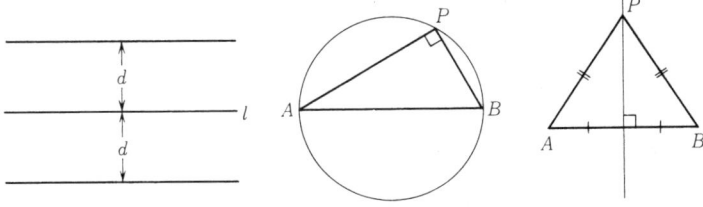

(2) 두 정점 A, B에 대하여, $\angle APB$가 직각이 되는 점 P의 자취는 선분 AB를 지름으로 하는 원입니다.

(3) 두 정점 A, B로부터 등거리에 있는 점, 즉 $AP=PB$인 점 P의 자취는 선분 AB의 수직이등분선입니다.

다음에 좌표를 써서 자취를 구하는 예를 생각해 봅시다.

예제 두 정점 $A(2, 0)$, $B(0, 1)$에 대하여

$$AP^2 - BP^2 = 3$$

을 만족시키는 점 P의 자취를 구하시오.

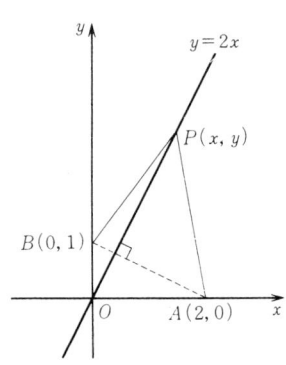

풀이   **1**   조건을 만족시키는 점 P의 좌표를 (x, y) 라고 하면, $AP^2 - BP^2 = 3$으로부터

$$\{(x-2)^2 + y^2\} - \{x^2 + (y-1)^2\} = 3 \qquad ①$$

이 됩니다. ①의 좌변을 전개하여 x^2, $-x^2$ 또 y^2, $-y^2$ 과 같은 반대 부호로 나타나는 항을 소거하면,

$$y = 2x \qquad\qquad ②$$

가 얻어집니다. 따라서 점 P는 직선 $y = 2x$ 위에 있습니다.

2   반대로, 점 $P(x, y)$가 직선 $y = 2x$ 위에 있다면 ①이 성립됩니다. 왜냐하면, ②는 단지 ①을 정리한 식 일 뿐으로, 등식 ②는 등식 ①과 같은 값이기 때문입니다. 즉, 점 $P(x, y)$가 직선 $y = 2x$ 위에 있으면 $AP^2 - BP^2 = 3$이 성립됩니다.

그러므로 구하는 자취는 직선 $y = 2x$입니다.

위 예제의 풀이에서는

1   조건 $AP^2 - BP^2 = 3$을 만족시키는 점 P는 직선 $y = 2x$ 위에 있다.

2   반대로 직선 $y = 2x$ 위의 모든 점은 $AP^2 - BP^2 = 3$ 을 만족시킨다.

라는 두 가지를 보여 주었습니다.

일반적으로 주어진 조건을 만족시키는 점의 자취가 도형 F인 것을 증명하는 데는,

1   주어진 조건을 만족시키는 점은 도형 F 위에 있다.

2   반대로, 도형 F 위의 모든 점은 주어진 조건을 만족시킨다.

라는 두 가지를 보여주면 되는 것입니다.

그러나 위의 예제에서도 그랬듯이, 좌표를 써서 도형

F의 방정식을 이끌어낸 경우에는——**1**에서 한 계산 결과가 실질적으로 **2**와 같은 값으로 되어 있어서——**2**는 명백한 것이 보통입니다. 그래서 이 경우에는 보통 **2**의 증명을 생략합니다.

예제 직선 $y=2x+3$을 l로 놓고, A를 좌표 $(6, 3)$인 점으로 합니다. 점 Q가 직선 l위를 움직일 때, 선분 AQ의 중점 P의 자취를 구하시오.

풀이 점 Q, P의 좌표를 각각 (u, v), (x, y)라 하면, P는 선분 AQ의 중점이므로

$$x=\frac{u+6}{2}, \qquad y=\frac{v+3}{2} \qquad ①$$

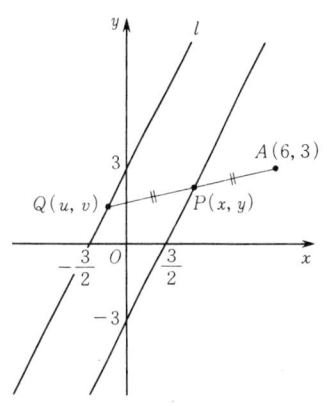

이 됩니다. 또, 점 Q는 직선 l 위를 움직이므로 u, v는

$$v=2u+3 \qquad ②$$

을 만족시킵니다. ①로부터

$$u=2x-6, \quad v=2y-3$$

이고, 이것을 ②에 대입하면

$$2y-3=2(2x-6)+3$$

이것을 정리하면

$$y=2x-3$$

즉, 점 P의 자취는 직선 $y=2x-3$입니다.

문제 28 다음 점의 자취를 구하시오.

(1) 두 정점 $A(-2, 0)$, $B(2, 0)$에 대하여, $AP^2-BP^2=16$ 을 만족시키는 점 P의 자취

(2) 정점 $A(0, -1)$과 직선 $3x+4y-10=0$ 위의 움직이는 점 Q에 대하여, 선분 AQ를 $2:1$로 내분하는 점 P의 자취

(3) 세 정점 $O(0, 0)$, $A(1, 0)$, $B(2, 0)$에 대하여, $OP^2+AP^2=2BP^2$을 만족시키는 점 P의 자취.

예제 두 정점 $A(-3, 0)$, $B(1, 0)$에 대하여

$$AP:PB=3:1$$

이 되는 점 P의 자취를 구하시오.

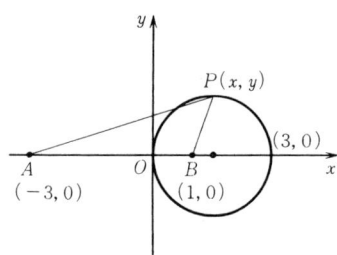

풀이 $AP : PB = 3 : 1$이므로

$$AP = 3PB$$

양변을 제곱하면

$$AP^2 = 9PB^2$$

여기서 점 P의 좌표를 (x, y)로 하면

$$(x+3)^2 + y^2 = 9\{(x-1)^2 + y^2\}$$

이것을 정리하면

$$x^2 + y^2 - 3x = 0$$

즉

$$\left(x - \frac{3}{2}\right)^2 + y^2 = \left(\frac{3}{2}\right)^2$$

그러므로 점 P의 자취는 중심 $\left(\dfrac{3}{2}, 0\right)$, 반지름 $\dfrac{3}{2}$인 원입니다.

일반적으로 두 정점 A, B와 양수 m, n이 주어졌을 때, $m = n$이면 $AP : PB = m : n$을 만족시키는 점 P의 자취는 선분 AB의 수직이등분선이 되지만, $m \neq n$이면 $AP : PB = m : n$을 만족시키는 점 P의 자취는

> 선분 AB를 $m : n$으로 내분하는 점과 $m : n$으로
> 외분하는 점을 지름의 양끝으로 하는 원

이 됩니다. 이 원을 **아폴로니우스의 원**이라고 합니다. 이것은 옛날부터 알려져 있는 자취 중에서 가장 유명한 것이라 해도 될 것입니다. 아폴로니우스는 기원전 3세기 후반에 활약한 그리스의 수학자로, 특히 "원뿔 곡선론"에 위대한 업적을 남긴 사람으로서 후세에 그 이름이 전해지고 있습니다.

문제 29 (1) 두 정점 $A(-3, 0)$, $B(2, 0)$에 대하여,

$$AP : PB = 3 : 2$$

를 만족시키는 점 P의 자취를 구하시오.

(2) 일반적으로 두 정점 $A(-m, 0)$, $B(n, 0)$에 대하여

$$AP : PB = m : n$$

이 되는 점 P의 자취를 구하시오.

단, 여기서 $m>0$, $n>0$이고, $m \neq n$으로 합니다. [이 문제는 위에 기술한 아폴로니우스의 원"의 일반적 결과를 가져다 줍니다.]

문제 30 다음 점의 자취를 구하시오.

(1) 두 정점 $A(6, 0)$, $B(0, 3)$에 대하여, $AP:PB=2:1$을 만족시키는 점 P의 자취

(2) 두 정점 $A(-1, 0)$, $B(1, 0)$에의 거리를 제곱한 것의 합이 $AP^2+BP^2=4$가 되는 점 P의 자취

(3) 세 정점 $O(0, 0)$, $A(1, 0)$, $B(2, 0)$에 대하여, $OP^2=AP^2+BP^2$이 되는 점 P의 자취

(4) 세 정점 $O(0, 0)$, $A(4, 2)$, $B(5, 1)$에 대하여, $PO^2+PA^2+PB^2=64$가 되는 점 P의 자취

(5) 점 Q가 원 $x^2+y^2-6x-10y+30=0$의 원주상을 움직일 때, 선분 OQ를 $3:1$로 내분하는 점 P의 자취

◆ 피타고라스의 수

우리는 지금까지 도형의 성질을 좌표로 이용하여 대수적 연산에 의해서 알아보는 일을 해왔습니다. 여기서는 방향을 좀 바꾸어서, 반대로 대수적인 문제를 도형의 문제로 전환해서 생각해 보는 예를 다루어 보고자 합니다. 정확히 말하면, 앞으로 설명하는 것은 형태상으로만 말한다면 대수적 연산만으로 처리할 수 있으며, 특히 도형이 필요하지 않습니다. 그러나 도형을 원용해서 생각하는 편이 훨씬 직관적으로 이해하기 쉬워지는 것은 사실입니다.

이 항에서 다루는 내용은 이 장의 전체적인 흐름으로부터 "독립"되어 있습니다. 그런 뜻에서 이 항목을 읽느냐 마느냐는 여러분의 자유입니다. 그러나 이쯤해서 한숨 돌릴 겸, 좀 색다른 화제를 다루는 것도 좋을 것 같고, 또 이것은 매우 흥미있는 내용입니다. 적어도 나는 이것

이 많은 사람의 흥미를 끌 것으로 생각하고 있습니다.

그럼 이야기를 시작하겠습니다.

직각 삼각형의 세 변의 길이를 a, b, c라 하고, c를 빗변이라고 하면,

$$a^2 + b^2 = c^2$$

이 성립된다는 것은 누구나 알고 있을 것입니다. 이 책에서도 이미 여러 차례 이 사실을 이용해 왔습니다. 이것이 이른바 **피타고라스의 정리** 또는 **삼평방의 정리**입니다. 나는 지금, 특히 위의 등식을 성립시키는 정수 a, b, c에 대해 여러분의 관심을 돌리려고 합니다. 기하학적으로 말하면, 그것은 세 변의 길이가 정수인 직각삼각형을 생각하는 일입니다. 간단히 하기 위해 등식

$$a^2 + b^2 = c^2$$

을 성립시키는 3개의 양의 정수 a, b, c의 쌍을 **피타고라스의 수**라고 부르기로 합니다. 가장 간단한 피타고라스의 수는 3, 4, 5입니다. 이것은 대부분의 사람이 알고 있을 것입니다. 여러분은 피타고라스의 수의 다른 예를 알고 있습니까? 아마도 많은 사람이 5, 12, 13을 들 수 있을 것입니다. 좀더 큰 피타고라스의 수는 무엇일까요? 이 질문에 대한 대답은 그렇게 선뜻 나오지 않을 것입니다. 혹시 어떤 사람이 8, 15, 17을 들었다면 그것은 맞습니다. 계산해 보면 곧 알 수 있듯이, 이것도 분명히 피타고라스의 수로 되어 있습니다. 이밖에도 7, 24, 25와 같은 예가 있습니다. 실제로 계산해서, 이것이 피타고라스의 수라는 것을 확인해 보십시오.

피타고라스의 수의 또다른 예는 없을까요? 사실은 여기서 여러분에게 잠시 쉬면서 그런 예를 찾아보라는 숙제를 내고 싶은 마음이었습니다. 시행 착오에 의해서 이런 수를 발견하려는 노력은 수에 대한 감각을 키워주므로, 반드시 시간의 낭비만은 아닙니다.(마음과 시간에 여유

가 있는 사람은 여기서 일단 책을 덮고, 피타고라스의 수
의 예를 무엇이든 하나 찾아보십시오. 물론 전자 계산기
를 이용해도 무방합니다.) 그러나 나는 이야기를 진행시
킬 필요가 있습니다. 그러기 위해서 나는 여러분이 위에
든 것 이외의 피타고라스의 수를 발견한 것으로 가정합
니다. 그래서 여러분에게 두 번째 질문을 하겠습니다. 그
것은 이런 질문입니다. 피타고라스의 수는 무한히 존재
하는가? 여러분은 어떻게 생각하십니까?

나는 여기서 곧장 그 답을 밝히겠습니다.

피타고라스의 수는 무한히 존재한다

이것이 그 답입니다. 그런데 사실은, 피타고라스의 수는
다음과 같이 해서 간단히 얻어질 수가 있습니다. 즉, m,
n 을 $m > n$인 양의 정수라 하고

$$a = m^2 - n^2, \quad b = 2mn, \quad c = m^2 + n^2 \qquad (*)$$

으로 두면, 이 a, b, c가 피타고라스의 수가 되는 것입니
다.

$(*)$에서 정의된 a, b, c가 피타고라스의 수가 되는 것
의 검증은 간단합니다. 실제로

$$\begin{aligned} a^2 + b^2 &= (m^2 - n^2)^2 + (2mn)^2 \\ &= m^4 - 2m^2 n^2 + n^4 + 4m^2 n^2 \\ &= m^4 + 2m^2 n^2 + n^4 = (m^2 + n^2)^2 = c^2 \end{aligned}$$

이 되기 때문입니다.

따라서 $(*)$의 m, n에 $m > n$인 임의의 두 양의 정수의
값을 주면, 무한히 많은 피타고라스의 수를 얻게 됩니다.
예를 들어, $n = 1$로 하고, m에 $m = 2$, 3, 4, $\cdots$라는 값을
주면, 그것만으로도 무한개의 피타고라스의 수가 얻어집
니다.

이상으로 "피타고라스의 수는 무한히 존재한다"는 것
이 간단히 증명되었습니다. 그러나 여기서 새로이 다음
문제가 생깁니다. 그것은 $(*)$에서 주어지는 a, b, c가 과

연 <u>모든 피타고라스의 수를 망라하고 있는가</u> 하는 문제입니다. 이 질문에 대한 답은 '예'입니다. 그것은 <u>모든 피타고라스의 수를 망라하고 있습니다.</u> 즉, 임의의 피타고라스의 수 a, b, c는 $m>n>0$을 만족시키는 적당한 정수 m, n에 의해서 (✱)의 꼴로 나타낼 수 있는 것입니다.

다음에 이것을 증명해 보이겠습니다. 사실은 이 증명이 이 항목의 주제입니다.

지금 a, b, c를 피타고라스의 수, 즉

$$a^2+b^2=c^2 \qquad ①$$

을 만족시키는 양의 정수로 합니다. ①의 양변을 c^2으로 나누면,

$$\left(\frac{a}{c}\right)^2+\left(\frac{b}{c}\right)^2=1$$

이 됩니다. 여기서 $\frac{a}{c}=x$, $\frac{b}{c}=y$로 두면, x, y는 양의 <u>유리수</u>이고,

$$x^2+y^2=1 \qquad ②$$

를 만족시킵니다. 반대로 x, y가 ②를 만족시키는 양의 유리수이면 x, y는 통분에 의해서, 공통의 분모 c를 써서 $x=\frac{a}{c}$, $y=\frac{b}{c}$로 쓸 수가 있으므로,

$$\left(\frac{a}{c}\right)^2+\left(\frac{b}{c}\right)^2=1 \quad \text{따라서,} \quad a^2+b^2=c^2$$

이 됩니다. 이것으로 피타고라스의 수 a, b, c를 구하는 것은 결국 ②를 만족시키는 양의 유리수 x, y를 발견하는 것과 같다는 것을 알았습니다.

나는 여기서 도형과 기하학적인 용어를 원용하겠습니다. 이것은 우리가 다루고 있는 문제에 도형적인 이미지를 주어, 인상을 선명하게 하는 데 도움이 될 것입니다.

지금, 좌표평면상에서 두 좌표 x, y가 모두 유리수인 점 (x, y)를 "유리점"이라 부르기로 합니다. 그러면 ②를 만족시키는 양의 유리수 x, y를 발견한다는 것은, 제1사분면 안에 있고, 또한 원 $x^2+y^2=1$의 원주 위에 있는

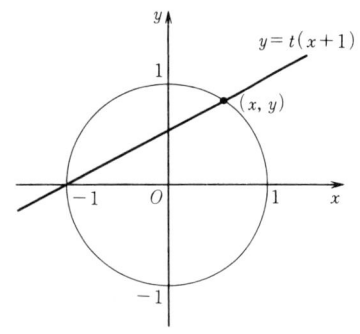

유리점을 발견한다는 것과 같은 말이 됩니다.

그럼, 점 (x, y)를 원 $x^2+y^2=1$의 원주 위에 있는 제1사분면 내의 유리점이라고 합시다. 이때 점 $(-1, 0)$과 점 (x, y)를 연결하는 직선의 기울기를 t로 하면,

$$t=\frac{y}{1+x} \qquad ③$$

이며, x, y가 모두 유리수이므로 t도 유리수입니다. 그리고 그림에서도 알 수 있듯이 t는 0과 1 사이에 있습니다. ③으로부터

$$y=t(1+x) \qquad ④$$

이것을 원의 방정식 $x^2+y^2=1$에 대입하면

$$x^2+t^2(1+x)^2=1$$

x^2을 우변으로 이항하면

$$t^2(1+x)^2=1-x^2$$

이 우변을 인수분해하여

$$t^2(1+x)^2=(1+x)(1-x)$$

양변을 $1+x$로 약분하면

$$t^2(1+x)=1-x$$

이것을 x에 관해서 풀면

$$x=\frac{1-t^2}{1+t^2}$$

이것으로 x를 t의 식으로 나타내었습니다.

또한

$$1+x=1+\frac{1-t^2}{1+t^2}=\frac{2}{1+t^2}$$

이므로 ④에 의해서

$$y=\frac{2t}{1+t^2}$$

이상에 의해서 우리는 x, y를 t의 식으로서

$$x=\frac{1-t^2}{1+t^2}, \quad y=\frac{2t}{1+t^2}$$

로 나타낼 수 있게 되었습니다.

그런데 t는 $0<t<1$을 만족시키는 유리수였으므로, $m>n>0$인 정수 m, n에 의해서 $t=\frac{n}{m}$으로 나타낼 수가 있습

니다. 물론 이 표현은 기약분수라고 해도 되므로, m, n 은 서로 소라는 조건을 추가해도 무방합니다. 이 $t=\dfrac{n}{m}$ 이라는 표현을, x, y를 나타내는 위 식의 t에 대입하고, 분자·분모에 m^2을 곱하면

$$x=\frac{m^2-n^2}{m^2+n^2}, \quad y=\frac{2mn}{m^2+n^2}$$

이 됩니다. 이것으로 우리는 제1사분면내의 원 $x^2+y^2=1$의 원주상에 있는 모든 유리점의 좌표를 구할 수 있었습니다. 좀더 정확히 말하면, 그와 같은 점의 좌표에 대해서 "구체적인 표현"을 부여할 수 있었던 것입니다.

그런데,

$$\left(\frac{m^2-n^2}{m^2+n^2}\right)^2+\left(\frac{2mn}{m^2+n^2}\right)^2=1$$

의 분모를 없애면

$$(m^2-n^2)^2+(2mn)^2=(m^2+n^2)^2$$

이 얻어집니다. 이상으로 모든 피타고라스의 수 a, b, c는

$$a=m^2-n^2, \quad b=2mn, \quad c=m^2+n^2$$

으로 주어진다는 것을 알았습니다. 이것으로 우리의 주장은 증명된 것입니다.

[주의 : 엄밀하게 말하면, 위의 논의에서 가장 마지막 결론을 내린 부분에는 좀 논리적인 비약이 있었으며, 사실은 말을 몇 마디 더 덧붙일 필요가 있었습니다. 그러나 그것은 별로 대수로운 일이 아니며, 나 또한 세세하게 논의하고 싶지 않습니다. 그러므로 그 이야기는 생략합니다. 여하튼 이 결론 자체는 확고한 것임을 여러분에게 보장합니다.]

여기서 다룬 화제에 흥미를 가진 사람을 위해서 위의 결론을 다시 한 번 강조해 두겠습니다.

모든 피타고라스의 수 a, b, c는 $m>n>0$을 만족시키는 서로 소인 정수 m, n에 의해서

$$a=m^2-n^2, \quad b=2mn, \quad c=m^2+n^2$$

으로 나타낼 수 있다.

위 정리의 $m,\ n$에 구체적인 수치를 주어 피타고라스의 수를 몇 가지 구해 보면 아래와 같이 됩니다. 이것들 중에는 우리가 이미 알고 있는 피타고라스의 수도 들어 있습니다.

$m = 2,\ n = 1$이면 $a = 3,\ b = 4,\ c = 5$
$m = 3,\ n = 1$이면 $a = 8,\ b = 6,\ c = 10$
$m = 4,\ n = 1$이면 $a = 15,\ b = 8,\ c = 17$
$m = 3,\ n = 2$이면 $a = 5,\ b = 12,\ c = 13$
$m = 5,\ n = 2$이면 $a = 21,\ b = 20,\ c = 29$
$m = 4,\ n = 3$이면 $a = 7,\ b = 24,\ c = 25$
$\cdots\cdots$

위에서 $m = 3,\ n = 1$ 일 때는 $a = 8,\ b = 6,\ c = 10$이 되는데, 이것들을 2로 나누면 4, 3, 5가 되므로 실질적으로는 이미 얻어진 $m = 2,\ n = 1$의 경우의 3, 4, 5와 같습니다. 일반적으로 $m,\ n$을 모두 홀수라고 하면, $a,\ b,\ c$는 공약수 2를 가져, 더 간단한 피타고라스의 수로 "축약"할 수 있습니다. ($m,\ n$이 모두 짝수인 경우는, 서로 소라고 하는 조건에 따라 처음부터 제외됩니다.) 이러한 "낭비"를 없애기 위해서는 **$m,\ n$ 중 한쪽은 짝수, 한쪽은 홀수**로 하면 되지만, 이 점에 대해서도 더 이상의 자세한 이야기를 생략하겠습니다.

다음은 피타고라스의 수의 몇 가지 표입니다.

m	n	a	b	c
2	1	3	4	5
4	1	15	8	17
6	1	35	12	37
8	1	63	16	65
3	2	5	12	13
5	2	21	20	29
7	2	45	28	53
9	2	77	36	85

m	n	a	b	c
4	3	7	24	25
8	3	55	48	73
10	3	91	60	109
5	4	9	40	41
7	4	33	56	65
9	4	65	72	97
6	5	11	60	61
8	5	39	80	89

◈　특수한 이차방정식이 나타내는 곡선

이 절의 주제는 원이며, 원의 방정식은 x^2과 y^2의 계수가 같고, xy의 항이 없는 x, y에 관한 이차방정식

$$x^2+y^2+lx+my+n=0$$

이었습니다. 여기서는, 이 주제에서 좀 벗어나지만, 원의 방정식과 어떤 의미에서 대조적인 이차방정식, 즉 x^2과 y^2의 항이 없고, xy의 항만이 있는 x, y에 관한 이차방정식

$$xy+lx+my+n=0 \qquad\qquad ①$$

은 어떤 도형이 되는지 생각해 보기로 합니다.

이 답은 간단합니다. 이것은 두 좌표축에 평행인 점근선을 가지는 직각쌍곡선——특별한 경우에는 두 좌표축에 평행인 두 직선——을 나타냅니다. 실제로, ①을 변형하여

$$xy+lx+my=-n$$

으로 하고, 이 양변에 lm을 더해서 좌변을 인수분해하면

$$(x+m)(y+l)=-n+lm$$

이 됩니다. 이 우변을 k로 놓으면

$$(x+m)(y+l)=k$$

따라서, 만일 $k \ne 0$이면 이 식은

$$y=\frac{k}{x+m}-l$$

로 변형되는데, 이것은 두 직선 $x=-m$, $y=-l$을 점근선으로 하는 직각쌍곡선을 나타냅니다. 또, 만일 $k=0$이면

$$(x+m)(y+l)=0$$

은 "$x+m=0$ 또는 $y+l=0$"과 같은 값이므로, 이것은 두 직선

$$x=-m \quad 과 \quad y=-l$$

을 나타냅니다. 이것으로 ①의 꼴인 이차방정식이 어떤 도형을 나타내는가 하는 문제는 완전히 풀렸습니다.

문제 31 다음 방정식이 나타내는 도형을 구하시오.

(1) $xy - 2x + 3y - 5 = 0$

(2) $xy - 2x + 3y - 7 = 0$

(3) $xy - 2x + 3y - 6 = 0$

앞에서 본 바와 같이 원이나, 좌표축에 평행인 점근선을 가지는 직각쌍곡선은 특수한 꼴의 이차방정식에 의해서 나타낼 수 있습니다. 이러한 고찰에서 나아가, 좀더 일반적인 x, y에 관한 이차방정식은 어떤 도형을 나타내는가 하는 문제에 우리는 "자연히" 이끌려 가게 됩니다. 일반적으로 x, y에 관한 **이차방정식**이 나타내는 도형을 **이차곡선**이라 하는데, 크게 나누면 (예외적인 경우를 제외하고) "포물선", "타원", "쌍곡선"이라는 세 종류의 곡선이 됩니다. 이러한 곡선에 대해서는 나중에 "이차곡선"의 장에서 자세히 배우게 될 것입니다.

6.4 부등식이 나타내는 영역

$F(x, y)$가 x, y에 관한 일차식이면 방정식 $F(x, y) = 0$이 나타내는 도형은 직선이고, 또 $F(x, y)$가 x, y에 관한 특수한 꼴의 이차방정식이면 방정식 $F(x, y) = 0$이 나타내는 도형은 원이나 직각쌍곡선이라는 것을 우리는 앞에서 배웠습니다.

다음에는 부등식

$$F(x, y) > 0, \quad F(x, y) \geqq 0,$$
$$F(x, y) < 0, \quad F(x, y) \leqq 0$$

이 나타내는 도형은 어떤 것인지 고찰해 봅시다. 단, 예를 들면 부등식 $F(x, y) > 0$이 나타내는 도형이란 물론 이 부등식을 만족시키는 (x, y)를 좌표로 하는 점 전체의 집합, 즉

$$\{(x, y) \mid F(x, y) > 0\}$$

을 의미합니다.

일반적으로 부등식이 나타내는 도형은 방정식이 나타내는 도형과 같은 "선"이 아니라 평면상에 있는 어떤 "영역"이 됩니다. 이것을 그 **부등식의 영역**이라고 합니다.

◆ 일차부등식과 반평면

예를 들어 부등식

$$y > mx + n$$

이 나타내는 도형을 생각해 봅시다.

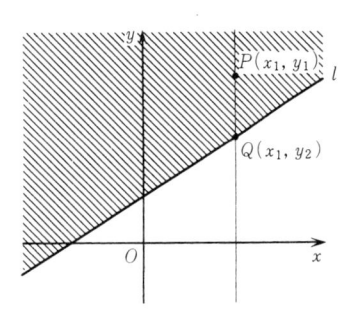

방정식 $y = mx + n$이 나타내는 직선을 l이라 합시다. 지금 $P(x_1, y_1)$을 평면상의 임의의 점이라 하고, 이 점을 지나 y축에 평행인 직선이 l과 만나는 점을 $Q(x_1, y_2)$라고 하면,

$$y_2 = mx_1 + n$$

입니다. 따라서 (x_1, y_1)이 $y_1 > mx_1 + n$을 만족시킨다는 것은 $y_1 > y_2$라는 것, 즉 점 P가 점 Q보다 위에 있다는 것과 같은 말입니다. 다시 말하면, 점 $P(x_1, y_1)$이 직선 l보다 위쪽에 있다는 말과 같습니다.

그러므로 부등식 $y > mx + n$을 만족시키는 점 (x, y) 전체의 집합은 직선 $l : y = mx + n$보다 위쪽에 있는 부분, 즉 직선의 위쪽이 됩니다.

마찬가지로 부등식 $y < mx + n$을 만족시키는 점 (x, y) 전체의 집합은 직선 l보다 아래쪽에 있는 부분, 즉 직선 l의 아래쪽입니다.

일반적으로 $F(x, y)$가 x, y에 관한 일차식일 때, 방정식 $F(x, y) = 0$이 나타내는 도형 l은 직선이고, 그 직선은 평면을 두 부분으로 분할합니다. 이 두 부분을 각각 **반평면**이라고 합니다. 그리고, 부등식 $F(x, y) > 0$은 이 두 반평면의 어느 한쪽을, 부등식 $F(x, y) < 0$은 다른 한쪽을 나타냅니다.

㉾ 다음의 각 부등식이 나타내는 영역을 그림으로 그리

시오.

(1) $x-2y+1>0$ (2) $x\geqq2$

풀이 (1) $x-2y+1>0$을 변형하면

$$y<\frac{1}{2}x+\frac{1}{2}$$

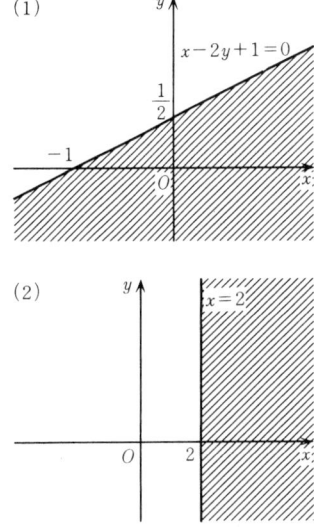

그러므로 이 영역은 직선 $y=\frac{1}{2}x+\frac{1}{2}$의 아래쪽입니다. 이것은 경계인 직선을 포함하지 않습니다.

(2) 이 부등식이 나타내는 영역은 <u>$x\geqq2$를 만족시키는 x와 임의의 y</u>를 좌표로 하는 점 (x, y) 전체의 집합입니다. 따라서 이것은 직선 $x=2$ 및 그 오른쪽이 됩니다. 이 영역은 경계인 직선을 포함합니다.

위 예의 (2)와 같은 영역 역시 "반평면"이라 불립니다. 정확히는 경계인 직선을 포함하지 않는 반평면을 **열린 반평면**, 경계인 직선을 포함하는 반평면을 **닫힌 반평면**이라고 합니다.

문제 32 다음 부등식이 나타내는 영역을 그림으로 그리시오.

(1) $x+y-1\leqq0$ (2) $3x-2y>4$

(3) $y\geqq2$ (4) $x-3<0$

◆ **원의 내부 · 외부**

중심이 점 (a, b)이고 반지름이 r인 원을 C라고 하면, C의 방정식은

$$(x-a)^2+(y-b)^2=r^2$$

이었습니다. 지금, 평면상의 점 P의 좌표 (x, y)가 부등식

$$(x-a)^2+(y-b)^2<r^2$$

을 만족시킨다는 것은 점 P와 중심과의 거리가 r보다 작다는 것, 즉 점 P가 원 C의 내부에 있다는 것을 뜻합니다. 왜냐하면, 위 부등식의 좌변은 점 P와 중심 (a, b)와의 거리의 제곱을 나타내고 있기 때문입니다. 마찬가지

로 점 P의 좌표 (x, y)가
$$(x-a)^2+(y-b)^2>r^2$$
을 만족시킨다는 것은 점 P와 중심과의 거리가 r보다 크다는 것, 즉 점 P가 원 C의 외부에 있다는 것을 뜻합니다.

따라서 다음이 성립됩니다.

> 원 $(x-a)^2+(y-b)^2=r^2$을 C라고 하면 부등식
> $(x-a)^2+(y-b)^2<r^2$이 나타내는 영역은 C의 **내부**
> $(x-a)^2+(y-b)^2>r^2$이 나타내는 영역은 C의 **외부**
> 입니다.

예 부등식 $x^2+y^2+2x-4y\leqq0$이 나타내는 영역을 그림으로 그리시오.

풀이 주어진 부등식을 변형하면
$$(x+1)^2+(y-2)^2\leqq5$$
따라서 구하는 영역은 점 $(-1, 2)$를 중심으로 하고 반지름 $\sqrt{5}$ 인 원——이것은 원점을 지납니다——의 내부에, 경계인 원주를 포함한 것입니다.

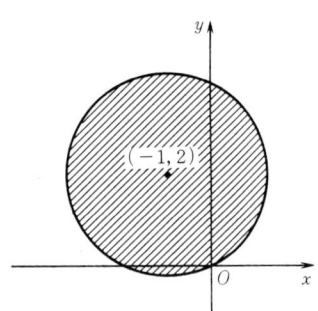

문제 33 다음 부등식을 나타내는 영역을 그림으로 그리시오.

(1) $x^2+y^2\leqq4$ (2) $x^2+y^2>9$
(3) $(x-2)^2+(y+1)^2\geqq3$
(4) $x^2+2x+y^2+6y-15<0$

여기서 원이라는 말에 관해서 약간 주석을 덧붙여 두고자 합니다. 우리가 흔히 원이라고 할 때, 그것은 지금까지 그래왔던 것처럼 "원주" 즉 방정식
$$(x-a)^2+(y-b)^2=r^2$$
이 나타내는 도형을 뜻합니다. 이에 대하여 원의 내부 또는 원주와 원의 내부를 합친 도형을 종종 **원반**이라고 부

릅니다. 정확히 말하면, 원의 내부를 **개원반**, 원의 내부에 원주를 합친 도형을 **폐원반**이라 합니다. 즉, 원반이란 "원에 의해서 둘러싸인 도형"입니다. 그런데 앞에서 말한 바와 같이, 흔히 원이라는 말은 원주의 뜻으로 쓰이고 있지만, 때로는 이 말이 "원반"을 뜻할 때도 있습니다. 예를 들어 우리가 "원의 넓이"라고 할 때는 사실은 "폐원반", 즉 부등식

$$(x-a)^2+(y-b)^2 \leqq r^2$$

이 나타내는 도형의 넓이를 말하는 것입니다. (왜냐하면, 원을 "원주"의 뜻으로 취한다면, 그것은 "곡선"으로서 "넓이"가 없기 때문이다——넓이는 0이다.) 이와 같이 우리는 원이라는 말을 때로는 "원주"의 뜻으로 쓰고, 또 때로는 "원반"의 뜻으로 사용합니다. 이렇게 양쪽 뜻으로 사용해도 특별히 혼란이 생기지 않는 것은 아마도 우리가 원이라는 말을 상황에 따라 식별하는 능력을 갖추고 있기 때문입니다.("원반"이라는 말은 일상어로서는 신기한 말이 아닌 데도, 수학 용어로서는——적어도 초등 수학의 범위에서는——별로 쓰이지 않습니다. 여하튼 앞으로 원이라는 말이 어느 쪽 뜻으로 쓰고 있는가를 분명히 해야 할 필요가 있을 때는, 우리는 그 상황에 따라 각각 "원주", "원반"이라는 말을 쓰기로 합니다.

◆ 연립부등식이 나타내는 영역

몇 개의 부등식이 주어졌을 때, 그것들을 동시에 만족시키는 점 전체의 집합은 각 부등식이 나타내는 영역의 공통 부분이 됩니다.

예 다음 연립부등식이 나타내는 영역을 그림으로 그리시오.

$$\begin{cases} x-y-1<0 & \text{①} \\ x^2+y^2>5 & \text{②} \end{cases}$$

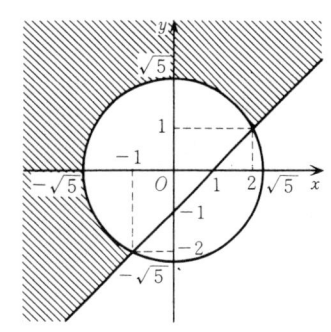

풀이 ①, ②가 나타내는 영역을 각각 M, N이라고 하면, M은 직선 $y=x-1$의 위쪽이고, N은 원 $x^2+y^2=5$의 외부입니다. 구하는 영역은 M, N의 공통 부분 $M \cap N$이므로 그림의 빗금 부분이 됩니다. 경계는 포함하지 않습니다.

문제 34 다음 연립부등식이 나타내는 영역을 그림으로 그리시오.

(1) $\begin{cases} y > x-1 \\ 2y < -x+4 \end{cases}$ (2) $\begin{cases} x^2+y^2 \leqq 4 \\ x+y \geqq 0 \\ x-y \leqq 0 \end{cases}$

문제 35 세 점 $(5, 0)$, $(2, 4)$, $(-3, -1)$을 꼭지점으로 하는 삼각형의 내부를 연립부등식으로 나타내시오.

예 부등식 $(x+y-1)(x-2y+2) > 0$이 나타내는 영역을 그림으로 그리시오.

풀이 주어진 부등식은

$$\begin{cases} x+y-1 > 0 & ① \\ x-2y+2 > 0 & ② \end{cases}$$

또는

$$\begin{cases} x+y-1 < 0 & ③ \\ x-2y+2 < 0 & ④ \end{cases}$$

와 같은 값입니다. ①, ②, ③, ④가 나타내는 영역을 각각 M_1, N_1, M_2, N_2로 하면,

연립부등식 ①, ② 가 나타내는 영역은 $M_1 \cap N_1$,
연립부등식 ③, ④ 가 나타내는 영역은 $M_2 \cap N_2$

이고, 구하는 영역은 이것들의 합집합 $(M_1 \cap N_1) \cup (M_2 \cap N_2)$입니다.

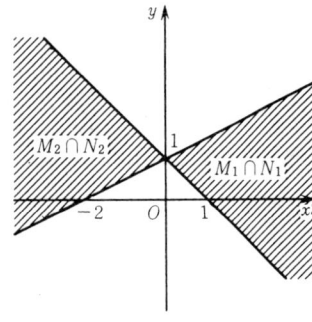

따라서 구하는 영역은 그림의 빗금 부분이 됩니다. 경계선은 포함하지 않습니다.

예 부등식 $(x^2+y^2-9)(x^2+y^2-4) \leqq 0$ 이 나타내는 영역을 그림으로 그리시오.

풀이 주어진 부등식은

$$\begin{cases} x^2+y^2-9 \leqq 0 & ① \\ x^2+y^2-4 \geqq 0 & ② \end{cases}$$

또는

$$\begin{cases} x^2+y^2-9 \geqq 0 & ③ \\ x^2+y^2-4 \leqq 0 & ④ \end{cases}$$

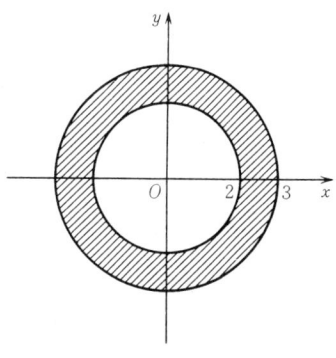

와 같은 값이지만, 분명히 ③, ④를 동시에 만족시키는 (x, y)는 존재하지 않습니다. ①, ②를 만족시키는 (x, y)의 집합은, 원점을 중심으로 하고 반지름 3인 원의 내부와 반지름 2인 원의 외부(단 모두 원주를 포함한다)의 공통 부분입니다. 그러므로 구하는 영역은 그림의 빗금 부분이 됩니다. 이것은 경계선인 두 원주를 포함합니다.

문제 36 다음 부등식이 나타내는 영역을 그림으로 그리시오.

(1) $x(y-1) > 0$ (2) $(x-2y)(3x-y-5) \leqq 0$

(3) $(x+y-1)(x^2+y^2-5) < 0$

(4) $xy(x^2+y^2-1) \geqq 0$

◆ 그 밖의 부등식이 나타내는 영역

부등식이 나타내는 영역의 예를 보충해서 설명하겠습니다. 다음 예의 부등식은 지금까지 다룬 것과 종류가 좀 다르지만, 여러분은 이미 경험을 쌓고 있으므로, 아무런 어려움 없이 곧 풀이할 수 있을 것입니다. 다음 예의 답은 요점을 간단히 기술하고, 각각의 그림을 실었습니다.

예 다음 부등식 또는 연립부등식이 나타내는 영역을 그림으로 그리시오.

(1) $|x| \leqq 1, |y| \leqq 1$ (2) $|x|+|y| < 1$

(3) $y \geqq x^2, y \leqq -x^2+4x$ (4) $xy > 1$

(1)

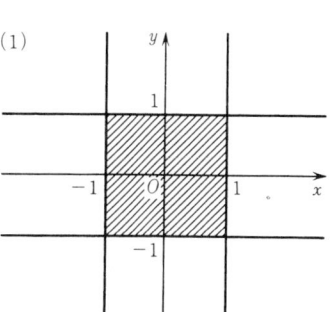

풀이 (1) 예를 들면, $|x| \leqq 1$은

$$-1 \leqq x \leqq 1$$

(2)

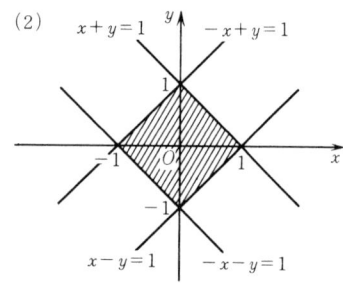

(3)

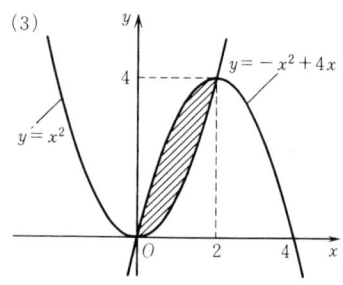

(4)

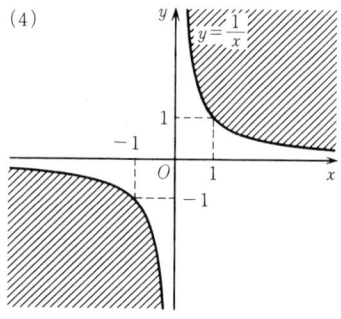

과 같은 값이며, 이것은 두 직선 $x=-1$, $x=1$ 사이에 끼인 부분(경계선을 포함)을 나타냅니다.

(2) 주어진 부등식은,

제 1 사분면에서는 $x+y<1$

제 2 사분면에서는 $-x+y<1$

제 3 사분면에서는 $-x-y<1$

제 4 사분면에서는 $x-y<1$

이 됩니다.

(3) 주어진 연립부등식을 만족시키는 점 $(x,\ y)$는 포물선 $y=x^2$보다 위쪽에, 포물선 $y=-x^2+4x$ 보다 아래쪽에 있습니다.

(4) 주어진 부등식은

$$x>0 \text{ 일 때는 } y>\frac{1}{x},$$

$$x<0 \text{ 일 때는 } y<\frac{1}{x}$$

이 됩니다.

왼쪽에 각 영역을 그렸습니다. (1)과 (3)은 경계선을 포함하고, (2)와 (4)는 경계선을 포함하지 않습니다.

예제 x에 관한 이차방정식 $x^2+ax+b=0$이 두 개의 다른 실근을 가지며, 또한 그 두 근의 제곱의 합이 2보다 작아지는 것은 계수 a, b가 어떤 조건을 만족시킬 때일까요? 그 조건을 만족시키는 a, b를 좌표로 하는 점$(a,\ b)$의 존재 범위를 그림으로 그리시오.

풀이 먼저, 이차방정식 $x^2+ax+b=0$이 2개의 다른 실근을 갖기 위한 조건은

$$D=a^2-4b>0 \qquad\qquad ①$$

입니다. 다음에 두 근을 α, β라고 하면 $\alpha+\beta=-a$, $\alpha\beta=b$이므로 $\alpha^2+\beta^2<2$라는 조건은

$$\alpha^2+\beta^2=(\alpha+\beta)^2-2\alpha\beta=a^2-2b<2 \qquad ②$$

로 나타낼 수 있습니다. ①, ②를 고쳐 쓰면

$$b < \frac{a^2}{4} \qquad\qquad ①'$$

$$b > \frac{a^2}{2} - 1 \qquad\qquad ②'$$

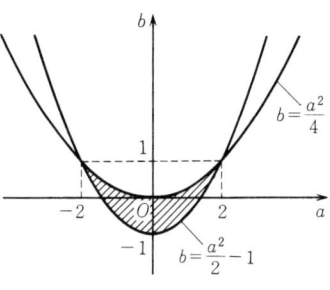

따라서 구하는 영역은 연립부등식 ①′, ②′가 나타내는 영역으로, 그림의 빗금 부분이 됩니다. 경계선은 포함하지 않습니다.(여기서 좌표축은 a축, b축으로 되어 있습니다.)

문제 37 이차방정식 $x^2 + ax + b = 0$이 다음과 같은 근을 갖는 것은, 계수 a, b가 어떤 조건을 만족시킬 때일까요? 그 조건을 만족시키는 a, b를 좌표로 하는 점 (a, b)의 존재 범위를 그림으로 그리시오.

(1) 모두 양 또는 모두 음인 서로 다른 두 개의 실근을 갖는다.

(2) 차(의 절대값)가 2보다 작은 서로 다른 두 개의 실근을 갖는다.

◆ 영역의 포함 관계와 "명제 $p \Longrightarrow q$"

제4장의 219페이지에서 우리는, 어떤 전체집합 U를 변역으로 하는 변수 x(여기서 변수라는 것은 "수"에 한정되지 않습니다)에 대한 조건 p가 주어졌을 때, p를 만족시키는 x 전체의 집합 P를 p의 진리집합이라고 불렀습니다. 또, p, q가 같은 전체집합 U의 원소 x에 대한 조건일 때, "명제 $p \Longrightarrow q$"란 "U의 어떤 원소 x에 대해서도 x가 p를 만족시키면 x는 q도 만족시킨다"고 하는 명제라는 것, 그리고 P, Q를 각각 p, q의 진리집합이라고 하면 "명제 $p \Longrightarrow q$가 성립된다"는 "$P \subset Q$이다"와 같다는 것을 배웠습니다. [222페이지를 참조하십시오.]

여기서는 특히 "두 개의 실수 x, y에 대한 조건"에 관해서 이것을 응용해 보기로 하겠습니다. 두 개의 실수 x, y에 대한 조건이란 <u>좌표평면상의 점 (x, y)에 대한 조건</u>

으로도 생각할 수 있습니다. 이렇게 생각하면, 이 경우의 전체집합 U 는 좌표평면상의 점 전체의 집합이 됩니다. 그리고 예를 들어 조건 p 가 $F(x, y) \geqq 0$ 과 같은 부등식 이라면, p 의 진리집합 P 란 <u>부등식 $F(x, y) \geqq 0$ 이 나타내는 영역</u> 바로 그것입니다. 즉, 이 경우에는 조건의 진리 집합이 실제로 좌표평면상의 점의 집합으로서 표시되는 것입니다. 그러므로 p, q 가 두 개의 실수 x, y 에 대한 조 건(즉, 좌표평면상의 점 (x, y) 에 대한 조건)일 때에는, 양자의 진리집합 P, Q 를 실제로 평면상에 그려서 포함 관계 $P \subset Q$ 가 성립되는지 어떤지를 봄으로써 명제 $p \Longrightarrow q$ 가 옳은지 그른지를 알아볼 수가 있습니다.

예제　p, q 를 두 실수 x, y 에 대한 다음과 같은 조건 으로 합니다.
$$p : x^2 + y^2 \leqq y, \quad q : x^2 + y^2 \leqq 1$$
이때 명제 $p \Longrightarrow q$ 가 성립되는 것을 증명하시오.

증명　부등식 $x^2 + y^2 \leqq y, \ x^2 + y^2 \leqq 1$ 이 나타내는 영역 을 각각 P, Q 로 하면,

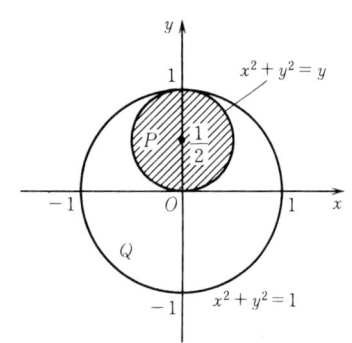

P 는 중심이 $\left(0, \dfrac{1}{2}\right)$ 이고 반지름이 $\dfrac{1}{2}$ 인 폐원반

Q 는 중심이 원점이고 반지름이 1인 폐원반

이 됩니다. 그리고 그림으로도 분명히 $P \subset Q$ 입니다.

그러므로 명제 $p \Longrightarrow q$ 가 성립됩니다.

필요조건, 충분조건이라는 말을 쓰면, 위의 예제에서 p 는 q 가 성립되기 위한 충분조건, q 는 p 가 성립되기 위한 필요조건입니다.

문제 38　다음의 여러 경우에, p 는 q 가 성립되기 위한 필요 조건인가, 충분조건인가, 또는 그들 중 어느 것도 아닌가 를 답하시오.

(1)　$p : |x| + |y| \leqq 1$　　$q : x^2 + y^2 \leqq 1$
(2)　$p : |x| < 1, \ |y| < 1$　　$q : x^2 + y^2 < 1$

(3) $p : |x|+|y| \leqq 2$ $q : x^2+y^2 \leqq 3$

(4). $p : x^2+y^2 \geqq 1$ $q : x^2+y^2-2x-3 \geqq 0$

(5) $p : x^2+2x+y^2 < 0$ $q : (x+2)^2+2(x+2)+y^2 > 0$

◈ 영역과 최대값 · 최소값

예를 들면, 두 변수 x, y가 있고, 그것들이 취할 수 있는 값에 대해서 몇 가지 "제한 조건"이 주어져 있으며, 그 "제한 조건"하에서 x, y에 관한 어떤 식 $F(x, y)$의 최대값이나 최소값을 구해야 하는 경우가 있습니다. 이 경우, "제한 조건"을 만족시키는 점 (x, y)의 전체는 일반적으로 평면의 한 영역을 만듭니다. 따라서 문제는 점 (x, y)의 변역이 어떤 영역으로 제한되어 있을 때 $F(x, y)$의 최대값 또는 최소값은 어떻게 구할 수 있는가 하는 문제가 됩니다. 우리는 경제학 등에서——현실적으로는 변수가 2개가 아니라 훨씬 많은 변수를 포함하는 것이 보통이지만——흔히 이런 문제에 부딪칩니다. 그래서 마지막으로 이런 종류의 문제의 아주 기본적인 예를 하나 다루고 이 장을 마무리하고자 합니다.

예제 평면상의 점 (x, y)가 연립부등식

$$x \geqq 0, \quad y \geqq 0, \quad 3x+y \leqq 10, \quad x+2y \leqq 10$$

이 나타내는 영역을 움직일 때, $3x+2y$의 최대값과 최소값을 구하시오.

풀이 주어진 연립부등식이 나타내는 영역을 M으로 합니다. 이 영역 M을 그림으로 나타내면 오른쪽 그림의 빗금 부분, 즉 원점 O, 점 $A\left(\dfrac{10}{3}, 0\right)$, $B(2, 4)$, $C(0, 5)$를 네 꼭지점으로 하는 볼록 사각형의 내부 및 둘레가 됩니다.

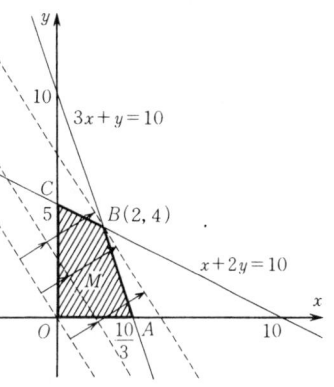

지금, $3x+2y=k$로 놓으면, 이것은 기울기가 $-\dfrac{3}{2}$이고 y절편이 $\dfrac{k}{2}$인 직선을 나타내는데, 이 직선은 k의 값이 증가함에 따라 그림의 화살표 방향으로 이동합니

다. 우리가 구하고자 하는 것은 이 직선

$$3x + 2y = k$$

가 <u>영역 M과 공통점을 갖는</u> k의 값 중에서 최대값과 최소값입니다. 이것은 그림을 보면 금방 알 수 있습니다. 즉, k의 값이 최대가 되는 것은 이 직선이 꼭지점 B(2, 4)를 지날 때, 또 k의 값이 최소가 되는 것은 이 직선이 꼭지점 O를 지날 때입니다. 그러므로 $3x + 2y$ 는

$$x = 2, \ y = 4\text{일 때} \qquad \text{최대값 } 14$$
$$x = 0, \ y = 0\text{일 때} \qquad \text{최소값 } 0$$

을 갖습니다.

문제 39 다음 값을 구하시오.

(1) 점 (x, y)가 연립부등식 $x \geqq 0, \ y \geqq 0, \ 2x + y \leqq 8, \ x + 2y \leqq 7$ 이 나타내는 영역을 움직일 때, $x + y$의 최대값과 최소값

(2) 점 (x, y)가 (1)과 같은 영역을 움직일 때, $x - y$의 최대값과 최소값

(3) 점 (x, y)가 연립부등식 $y \leqq 3x, \ 2y \geqq x, \ x + 3y - 10 \leqq 0$이 나타내는 영역을 움직일 때, $4y - 3x$의 최대값과 최소값

(4) 부등식 $x^2 + y^2 \leqq 1$을 만족시키는 x, y에 관해서, $x + y$의 최대값과 최소값

(5) 부등식 $x^2 + y^2 \leqq 25$를 만족시키는 x, y에 관해서, $4x - 3y$의 최대값과 최소값

 급속·완만하게 변화하는 관계
—— 지수함수·로그함수

7.1 지수의 확장

우리는 제5장에서 일차함수와 이차함수 및 간단한 분수함수와 무리함수에 대해서 배웠습니다. 이 장과 다음 장에서는 새로운 종류의 함수를 배웁니다. 이것들 역시 수학의 연구에서 빼놓을 수 없는, 기본적인 구실을 하는 함수입니다.

이 장에서는 지수함수와 로그함수에 대해서 배우지만, 공부를 시작하기 전에 제1장에서 배운 거듭제곱을 상기해 봅시다. 수 a에 대해서 a^2, a^3, a^4, … 의 뜻은 저절로 정의가 내려지겠지만, 우리는 나아가 $a \neq 0$일 때

$$a^0 = 1$$

로 정의하고, 다시 양의 정수 p에 대해서

$$a^{-p} = \frac{1}{a^p}$$

로 정의했던 것입니다. 이렇게 하면 a가 0이 아닌 수일 때에는 <u>모든 정수 n</u>에 대해서 거듭제곱 a^n이 정의되며, 그리고 제1장 18페이지에서 설명한 바와 같이 임의의 정수 m, n에 대해서 **지수법칙**

1 $\qquad\qquad a^m a^n = a^{m+n}$

2 $\qquad\qquad (a^m)^n = a^{mn}$

3 $\qquad\qquad (ab)^n = a^n b^n$

이 성립된 것입니다. 우리가 이 장에서 맨 처음 할 일은 <u>a가 양의 수라 할 때</u>, a의 거듭제곱의 지수를 정수에서 나아가 유리수, 실수로 확장하는 일입니다. 이 확장의 지침이 되는 것이 지수법칙이며, 확장 후에도 이 법칙이 보존되도록 거듭제곱의 지수를 확장하는 것입니다.

　그러기 위해서 먼저 거듭제곱근의 이야기부터 시작하겠습니다.

◆ 거듭제곱근

　실수 a에 대하여, $x^2 = a$가 되는 수 x를 a의 제곱근이라 한다는 것은 이미 말한 바 있습니다.

　일반적으로 a를 실수, n을 양의 정수라 할 때, $x^n = a$가 되는 수 x를 a의 **n제곱근**이라고 합니다. 제곱근은 평방근, 3제곱근은 **입방근**이라고도 합니다. 제곱근, 3제곱근, 4제곱근, …을 총칭해서 **거듭제곱근**이라고 합니다.

　나는 전에 양의 수 a에 대해서 그 제곱근이 두 개 존재한다는 것을 $y = x^2$의 그래프를 이용해서 설명했습니다. 여기서도 n제곱근에 관해서 논하기 위해 우리는 함수 $y = x^n$의 그래프를 생각해 보기로 합시다. [제1장 48페이지의 제곱근의 항에서도 말했지만, "n제곱근의 존재"를 그래프라는 직관적인 도형을 떠나 엄밀한 논리만으로 증명한다는 것은 현재의 우리 단계에서는 불가능합니다. 그것은 어떤 의미에서 "고등 수학"에 속합니다. 그러나 이 단계에서도 우리는 그래프에 대한 직관을 이용해서

충분히 믿을 수 있는 결론을 이끌어냄으로써 만족해도
좋으리라 생각합니다.]

그러면, 지금 함수

$$y = x^n$$

의 그래프를 생각해 봅시다.

1 n이 짝수일 때 이 경우는 $(-x)^n = x^n$ 이므로 그래
프는 y축에 대해서 대칭입니다. 그리고 $x > 0$이면 $y > 0$
이고, x가 양에서 증가하면 y도 증가하며, x가 무한히
커지면 y도 무한히 커집니다. 그래프는 제1사분면과 제
2사분면에 있으며, 물론 원점을 지납니다.

2 n이 홀수일 때 이 경우는 $(-x)^n = -x^n$ 이므로 그
래프는 원점에 대해서 대칭입니다. 그리고 $x > 0$이면 y
> 0이고, x가 양에서 증가하면 y도 증가하여, x가 무한
히 커지면 y도 무한히 커집니다. 그래프는 제1사분면과
제3사분면에 있고, 물론 원점을 지납니다.

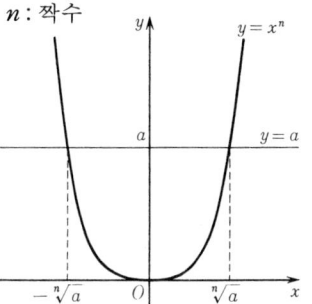

이상의 그래프로부터 n제곱근에 대해서 다음을 알 수
있습니다.

n이 짝수이면, 양의 수 a의 n제곱근은 두 개 있고, 그
　　　　부호는 반대이며 절대값은 같다.

　　　　0의 n제곱근은 0이다.

　　　　음의 수의 n제곱근은 존재하지 않는다.

n이 홀수이면, a가 어떤 실수라도 a의 n제곱근은 단
　　　　하나 존재하며, a가 양이면 n제곱근도
　　　　양, a가 음이면 n제곱근도 음이다.

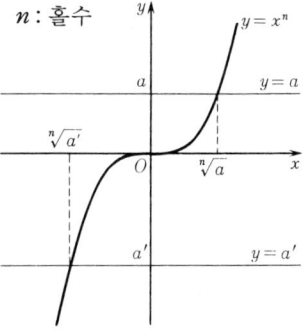

　　　　0의 n제곱근은 0이다.

이하에서는 $a > 0$으로 하여 그 n제곱근에 대해서 생각
해 봅시다. 위의 사실로부터 $a > 0$이면, n이 어떤 양의 정
수이건 간에 a의 양의 n제곱근은 단 하나 존재합니다. 이
것을 $\sqrt[n]{a}$ 라는 기호로 나타냅니다.(이미 배운 $\sqrt{a}$ 는 $\sqrt[2]{a}$
와 같습니다.) 예를 들면,

$$\sqrt[3]{27} = 3, \quad \sqrt[4]{16} = 2, \quad \sqrt[4]{0.0016} = 0.2, \quad \sqrt[5]{243} = 3$$

이 됩니다.

위에서 기술한 것에 대해서 몇 가지 주의를 덧붙이고자 합니다.

주의 1 n이 짝수이면 양의 수 a의 n제곱근은 $\pm\sqrt[n]{a}$입니다.

주의 2 n이 홀수일 때는 a가 음이라도 a의 n제곱근은 단 하나 존재합니다. 이것을 역시 $\sqrt[n]{a}$라는 기호로 나타냅니다. [앞 페이지 위의 그림을 참조하십시오.] 예를 들면 $\sqrt[5]{-32} = -2$입니다.

주의 3   제2장에서 배운 바와 같이, 수의 범위를 복소수까지 넓히면, a가 양이건 음이건 a의 제곱근은 항상 2개 존재합니다. 사실은 0이 아닌 임의의 실수 a와 임의의 양의 정수 n에 대해서도, 복소수의 범위에서 생각하면 "a의 n제곱근은 꼭 n개 존재한다"입니다. 이것은 나중에 "복소평면"의 장에서 자세히 배울 기회가 있을 것입니다. 그러나 이 장에서는 실수의 범위내에서의 n제곱근만을 생각하기로 합니다.

────이야기를 본론으로 돌립니다. 위의 **주의 3**에서 말한 바와 같이, 앞으로 이 장에서는 거듭제곱근은 실수인 것만을 생각하기로 합니다. 또(**주의 2**에 말한 것과 같은 사실이 있음에도 불구하고), $\sqrt[n]{a}$라는 기호는 단서가 없는 한 $a>0$의 경우에만 쓰기로 합니다. 정의에 따라 $\sqrt[n]{a}$는 $x^n=a$를 만족시키는 단 하나의 양의 실수 x입니다. 그러므로, 어떤 수 x가 $x=\sqrt[n]{a}$임을 나타내기 위해서는

$$x > 0 \text{인 것과 } x^n = a \text{인 것}$$

으로 나타내면 되는 것입니다.

문제 1   다음의 값을 구하시오.

(1) $\sqrt[4]{81}$ (2) $\sqrt[3]{125}$ (3) $\sqrt[5]{1024}$ (4) $\sqrt[4]{0.0625}$

◆ **거듭제곱근의 성질**

거듭제곱근에 대해서 다음의 성질이 성립됩니다. 앞으로 a, b는 양의 수로 합니다.

성질 1 n이 양의 정수일 때

$$\sqrt[n]{a}\,\sqrt[n]{b} = \sqrt[n]{ab}, \qquad \frac{\sqrt[n]{a}}{\sqrt[n]{b}} = \sqrt[n]{\frac{a}{b}}$$

증명 $x=\sqrt[n]{a}\,\sqrt[n]{b}$ 으로 하면 $x>0$에서

$$x^n = (\sqrt[n]{a}\,\sqrt[n]{b})^n = (\sqrt[n]{a})^n(\sqrt[n]{b})^n = ab$$

그러므로 $x = \sqrt[n]{ab}$

후반도 마찬가지입니다.

성질 2 n이 양의 정수, m이 정수일 때

$$(\sqrt[n]{a})^m = \sqrt[n]{a^m}$$

증명 $x = (\sqrt[n]{a^m})$ 으로 놓으면 $x>0$ 에서

$$x^n = \{(\sqrt[n]{a})^m\}^n = (\sqrt[n]{a})^{mn} = \{(\sqrt[n]{a})^n\}^m = a^m$$

그러므로 $x = \sqrt[n]{a^m}$

성질 3 n, p가 양의 정수, m이 정수일 때

$$\sqrt[n]{a^m} = \sqrt[np]{a^{mp}}$$

증명 $x=\sqrt[n]{a^m}$ 으로 놓으면 $x>0$ 에서

$$x^{np} = (\sqrt[n]{a^m})^{np} = \{(\sqrt[n]{a^m})^n\}^p = (a^m)^p = a^{mp}$$

그러므로 $x = \sqrt[np]{a^{mp}}$

성질 4 m, n이 양의 정수일 때

$$\sqrt[m]{\sqrt[n]{a}} = \sqrt[mn]{a}$$

증명 $x = \sqrt[m]{\sqrt[n]{a}}$ 로 놓으면 $x>0$ 에서

$$x^{mn} = (\sqrt[m]{\sqrt[n]{a}})^{mn} = \{(\sqrt[m]{\sqrt[n]{a}})^m\}^n = (\sqrt[n]{a})^n = a$$

그러므로 $x = \sqrt[mn]{a}$

예 (1) $\sqrt[3]{3}\,\sqrt[3]{9} = \sqrt[3]{27} = 3$ (2) $\sqrt{\sqrt[3]{64}} = \sqrt[6]{64} = 2$

(3) $\sqrt[3]{40} = \sqrt[3]{2^3 \times 5} = \sqrt[3]{2^3}\,\sqrt[3]{5} = 2\sqrt[3]{5}$

문제 2 다음 식의 값을 구하시오.

(1) $\sqrt[4]{400}\,\sqrt[4]{25}$ (2) $\sqrt[4]{400} \div \sqrt[4]{25}$

(3) $(\sqrt[4]{49})^2$ (4) $\sqrt{\sqrt[3]{\frac{1}{729}}}$

문제 3 위의 예 (3)에 따라 다음 식을 고쳐 쓰시오.

$$(1) \quad \sqrt[4]{80} \qquad (2) \quad \sqrt[3]{81} \qquad (3) \quad \sqrt[5]{320}$$

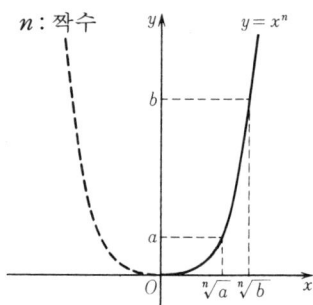

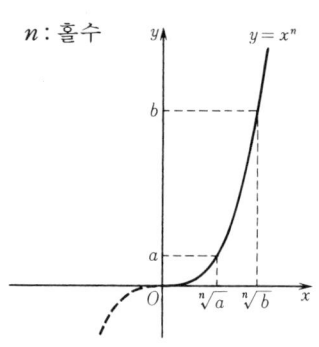

끝으로 또 한 가지, 앞에서 설명한 것과는 좀 종류가 다르지만, "n제곱근의 대소"에 대한 성질을 설명하겠습니다.

성질 5 n이 양의 정수일 때

$$0 < a < b \Longrightarrow \sqrt[n]{a} < \sqrt[n]{b}$$

증명 이것은 함수 $y = x^n \ (x \geqq 0)$의 그래프를 보면 분명합니다.

예 $\sqrt{2}$ 와 $\sqrt[3]{3}$ 의 대소를 비교하시오.

풀이 $(\sqrt{2})^6 = \{(\sqrt{2})^2\}^3 = 2^3 = 8$ 따라서 $\sqrt{2} = \sqrt[6]{8}$

$(\sqrt[3]{3})^6 = \{(\sqrt[3]{3})^3\}^2 = 3^2 = 9$ 따라서 $\sqrt[3]{3} = \sqrt[6]{9}$

그리고 $8 < 9$이므로

$$\sqrt{2} < \sqrt[3]{3}$$

문제 4 $\sqrt{2}, \ \sqrt[3]{3}, \ \sqrt[4]{5}, \ \sqrt[5]{6}$ 을 큰 쪽부터 차례로 말하시오.

◆ 지수의 확장(1)

이상과 같은 준비 아래, 양의 수 a에 대해서 유리수 r을 지수로 하는 거듭제곱 a^r을 정의해 봅시다.

예를 들어 $r = \dfrac{5}{4}$일 때, 지수법칙 보존이라는 원칙에 따라 $a^{\frac{5}{4}}$가 정의된 것으로 하면, $(a^m)^n = a^{mn}$의 m에 $\dfrac{5}{4}$, n에 4를 대입함으로써

$$(a^{\frac{5}{4}})^4 = a^{\frac{5}{4} \times 4} = a^5$$

이 됩니다. 그러므로 $a^{\frac{5}{4}} > 0$이라 하면, $a^{\frac{5}{4}}$ 는 a^5의 양의 4제곱근 $\sqrt[4]{a^5}$ (349페이지의 성질\2에 의하면, 이것은 $(\sqrt[4]{a})^5$와도 같다)으로 정해야만 합니다.

그리하여 일반적으로, 유리수 r에 대해서 거듭제곱 a^r을 다음과 같이 정의합니다. 먼저, 유리수 r은 정수 m과 양의 정수 n을 써서

$$r = \frac{m}{n}$$

으로 나타낼 수 있는 데 주의합시다.(여기서 유리수를 분수의 꼴로 쓸 때는 항상 분모가 양이 되도록 쓰기로 합니다. 예를 들면 $-\frac{3}{2}$은 $\frac{-3}{2}$과 같이 쓰는 것입니다.) 이때 성질 **2**에 의하면,

$$\sqrt[n]{a^m}=(\sqrt[n]{a})^m$$

이지만, 이것을 a^r으로 정의합니다. 즉,

$$a^{\frac{m}{n}}=\sqrt[n]{a^m}=(\sqrt[n]{a})^m$$

으로 정의하는 것입니다.

여기서 먼저, 좀 자질구레한 일이지만, 이 정의가 r에만 의존해서 정해지며, r의 분수표시 방식에는 관계가 없다는 것을 확인해 둘 필요가 있습니다.(그것은 r을 $\frac{m}{n}$의 꼴로 나타내는 방식에는 여러 가지가 있기 때문입니다.) 그러나, 위의 정의가 r의 분수표시 방식에 의존하지 않는 것은 **349**페이지의 성질 **3**으로부터 곧 알 수 있습니다. 실제로 만일

$$r=\frac{m}{n}=\frac{m'}{n'}$$

(m, m'는 정수, n, n'는 양의 정수)

이면 $mn'=m'n$이므로, 성질 **3**에 따라

$$\sqrt[n]{a^m}=\sqrt[mn']{a^{mn'}}=\sqrt[n'n]{a^{m'n}}=\sqrt[n']{a^{m'}}$$

가 됩니다. 이것으로 $\sqrt[n]{a^m}$이 r에 의해서 단 한 가지로 정해진다는 것을 알 수 있습니다.

여기서 다시 한 번 정의해 두겠습니다.

$a>0$이고, m이 임의의 정수, n이 양의 정수일 때

$$a^{\frac{m}{n}}=\sqrt[n]{a^m}=(\sqrt[n]{a})^m$$

특히

$$a^{\frac{1}{n}}=\sqrt[n]{a}$$

정의에 따라 $a>0$일 때, 임의의 유리수 r에 대하여 $a^r>0$입니다. 또 임의의 유리수 r에 대하여 $1^r=1$이 되는 것도

명백합니다.

위의 $a^{\frac{1}{n}} = \sqrt[n]{a}$ 인 것을 이용하면, $a^{\frac{m}{n}}$ 의 정의는

$$a^{\frac{m}{n}} = (a^m)^{\frac{1}{n}} = (a^{\frac{1}{n}})^m \qquad ①$$

으로 고쳐 쓸 수 있습니다. 또 349페이지의 성질 1의 전반 및 성질 4는 각각

$$a^{\frac{1}{n}} b^{\frac{1}{n}} = (ab)^{\frac{1}{n}} \qquad ②$$

$$(a^{\frac{1}{n}})^{\frac{1}{m}} = a^{\frac{1}{nm}} \qquad ③$$

으로 쓸 수가 있습니다. 단, 여기서 분모가 되는 정수는 항상 양의 정수입니다.

문제 5 다음 식을 유리수인 지수를 써서 고쳐 쓰시오.

(1) $\sqrt{a^3}$ (2) $\sqrt[3]{a^2}$ (3) $\sqrt[3]{a^5}$ (4) $\sqrt[5]{\dfrac{1}{a^2}}$

문제 6 다음 식을 $\sqrt[n]{a^m}$ 의 꼴로 고쳐 쓰시오.

(1) $a^{\frac{1}{2}}$ (2) $a^{\frac{4}{3}}$ (3) $a^{1.75}$ (4) $a^{-\frac{5}{4}}$

문제 7 다음 식의 값을 구하시오.

(1) $64^{0.5}$ (2) $64^{\frac{1}{3}}$ (3) $64^{\frac{7}{6}}$ (4) $64^{-\frac{3}{2}}$

그럼, 위와 같은 지수를 유리수까지 확장해도 346페이지의 지수법칙 **1**, **2**, **3**이 그대로 성립된다는 것을 다음에 증명하겠습니다. 다음에서는 $a>0$, $b>0$으로 하고, r, s 를 유리수 $r = \dfrac{m}{n}$, $s = \dfrac{m'}{n'}$ (m, m'는 정수, n, n'는 양의 정수)로 합니다. 다음의 증명에서는 위의 $a^{\frac{m}{n}}$을 정의하는 식 ① 및 ②, ③ 그리고, 지수가 정수인 경우의 지수법칙이 사용됩니다. [이것의 설명은 약간 상세하므로, 저항감을 느끼는 사람은 증명을 생략해도 됩니다.]

1 $a^r a^s = a^{r+s}$ 의 증명

$$a^r a^s = a^{\frac{m}{n}} a^{\frac{m'}{n'}} = a^{\frac{mn'}{nn'}} a^{\frac{m'n}{nn'}}$$

$$= (a^{mn'})^{\frac{1}{nn'}} (a^{m'n})^{\frac{1}{nn'}}$$

$$= (a^{mn'} \cdot a^{m'n})^{\frac{1}{nn'}} = (a^{mn'+m'n})^{\frac{1}{nn'}}$$

$$= a^{\frac{mn' + m'n}{nn'}} = a^{r+s}$$

2 $(a^r)^s = a^{rs}$ 의 증명

$$(a^r)^s = (a^{\frac{m}{n}})^{\frac{m'}{n'}} = \{(a^{\frac{1}{n}})^m\}^{\frac{m'}{n'}}$$

$$= [\{(a^{\frac{1}{n}})^m\}^{m'}]^{\frac{1}{n'}} = \{(a^{\frac{1}{n}})^{mm'}\}^{\frac{1}{n'}}$$

$$= \{(a^{mm'})^{\frac{1}{n}}\}^{\frac{1}{n'}} = (a^{mm'})^{\frac{1}{nn'}}$$

$$= a^{\frac{mm'}{nn'}} = a^{rs}$$

3 $(ab)^r = a^r b^r$ 의 증명

$$(ab)^r = (ab)^{\frac{m}{n}} = \{(ab)^m\}^{\frac{1}{n}}$$

$$= (a^m b^m)^{\frac{1}{n}} = (a^m)^{\frac{1}{n}} (b^m)^{\frac{1}{n}}$$

$$= a^{\frac{m}{n}} b^{\frac{m}{n}} = a^r b^r$$

이상으로 유리수인 지수에 대해서도 지수법칙이 성립된다는 것이 증명되었습니다. 또한, 위의 **1**, **2**, **3**에서 한 걸음 나아가서

4 $a^{-r} = \dfrac{1}{a^r}$ **5** $a^r \div a^s = a^{r-s}$

6 $\left(\dfrac{a}{b}\right)^r = \dfrac{a^r}{b^r}$

이 얻어지는 것에도 주의 하십시오. 이 증명은 다음과 같습니다.

4 의 증명 $a^r a^{-r} = a^{r-r} = a^0 = 1$ 그러므로 $a^{-r} = \dfrac{1}{a^r}$

5 의 증명 $a^r \div a^s = \dfrac{a^r}{a^s} = a^r a^{-s} = a^{r-s}$

6 의 증명 $\left(\dfrac{a}{b}\right)^r = \left(a \cdot \dfrac{1}{b}\right)^r = a^r \cdot \left(\dfrac{1}{b}\right)^r = a^r \cdot (b^{-1})^r$

$$= a^r b^{-r} = \dfrac{a^r}{b^r}$$

예 다음 식을 간단히 하시오.

(1) $a^{\frac{4}{3}} a^{-\frac{1}{2}}$ (2) $(a^{\frac{5}{3}} b^{-1})^{-3}$

(3) $\sqrt{x} \sqrt[3]{x} \sqrt[6]{x}$ (4) $(a^{\frac{1}{3}} - a^{-\frac{1}{3}})(a^{\frac{2}{3}} + 1 + a^{-\frac{2}{3}})$

풀이 (1) $a^{\frac{4}{3}} a^{-\frac{1}{2}} = a^{\frac{4}{3} - \frac{1}{2}} = a^{\frac{5}{6}}$

(2) $(a^{\frac{5}{3}} b^{-1})^{-3} = (a^{\frac{5}{3}})^{-3} (b^{-1})^{-3} = a^{\frac{5}{3} \times (-3)} b^{(-1) \times (-3)}$

$$= a^{-5} b^3 = \dfrac{b^3}{a^5}$$

(3) $\sqrt{x}\,\sqrt[3]{x}\,\sqrt[6]{x} = x^{\frac{1}{2}}\,x^{\frac{1}{3}}\,x^{\frac{1}{6}} = x^{\frac{1}{2}+\frac{1}{3}+\frac{1}{6}} = x$

(4) $(a^{\frac{1}{3}}-a^{-\frac{1}{3}})(a^{\frac{2}{3}}+1+a^{-\frac{2}{3}})$

$\qquad = (a^{\frac{1}{3}}-a^{-\frac{1}{3}})\{(a^{\frac{1}{3}})^2+a^{\frac{1}{3}}a^{-\frac{1}{3}}+(a^{-\frac{1}{3}})^2\}$

$\qquad = (a^{\frac{1}{3}})^3-(a^{-\frac{1}{3}})^3 = a-a^{-1} = a-\dfrac{1}{a}$

문제 8 다음 식을 간단히 하시오.

(1) $a^3a^{-\frac{5}{2}}$ (2) $x^{\frac{1}{4}}\times x^{\frac{3}{8}}\div x^{\frac{1}{2}}$ (3) $(a^{-2}b^{\frac{1}{5}})^{\frac{5}{2}}$

(4) $(\sqrt[5]{a})^{-\frac{5}{2}}$ (5) $\sqrt[4]{(\sqrt[3]{a^2})^9}$ (6) $\sqrt{\sqrt[3]{ab^8}\sqrt{a^5b^4}}$

(7) $(x^{\frac{1}{2}}+x^{-\frac{1}{2}})^2$ (8) $(a^{\frac{1}{2}}+b^{\frac{1}{2}})(a^{\frac{1}{2}}-b^{\frac{1}{2}})$

(9) $(a^{\frac{1}{4}}-b^{\frac{1}{4}})(a^{\frac{1}{4}}+b^{\frac{1}{4}})(a^{\frac{1}{2}}+b^{\frac{1}{2}})(a+b)$

문제 9 다음 식의 값을 구하시오.

(1) $4^{\frac{4}{3}}\times 4^{\frac{1}{6}}$ (2) $7^{\frac{1}{2}}\div 7^{\frac{1}{6}}\times 7^{\frac{2}{3}}$ (3) $(16^{\frac{1}{6}})^{-\frac{3}{2}}$

(4) $\left(\dfrac{125}{8}\right)^{\frac{2}{3}}$ (5) $(\sqrt[3]{4})^{12}$ (6) $\left\{\left(\dfrac{9}{16}\right)^{\frac{2}{3}}\right\}^{-\frac{3}{4}}$

(7) $2^{\frac{1}{3}}\times 2^{\frac{2}{3}}\times 2^{\frac{4}{3}}\times 2^{\frac{8}{3}}$ (8) $\sqrt{27}\times\sqrt[3]{3}\times\sqrt[6]{3}$

문제 10 다음의 등식을 만족시키는 x의 값을 구하시오.

(1) $4^x = 32$ (2) $10^x = 0.1$ (3) $\left(\dfrac{1}{27}\right)^x = 81$

(4) $x^{-\frac{1}{2}} = 2$ (5) $x^{\frac{5}{2}} = 32$

◆ 지수의 확장(2)

이상으로 우리는 $a>0$일 때, 임의의 유리수 r에 대하여 a^r을 정의할 수 있었습니다. 또, 나아가서 $a>0$일 때에는 임의의 실수 x에 대하여 a^x를 정의할 수도 있었습니다. 그러나, x가 유리수일 때는 a^x의 의미를 거듭제곱 및 거듭제곱근이라는 대수적 연산에 의해서 "구체적"으로 정할 수가 있지만, 무리수 x에 대해서는 그와 같은 구체적인 정의를 내릴 수가 없습니다. (예를 들어 $a^{\sqrt{2}}$이 "a를 $\sqrt{2}$번 곱한 것이다"라는 설명이 전적으로 의미가 없다는 것은 명백할 것입니다.) x가 무리수인 경우에 a^x을 정하는 데는 "극한"의 개념이 필요합니다. 게다가 이 "극한의 존재"에 대해서는 상당히 까다로운 설명을 해야만 합니다. 이것은 이 강의의 정도를 넘는 것이므로 여기서는 설명 할 수가 없지만, 요점은 다음과 같습니다. 즉, 예를 들어 $\sqrt{2} = 1.4142\cdots$에 대해서는, 유리수를 지수로 하는 거듭제곱

$$a^1, \quad a^{1.4}, \quad a^{1.41}, \quad a^{1.414}, \quad a^{1.4142}, \quad \cdots\cdots$$

의 열을 생각하면, 이것은 차츰 일정한 수에 가까워집니다. 그 수를 $a^{\sqrt{2}}$로 정하는 것입니다.

일반적으로 x가 무리수일 때, x에 가까워지는 어떤 유리수의 열 $r_1, r_2, r_3, r_4, \cdots$를 생각해도

$$a^{r_1}, \quad a^{r_2}, \quad a^{r_3}, \quad a^{r_4}, \cdots$$

는 차츰 일정한 수에 가까워집니다. 이 수를 가지고 우리는 a^x으로 정의하는 것입니다. 지금의 단계에서는 이와 같이 해서 a^x을 정의할 수 있다는 사실을 여러분은 인정하면 됩니다.

여하튼, 이렇게 해서 우리는 거듭제곱의 지수를 임의의 실수 x로까지 확장할 수가 있습니다. 이때, 항상 $a^x > 0$이고, 또 지수법칙 역시 이전과 똑같은 꼴로 성립됩니다.

즉, <u>임의의 실수 x, y에 대하여</u>

1 $a^x a^y = a^{x+y}$

2 $(a^x)^y = a^{xy}$

3 $(ab)^x = a^x b^x$

이 성립됩니다. 또한

4 $a^{-x} = \dfrac{1}{a^x}$

5 $a^x \div a^y = a^{x-y}$

6 $\left(\dfrac{a}{b}\right)^x = \dfrac{a^x}{b^x}$

도 성립됩니다. 단, 여기서도 a, b는 양의 수를 나타냅니다. 물론 지수법칙이라는 명칭 안에 위의 **4, 5, 6**을 포함시켜도 아무런 지장은 없습니다.

7.2 지수함수와 로그함수

a를 하나의 양의 상수라고 하면, 앞 절에서 배운 바와 같이 임의의 실수 x에 대하여 a^x이 정의됩니다. 따라서

$$y = a^x$$

이라는 함수를 생각할 수가 있습니다. 이것을 **a를 밑으로 하는 지수함수**라고 합니다.

지수함수를 생각할 때는, 밑 a는 **1이 아닌 양의 상수**로 합니다. 왜냐 하면, $a = 1$로 하면 모든 x에 대하여 $1^x = 1$이 되고, 이것은 단순한 상수함수가 되기 때문입니다.

◆ 지수함수의 그래프

2를 밑으로 하는 지수함수 $y = 2^x$에서, $x = 0$, $\pm\dfrac{1}{2}$, ± 1, $\pm\dfrac{3}{2}$, ± 2, $\pm\dfrac{5}{2}$ 등에 대한 y의 값을 계산하면, 예를 들면

$$2^0 = 1, \qquad 2^{\frac{1}{2}} = \sqrt{2} \fallingdotseq 1.41, \qquad 2^{\frac{3}{2}} = 2\sqrt{2} \fallingdotseq 2.83,$$

$$2^{-\frac{1}{2}} = \frac{1}{\sqrt{2}} = \frac{\sqrt{2}}{2} \fallingdotseq 0.71, \qquad 2^{-1} = 0.5$$

와 같이 됩니다. 다음 표는 이러한 x와 y의 값의 대응을 나타낸 것입니다. (아래쪽은 소수 제3자리를 반올림한 수치입니다.)

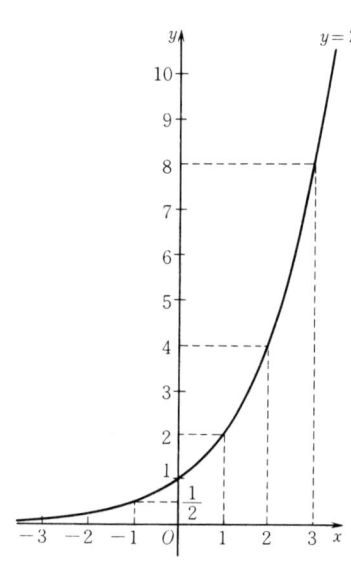

x	$\cdots$	-2.5	-2	-1.5	-1	-0.5	0	0.5	1	1.5	2	2.5	3	$\cdots$
$y = 2^x$	$\cdots$	0.18	0.25	0.35	0.5	0.71	1	1.41	2	2.83	4	5.66	8	$\cdots$

그리하여 이들 x, y의 값의 쌍 (x, y)를 좌표로 하는 점을 좌표평면상에 잡고, 이것들을 매끄러운 선으로 연결하면 대체로 왼쪽 그림과 같은 곡선이 얻어집니다. 이 이것이 함수 $y = 2^x$의 그래프입니다.

다음에는 $\dfrac{1}{2}$을 밑으로 하는 지수함수 $y = \left(\dfrac{1}{2}\right)^x$에 대해서 생각해 봅시다.

임의의 실수 x_1에 대하여

$$\left(\frac{1}{2}\right)^{x_1} = \frac{1}{2^{x_1}} = 2^{-x_1}$$

이므로, 함수 $y = \left(\frac{1}{2}\right)^x$ 이 $x = x_1$에서 가지는 값은 함수 $y = 2^x$이 $x = -x_1$에서 가지는 값과 같게 됩니다. 이 사실로부터 $y = \left(\frac{1}{2}\right)^x$ 의 그래프는 $y = 2^x$의 그래프와 y축에 대해서 대칭이 된다는 것을 알 수 있습니다.

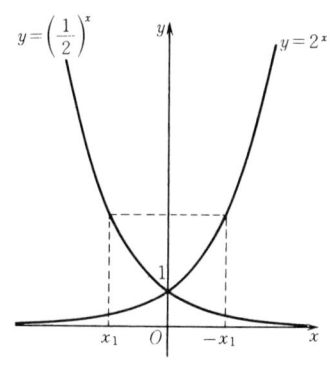

일반적으로 함수 $y = \left(\frac{1}{a}\right)^x$의 그래프와 함수 $y = a^x$의 그래프는 y축에 대하여 대칭입니다.

우리는 위에서 $y = 2^x$ 과 $y = \left(\frac{1}{2}\right)^x$ 의 그래프를 그렸습니다. 일반적으로 지수함수 $y = a^x$의 그래프는, $a > 1$일 때는 $y = 2^x$의 그래프와 마찬가지로 오른쪽으로 올라가는 곡선이 되고, $0 < a < 1$일 때는 $y = \left(\frac{1}{2}\right)^x$의 그래프와 마찬가지로 오른쪽으로 내려가는 곡선이 됩니다.

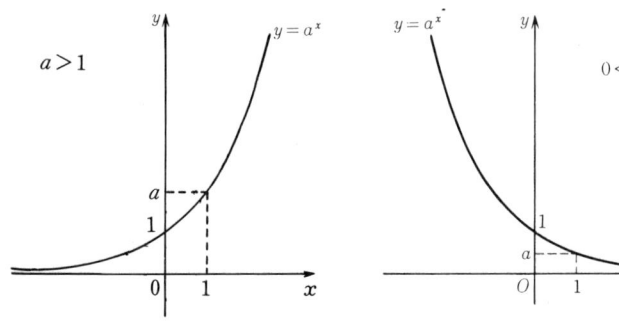

◆ 지수함수의 성질

위의 그래프를 보아도 알 수 있듯이, 지수함수 $y = a^x$는 다음과 같은 성질을 지니고 있습니다. 이들 성질은 실제로 그래프만 보아도 명백하지만, 엄밀한 추론에 의해서 증명하려면 좀 자질구레한 설명을 해야하므로 상당히 복잡해 집니다. 그리고 나는 이 단계에서 그러한 복잡한 이론은 필요없다고 생각합니다. 여기서는 여러분의 소박한 "이해력"에 기대를 걸겠습니다. 여러분은 분명히 아무런 의심도 없이 다음 설명의 정당성을 인정하리라 믿습니다.

그러면, 지수함수 $y=a^x$ 의 성질을 간추려 보겠습니다.

1 정의역은 실수 전체의 집합이고, 치역은 양의 실수 전체의 집합이다.

2 그래프는 점 $(0, 1)$을 지나고, x축이 그 점근선이 된다.

3 (1) $a>1$일 때는 x가 증가하면 y도 증가한다. 즉,
$$x_1<x_2 \Longrightarrow a^{x_1}<a^{x_2}$$

특히 $x>0$, $x<0$에 따라 $y>1$, $y<1$이 되어, x가 양에서 무한히 커지면 y도 무한히 커진다. x가 음에서 절대값이 무한히 커지면 y는 무한히 0에 가까워진다.

(2) $0<a<1$일 때는 x가 증가하면 y는 감소한다. 즉,
$$x_1<x_2 \Longrightarrow a^{x_1}>a^{x_2}$$

특히 $x>0$, $x<0$에 따라 $y<1$, $y>1$이 되어, x가 양에서 무한히 커지면 y는 무한히 0에 가까워진다. x가 음에서 절대값이 무한히 커지면 y는 무한히 커진다.

$a>1$일 때의 $y=a^x$ 과 같이, x가 증가하면 y도 증가하는 함수를 **증가함수**라 하고, $0<a<1$일 때의 $y=a^x$ 과 같이, x가 증가하면 y는 감소하는 함수를 **감소함수**라고 합니다.

[주의 : $a>1$일 때 $y=a^x$ 은 증가함수지만, x가 양에서 증가할 때의 그 증가 정도는, 상수 a의 값이 1에 가까울 때는 비교적 완만하다가, a의 값이 증가함에 따라 차츰 급격해집니다. 예를 들어 $y=1.5^x$ 의 증가 정도는 $y=2^x$ 보다 완만합니다만, $y=3^x$ 의 증가 정도는 $y=2^x$ 보다 급격합니다. $y=10^x$ 등이 되면 그 그래프는 거의 수직에 가까워져서, 실제로는 그릴 수가 없습니다.]

(예) $\sqrt[3]{16}$, $\sqrt[4]{32}$ 를 각각 2^x 의 꼴로 나타내고, 그 크기를

비교해 보시오.

풀이 $\sqrt[3]{16} = \sqrt[3]{2^4} = 2^{\frac{4}{3}}$, $\sqrt[4]{32} = \sqrt[4]{2^5} = 2^{\frac{5}{4}}$ 이 되어,

$$\frac{4}{3} > \frac{5}{4}$$

입니다. 그리고, $y = 2^x$ 은 증가함수이므로

$$2^{\frac{4}{3}} > 2^{\frac{5}{4}}$$

즉, $\sqrt[3]{16} > \sqrt[4]{32}$ 입니다.

㉄ 다음의 등식 (1)을 만족시키는 x의 값, 또 부등식 (2)를 만족시키는 x의 값의 범위를 구하시오.

(1) $\left(\frac{1}{3}\right)^x = 27$ (2) $\left(\frac{1}{3}\right)^x < 27$

풀이 (1) $27 = 3^3 = \left(\frac{1}{3}\right)^{-3}$, 따라서 $x = -3$

(2) $y = \left(\frac{1}{3}\right)^x$ 은 감소함수이므로,

$$\left(\frac{1}{3}\right)^x < 27 = \left(\frac{1}{3}\right)^{-3}$$

을 만족시키는 x의 범위는 $x > -3$

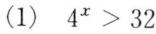 다음 각 수의 크기를 비교하시오.

(1) $2^{1.4}$, $2^{1.42}$, $2^{\sqrt{2}}$ (2) $\sqrt[4]{27}$, $9^{\frac{1}{3}}$

(3) $\sqrt{0.5}$, $\sqrt[4]{0.125}$, $\sqrt[3]{0.25}$ (4) $\sqrt[4]{\frac{1}{128}}$, $2^{-\sqrt{3}}$

 다음 부등식을 만족시키는 x의 값의 범위를 구하시오.

(1) $4^x > 32$ (2) $0.2^x \geqq 1$

(3) $\left(\frac{1}{3}\right)^x \leqq 27$ (4) $0.125 < 0.5^x < 1$

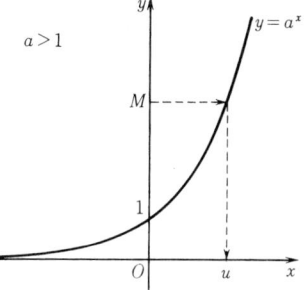

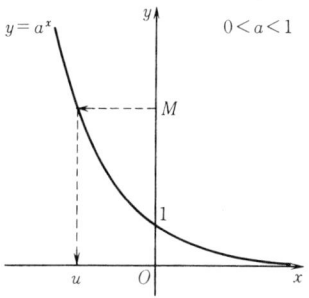

◆ 로 그

$a > 0$, $a \neq 1$이라 할 때, 지수함수 $y = a^x$의 그래프로부터 알 수 있듯이, 임의의 양의 실수 M에 대하여

$$a^u = M$$

이 되는 실수 u가 단 하나 정해집니다.

이 u를, a를 밑으로 하는 M의 로그라 하고,

$$u = \log_a M$$

이라 씁니다. 또 이때 M을, a를 밑으로 하는 u의 **진수**라 합니다.

[주의 : log는 로그를 뜻하는 logarithm의 약자입니다.]

정의에 따라

$$a^u = M \Longleftrightarrow u = \log_a M$$

입니다. 또, 위의 로그의 정의로부터 알 수 있듯이, $\log_a M$ 으로 쓸 때는 반드시

$$\underline{a > 0, \quad a \neq 1, \quad M > 0}$$

이어야 합니다. 이것은 앞으로 일일이 언급하지 않겠습니다.

(예)

$$2^3 = 8 \quad \text{따라서} \quad 3 = \log_2 8$$

$$2^{-2} = \frac{1}{4} \quad \text{따라서} \quad -2 = \log_2 \frac{1}{4}$$

$$9^{\frac{3}{2}} = 27 \quad \text{따라서} \quad \frac{3}{2} = \log_9 27$$

$$10^4 = 10000 \quad \text{따라서} \quad 4 = \log_{10} 10000$$

$$10^0 = 1 \quad \text{따라서} \quad 0 = \log_{10} 1$$

등이 됩니다.

(예) 다음 로그의 값을 구하시오.

(1) $\log_8 4$ (2) $\log_{\frac{1}{2}} \sqrt{32}$

풀이 (1) $\log_8 4 = x$로 놓으면, $8^x = 4$

이것을 변형하면

$$(2^3)^x = 2^2, \quad 2^{3x} = 2^2$$

그러므로 $3x = 2$, 즉 $x = \dfrac{2}{3}$ 〈답〉 $\log_8 4 = \dfrac{2}{3}$

(2) $\log_{\frac{1}{2}} \sqrt{32} = x$로 놓으면, $\left(\dfrac{1}{2} \right)^x = \sqrt{32}$

$\sqrt{32} = \sqrt{2^5} = 2^{\frac{5}{2}} = \left(\dfrac{1}{2} \right)^{-\frac{5}{2}}$ 이므로

$$x = -\frac{5}{2} \quad \text{〈답〉} \quad \log_{\frac{1}{2}} \sqrt{32} = -\frac{5}{2}$$

(예) 다음 등식을 만족시키는 x의 값을 구하시오.

(1) $\log_5 x = -2$ (2) $\log_x 9 = 4$

풀이 (1) $\log_5 x = -2$로부터

$$x = 5^{-2} = \frac{1}{25} \qquad\qquad \langle 답 \rangle \quad x = \frac{1}{25}$$

(2) $\log_x 9 = 4$로부터 $x^4 = 9$

x는 실수이므로 $x^2 = 3$

또, $x > 0$이므로 $x = \sqrt{3}$ $\langle 답 \rangle \quad x = \sqrt{3}$

문제 13 다음의 값을 구하시오.

(1) $\log_4 8$ (2) $\log_2 \sqrt{2}$ (3) $\log_{10} 0.001$

(4) $\log_5 1$ (5) $\log_5 5$ (6) $\log_{10} \dfrac{1}{\sqrt{1000}}$

(7) $\log_{\sqrt{3}} 27$ (8) $\log_{0.1} 100$ (9) $\log_{\frac{1}{125}} 25$

문제 14 다음 등식을 성립시키는 x의 값을 구하시오.

(1) $\log_3 x = 2$ (2) $\log_4 x = -1$

(3) $\log_{81} x = \dfrac{1}{4}$ (4) $\log_{0.2} x = -2$

(5) $\log_x 25 = 2$ (6) $\log_x 0.001 = -3$

(7) $\log_x 256 = 4$ (8) $\log_x 4 = -2$

(9) $\log_x \sqrt{3} = \dfrac{1}{4}$

◆ 로그함수와 그 그래프

 a를 1이 아닌 양의 상수라 하면 임의의 양의 수 x에 대하여, a를 밑으로 하는 그 로그 $\log_a x$ 가 정의됩니다. 따라서 우리는

$$y = \log_a x$$

로 나타낼 수 있는 x의 함수 y를 생각할 수가 있습니다. **이것을 a를 밑으로 하는 로그함수**라고 합니다.

 359페이지 로그의 정의에서 알 수 있는 것과 같이

 로그함수 $y = \log_a x$ 는 지수함수 $y = a^x$ 의 역함수

입니다.

 따라서 로그함수 $y = \log_a x$의 정의역은 $\{x \mid x > 0\}$이고, 치역은 실수 전체의 집합입니다. (역함수란 무엇일까요? 여러분 중에는 이 말의 뜻을 잊어버린 사람이 있을지도 모릅니다. 그런 사람은 잠깐 눈을 감고 그 말의 뜻을 생각해 내려고 노력하십시오. 그 말의 뜻을 알고 있는 사람도 바로 지금 그 뜻을 다시 한 번 분명히 마음속에 새겨

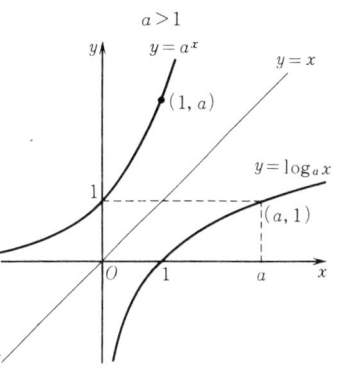

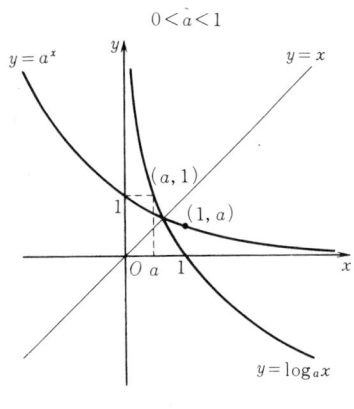

둘 절호의 기회입니다!)

제5장 286페이지에서 우리는, 서로 역함수인 두 함수의 그래프는 직선 $y = x$에 대하여 대칭이라는 것을 배웠습니다. 따라서, 로그함수 $y = \log_a x$의 그래프는 지수함수 $y = a^x$의 그래프와 직선 $y = x$에 대하여 대칭입니다. 즉, 지수함수 $y = a^x$의 그래프를 직선 $y = x$를 축으로 해서 접어 넘기면 로그함수 $y = \log_a x$의 그래프가 얻어집니다. 왼쪽에 그 그림을 그렸습니다.

문제 15 로그함수 $y = \log_a x$와 $y = \log_{\frac{1}{a}} x$ 의 그래프는 어떤 위치에 있을까요?

위에서 말한 바와 같이, 로그함수는 지수함수의 역함수입니다. 따라서, 358페이지에서 말한 지수함수 $y = a^x$의 성질로부터 로그함수 $y = \log_a x$에 대해서 다음과 같이 성질을 이끌어낼 수가 있습니다.

1 정의역은 양의 실수 전체의 집합이고, 치역은 실수 전체의 집합이다.

2 그래프는 점 $(1, 0)$을 지나며, y축이 그 점근선이 된다.

3 (1) $a > 1$일 때, $y = \log_a x$는 증가함수이다. 즉,
$$x_1 < x_2 \Longrightarrow \log_a x_1 < \log_a x_2$$

특히 $x > 1$, $x < 1$에 따라 $y > 0$, $y < 0$이 되고, x가 1보다 증대하여 무한히 커지면 y도 무한히 커진다. x가 1보다 감소하여 무한히 0에 가까워지면 y는 음에서 절대값이 무한히 커진다.

(2) $0 < a < 1$일 때 $y = \log_a x$는 감소함수이다. 즉,
$$x_1 < x_2 \Longrightarrow \log_a x_1 > \log_a x_2$$

특히 $x > 1$, $x < 1$에 따라 $y < 0$, $y > 0$이 되고, x가 1보다 증대하여 무한히 커지면 y는 음에서 절대값이 무한히 커진다. x가 1보다 감소하여 0에 무한히 가까워지

면 y는 무한히 커진다.

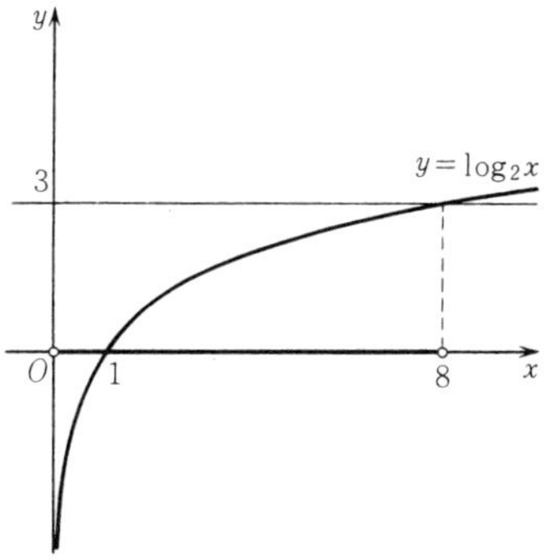

(예) 부등식 $\log_2 x < 3$을 만족시키는 x의 값의 범위를 구하시오.

풀이 $\log_2 x = 3$이 되는 x는 $x = 2^3 = 8$이고, 함수 $y = \log_2 x$는 증가함수입니다. 그러므로, 오른쪽 그림에서도 알 수 있듯이, 부등식 $\log_2 x < 3$을 만족시키는 x의 값의 범위는

$$0 < x < 8$$

입니다.

(예) 부등식 $\log_2(x-3) < 3$을 만족시키는 x의 값의 범위를 구하시오.

풀이 $x - 3 = t$로 놓으면 $\log_2 t < 3$.
그러므로 앞의 예로부터

$$0 < t < 8$$

그리고 $x = t + 3$이므로

$$3 < x < 11$$

[주의 : 위의 예에서 $y = \log_2(x-3)$으로 놓으면, 이 함수의 정의역은 $x - 3 > 0$을 만족시키는 x 전체의 집합 즉, $\{x \mid x > 3\}$입니다. 이 그래프는 $y = \log_2 x$의 그래프를 x축의 방향으로 3만큼 평행이동시킨 것이 됩니다.

일반적으로 함수 $y = \log_a(x-p)$의 정의역은 $\{x \mid x > p\}$이고, 그 그래프는 $y = \log_a x$의 그래프를 x축의 방향으로 p만큼 평행이동시킨 것입니다.

마찬가지로, 함수 $y = a^{x-p}$의 그래프는 $y = a^x$의 그래프를 x축의 방향으로 p만큼 평행이동시킨 것이 됩니다.

문제 16 다음 부등식을 만족시키는 x의 값의 범위를 구하시오.

(1) $\log_3 x > 2$ (2) $\log_3(x+4) \geqq 2$

(3) $\log_{0.2} 5x > -1$ (4) $-1 < \log_{0.5} x \leqq 1$

⌐7.3 로그의 성질

앞 절의 끝부분에서 로그함수의 그래프를 그렸는데, 이 그래프는 로그함수에 관한 대체적인 정보를 전할 뿐 상세한 성질까지는 전하지 않습니다.

여기서는 로그에 관해서 보다 자세한 성질을 살펴보기로 합니다.

이것들은 지수함수의 성질, 특히 지수의 법칙을 로그의 성질로 바꿈으로써 이끌어 낼 수 있습니다.

◆ 로그에 관한 기본적인 등식

먼저 로그에 관한 기본적인 여러 등식을 열거해 봅시다. 이들 등식에서 물론 로그의 밑 a는 1이 아닌 양의 수이고, 또 $M > 0$, $N > 0$이며, p는 임의의 실수입니다.

---

1          $\log_a 1 = 0, \quad \log_a a = 1$

2          $\log_a MN = \log_a M + \log_a N$

즉, **곱의 로그는 로그의 합**과 같다.

3          $\log_a \dfrac{M}{N} = \log_a M - \log_a N$

즉, **몫의 로그는 로그의 차**와 같다.

4          $\log_a M^p = p \log_a M$

증명 **1** 이것은 $a^0 = 1, a^1 = a$로부터 분명합니다.

  2 $\log_a M = u, \ \log_a N = v$로 놓으면

$$M = a^u, \qquad N = a^v$$

따라서

$$MN = a^u a^v = a^{u+v}$$

그러므로

$$\log_a MN = u + v = \log_a M + \log_a N$$

3 **2**와 마찬가지로 $\log_a M = u,\ \log_a N = v$로 놓으면

$$\frac{M}{N} = \frac{a^u}{a^v} = a^{u-v}$$

그러므로

$$\log_a \frac{M}{N} = u - v = \log_a M - \log_a N$$

4 $\log_a M = u$로 놓으면 $M = a^u$. 따라서

$$M^p = (a^u)^p = a^{up} = a^{pu}$$

그러므로

$$\log_a M^p = pu = p \log_a M$$

위의 성질 중에서 특히 **2**, **3**은 로그를 특징 짓는 중요한 성질입니다. (여러분은 "곱의 로그는 로그의 합, 몫의 로그는 로그의 차"라는 말을 열 번쯤 소리를 내어 반복하므로서 절대로 잊지 말도록 하십시오.) 나는 여러분이 다음의 예와 문제를 통해서 이들 성질 **1**, **2**, **3**, **4**를 머리 속에 단단히 기억해 주기를 희망합니다. 덧붙여 말하면, **3**에서 특히 $M=1$로 놓으면 **1**에 따라 $\log_a 1 = 0$이므로,

3´ $$\log_a \frac{1}{N} = -\log_a N$$

이 됩니다. 이것도 공식으로서 기억해 주십시오.

㉭ $\log_{10} 2 = u,\ \log_{10} 3 = v$로 할 때, 다음 값을 u, v로 나타내시오.

(1)　$\log_{10} 5$　　　(2)　$\log_{10} 120$　　　(3)　$\log_{10} \sqrt{18}$

(4)　$\log_{10} \dfrac{1}{72}$　　(5)　$\log_{10} \sqrt{0.3}$

풀이　(1)　$\log_{10} 5 = \log_{10} \dfrac{10}{2}$

$$= \log_{10} 10 - \log_{10} 2 = 1 - u$$

(2)　$\log_{10} 120 = \log_{10}(2^2 \times 3 \times 10)$

$$= \log_{10} 2^2 + \log_{10} 3 + \log_{10} 10$$

$$= 2 \log_{10} 2 + \log_{10} 3 + \log_{10} 10$$

$$= 2u + v + 1$$

(3)　$\log_{10} \sqrt{18} = \dfrac{1}{2} \log_{10}(2 \times 3^2)$

$$= \frac{1}{2}(\log_{10} 2 + 2\log_{10} 3) = \frac{1}{2}(u + 2v)$$

(4) $\log_{10} \dfrac{1}{72} = -\log_{10} 72 = -\log_{10}(2^3 \times 3^2)$

$$= -(3\log_{10} 2 + 2\log_{10} 3) = -3u - 2v$$

(5) $\log_{10} \sqrt{0.3} = \dfrac{1}{2}\log_{10} \dfrac{3}{10}$

$$= \frac{1}{2}(\log_{10} 3 - \log_{10} 10) = \frac{1}{2}(v - 1)$$

[주의 : 위에서 $\log_{10} 2 = u$, $\log_{10} 3 = v$로 놓았지만, 이 것들의 실제적인 값은 약 $u = 0.3010$, $v = 0.4771$입니 다.]

예 다음 식의 값을 구하시오.

(1) $\log_2 \dfrac{4}{3} + \log_2 24$ (2) $\dfrac{\log_3 32}{\log_3 64}$

풀이 (1) $\log_2 \dfrac{4}{3} + \log_2 24 = \log_2\left(\dfrac{4}{3} \times 24\right)$

$$= \log_2 32 = \log_2 2^5 = 5$$

(2) $\dfrac{\log_3 32}{\log_3 64} = \dfrac{\log_3 2^5}{\log_3 2^6} = \dfrac{5\log_3 2}{6\log_3 2} = \dfrac{5}{6}$

문제 17 $\log_{10} 2 = u$, $\log_{10} 3 = v$라 할 때, 다음 값을 u, v로 나타내시오.

(1) $\log_{10} 75$ (2) $\log_{10} \dfrac{1}{81}$ (3) $\log_{10} 0.48$

(4) $\log_{10} \dfrac{9}{\sqrt[3]{36}}$

문제 18 $\log_a L = u$, $\log_a M = v$, $\log_a N = w$라 할 때, 다음 값을 u, v, w로 나타내시오.

(1) $\log_a LM^2$ (2) $\log_a \dfrac{M^2}{L^3}$ (3) $\log_a \dfrac{L^2 M}{N^3}$

(4) $\log_a \sqrt[3]{\dfrac{M^2}{N}}$ (5) $\log_a L\sqrt{MN}$

(6) $\log_a \dfrac{L^4}{\sqrt{MN^3}}$

문제 19 다음 식의 값을 구하시오.

(1) $\log_6 \dfrac{9}{2} + \log_6 8$

(2) $\log_6 24 + \log_6 3 - \log_6 12$

(3) $\dfrac{1}{2}\log_2 25 - \log_2 10$

(4) $\log_3 54 + \log_3 6 - 2\log_3 2$

(5) $\dfrac{\log_{10} 27}{\log_{10} 81}$

(6) $\log_{10}\dfrac{4}{3} + 2\log_{10}\sqrt{75}$

(7) $\log_8(\sqrt{2+\sqrt{3}} - \sqrt{2-\sqrt{3}})$

예제 $x,\ y,\ z$가 0이 아닌 수이고, $2^x = 5^y = 10^z$ 이면
$$\frac{1}{x} + \frac{1}{y} = \frac{1}{z}$$
이 성립되는 것을 증명하시오.

증명 $2^x = 5^y = 10^z$ 의 각 변의 10을 밑으로 하는 로그를 취하면,
$$\log_{10} 2^x = \log_{10} 5^y = \log_{10} 10^z$$
즉,
$$x\log_{10} 2 = y\log_{10} 5 = z$$
그러므로
$$\frac{1}{x} = \frac{\log_{10} 2}{z}, \qquad \frac{1}{y} = \frac{\log_{10} 5}{z}$$
따라서
$$\frac{1}{x} + \frac{1}{y} = \frac{\log_{10} 2}{z} + \frac{\log_{10} 5}{z} = \frac{\log_{10} 10}{z} = \frac{1}{z}$$

별해 $2^x = 5^y = 10^z = k$로 놓으면, $x,\ y,\ z$가 0이 아니므로 $k \neq 1$이고, $2 = k^{\frac{1}{x}}$, $5 = k^{\frac{1}{y}}$, $10 = k^{\frac{1}{z}}$.
그리고 $2 \times 5 = 10$이므로,
$$k^{\frac{1}{x}} k^{\frac{1}{y}} = k^{\frac{1}{x}+\frac{1}{y}} = k^{\frac{1}{z}}$$
그러므로 $\qquad\qquad \dfrac{1}{x} + \dfrac{1}{y} = \dfrac{1}{z}$

문제 20 $a,\ b,\ c$는 1과 같지 않은 양의 수, $x,\ y,\ z$는 0이 아닌 수로서 $a^x = b^y = c^z$으로 합니다. 이때
$$\frac{1}{x} + \frac{1}{y} = \frac{1}{z} \Longleftrightarrow ab = c$$
임을 증명하시오.

◆ 밑의 변환 공식

로그 계산에서는 또 다음과 같은 공식이 종종 유효하게 사용됩니다.

---

a, b, M이 양의 수이고, $a \neq 1$, $b \neq 1$이면

1 $\qquad \log_a b \cdot \log_b M = \log_a M$

2 $\qquad \log_b M = \dfrac{\log_a M}{\log_a b}$

3 $\qquad \log_b a = \dfrac{1}{\log_a b}$

증명 **1** $\log_a b = u$, $\log_b M = v$로 놓으면

$$b = a^u \qquad M = b^v$$

따라서

$$M = b^v = (a^u)^v = a^{uv}$$

그러므로

$$\log_a M = uv = \log_a b \cdot \log_b M$$

이것으로 공식 **1**이 증명되었습니다.

　　2 공식 **1**의 양변을 $\log_a b$로 나누면 됩니다.

　　3 공식 **2**에서 특히 $M = a$로 놓으면 **3**이 얻어집니다.

위의 공식 **2**는 b를 밑으로 하는 로그를, a를 밑으로 하는 로그로 고쳐 쓰는 공식으로 생각됩니다. 이런 뜻에서 이것을 **밑의 변환공식**이라고 부를 수 있을 것입니다.

예 $\log_{10} 2 = u$, $\log_{10} 3 = v$라고 할 때, 다음 값을 u, v로 나타내시오.

　(1)　$\log_2 6$　　(2)　$\log_5 10$　　(3)　$\log_{\frac{1}{3}} 12$

풀이 　(1)　$\log_2 6 = \dfrac{\log_{10} 6}{\log_{10} 2} = \dfrac{\log_{10} 2 + \log_{10} 3}{\log_{10} 2} = \dfrac{u+v}{u}$

　(2)　$\log_5 10 = \dfrac{1}{\log_{10} 5} = \dfrac{1}{\log_{10} 10 - \log_{10} 2} = \dfrac{1}{1-u}$

　(3)　$\log_{\frac{1}{3}} 12 = \dfrac{\log_{10} 12}{\log_{10} \frac{1}{3}} = \dfrac{2\log_{10} 2 + \log_{10} 3}{-\log_{10} 3}$

$$= -\dfrac{2u+v}{v}$$

(예) 다음 식의 값을 구하시오.

(1) $\log_2 3 \cdot \log_3 16$

(2) $(\log_2 3 + \log_4 9)(\log_3 4 - \log_9 2)$

풀이 (1) $\log_2 3 \cdot \log_3 16 = \log_2 16 = 4$

(2) $(\log_2 3 + \log_4 9)(\log_3 4 - \log_9 2)$

$= \log_2 3 \cdot \log_3 4 - \log_2 3 \cdot \log_9 2 + \log_4 9 \cdot \log_3 4$

$\quad - \log_4 9 \cdot \log_9 2$

$= \log_2 4 - \log_9 3 + \log_3 9 - \log_4 2$

$= 2 - \dfrac{1}{2} + 2 - \dfrac{1}{2} = 3$

문제 21 $\log_5 2 = u$, $\log_5 3 = v$라 할 때, 다음 값을 u, v로 나타내시오.

(1) $\log_5 \sqrt{72}$ (2) $\log_3 \dfrac{1}{30}$

(3) $\log_6 10$ (4) $\log_{\frac{1}{5}} 6$

문제 22 $\log_a b = u$일 때, 다음 값을 u로 나타내시오.

(1) $\log_a \dfrac{1}{b}$ (2) $\log_{\frac{1}{a}} b$ (3) $\log_{\frac{1}{a}} \dfrac{1}{b}$

(4) $\log_b \dfrac{1}{a}$

문제 23 함수 $y = \log_a x$와 다음 함수의 그래프와는 어떤 위치 관계가 있을까요?

(1) $y = \log_a \dfrac{1}{x}$ (2) $y = \log_{\frac{1}{a}} x$

(3) $y = \log_{\frac{1}{a}} \dfrac{1}{x}$

문제 24 다음 식의 값을 구하시오.

(1) $\log_a b \cdot \log_b c \cdot \log_c a$

(2) $\log_2 6 \cdot \log_3 6 - \log_2 3 - \log_3 2$

(3) $\log_8 10 \cdot \log_{10} 12 \cdot \log_{12} 14 \cdot \log_{14} 16$

문제 25 다음 등식을 증명하시오.

(1) $\log_{a^p} b^p = \log_a b$ (2) $a^{\log_c b} = b^{\log_c a}$

◆ 로그에 관한 부등식의 증명

362페이지에서 설명한 바와 같이, $a > 1$일 때 $y = \log_a x$ 는 증가함수이고, $0 < a < 1$일 때 $y = \log_a x$는 감소함수입니다. 즉,

$a > 1$이면 양의 수 x_1, x_2에 대하여

$$x_1 < x_2 \implies \log_a x_1 < \log_a x_2$$

$0 < a < 1$이면 양의 수 x_1, x_2에 대하여

$$x_1 < x_2 \implies \log_a x_1 > \log_a x_2$$

이 사실을 이용해서 다음 예와 같은 로그에 관한 부등식을 증명할 수가 있습니다.

예 다음 부등식을 증명하시오.

(1) $0.3 < \log_{10} 2 < \dfrac{1}{3}$ (2) $0.4 < \log_{10} 3 < 0.5$

증명 (1) $10^{0.3} < 2 < 10^{\frac{1}{3}}$ 을 증명하면 되는 셈입니다. 왜냐하면, 이 부등식의 각 항의 10을 밑으로 하는 로그를 취하면 증명해야 하는 부등식이 얻어지기 때문입니다.

그럼, $10^3 = 1000$, $2^{10} = 1024$이므로 $10^3 < 2^{10}$. 이 양변의 10제곱근을 취해서 $10^{\frac{3}{10}} = 10^{0.3} < 2$.

또, $2^3 = 8$이므로 $2^3 < 10$.

이 양변의 3제곱근을 취해서 $2 < 10^{\frac{1}{3}}$.

이것으로 $10^{0.3} < 2 < 10^{\frac{1}{3}}$ 이 증명되었습니다.

(2) (1)과 마찬가지로 $10^{0.4} = 10^{\frac{2}{5}} < 3 < 10^{0.5} = 10^{\frac{1}{2}}$ 을 증명하면 됩니다.

$$10^2 = 100, \ 3^5 = 243$$이므로 $10^2 < 3^5$

따라서

$$10^{\frac{2}{5}} < 3$$

또, $3^2 = 9 < 10$이므로

$$3 < 10^{\frac{1}{2}}$$

이것으로 $10^{\frac{2}{5}} < 3 < 10^{\frac{1}{2}}$ 이 증명되었습니다.

[주의 : 앞에서도 말했지만, 사실은

$$\log_{10} 2 = 0.3010, \quad \log_{10} 3 = 0.4771$$

이 됩니다.]

(예) $a>b>1$일 때, $\log_a x$와 $\log_b x$의 크기를 비교하시오. 물론 여기서 x는 양의 수입니다.

풀이 $a>b>1$이므로 b를 밑으로 하는 로그를 취하면,

$$\log_b a > 1 \qquad\qquad ①$$

또

$$\log_b x = \log_b a \cdot \log_a x$$

①의 양변에 $\log_a x$를 곱하면,

$$\log_a x > 0 \ \text{일 때는} \ \log_b a\cdot\log_a x > \log_a x$$
$$\log_a x = 0 \ \text{일 때는} \ \log_b a\cdot\log_a x = \log_a x$$
$$\log_a x < 0 \ \text{일 때는} \ \log_b a\cdot\log_a x < \log_a x$$

즉,

$$x > 1 \ \text{일 때는} \ \log_b x > \log_a x$$
$$x = 1 \ \text{일 때는} \ \log_b x = \log_a x$$
$$0 < x < 1 \ \text{일 때는} \ \log_b x < \log_a x$$

문제 26 다음 부등식을 증명하시오.

(1) $3\log_4 3 < 2\log_2 3$ (2) $\dfrac{1}{2} < \log_3 2 < \dfrac{2}{3}$

문제 27 3^5과 2^7, 2^8의 크기를 비교해서 다음 부등식을 증명하시오.

$$1.4 < \log_2 3 < 1.6$$

문제 28 $a>1$일 때, $2\log_a x$와 $\log_a 2x$의 크기를 비교하시오.

◆ 상용로그

우리가 일상 생활에서 사용하는 데 가장 편리한 로그는 10을 밑으로 하는 로그 $\log_{10} M$입니다. 이것을 **상용로그**라고 합니다. 상용로그가 일상적인 계산에서 편리한 이유는, 우리가 평소 기수법으로서 십진법을 채택하고 있기 때문입니다. (이론적인 의미에서 더 편리한 로그에 "자연로그"라는 것이 있는데, 이것은 나중에 "미분법"의

장에서 자세히 배우게 됩니다.

374, 375페이지에 실려 있는 표는 1.000에서 9.999까지의 수의 상용로그를 계산해서 반올림에 의해 소수 제4자리까지 구한 것입니다. 이것을 4자리의 **상용로그표**라고 합니다. 여기서는 이 표가 어떻게 만들어졌는가 하는 문제는 언급하지 않겠습니다. 이것은 훨씬 고등한 수학 이론이 필요하기 때문입니다. 그러므로 여기서는 이 표의 사용법 등을 설명하면서, 상용로그에 대해 아주 기본적인 사항을 언급하는 데 그치려고 합니다.

먼저,

$$\log_{10} 1 = 0,$$
$$\log_{10} 10 = 1,$$
$$\log_{10} 100 = \log_{10} 10^2 = 2,$$
$$\log_{10} 1000 = \log_{10} 10^3 = 3,$$
$$\log_{10} 10000 = \log_{10} 10^4 = 4, \quad \cdots\cdots$$

이므로, 양의 수 x에 대하여

$1 \leqq x < 10$	이면	$0 \leqq \log_{10} x < 1$
$10 \leqq x < 100$	이면	$1 \leqq \log_{10} x < 2$
$100 \leqq x < 1000$	이면	$2 \leqq \log_{10} x < 3$
$1000 \leqq x < 10000$	이면	$3 \leqq \log_{10} x < 4$

$$\cdots\cdots$$

가 되는 것에 주의합시다. 그러므로, 예를 들어 $\log_{10} x = 2.246$이면, 2.246은 2와 3 사이에 있으므로 x는 100과 1000 사이에 있다는 것을 알 수 있습니다. 즉 x는 그것을 십진법의 소수 기술법으로 나타냈을 때, 정수부분(소수점의 왼쪽)이 3자리가 되는 수입니다. 마찬가지로, 만약 $\log_{10} x = 3.246$이면 x는 정수부분이 4자리인 수, $\log_{10} x = 10.246$이면 x는 정수부분이 11자리인 수입니다.

한편,

$$\log_{10} 0.1 = \log_{10} 10^{-1} = -1,$$
$$\log_{10} 0.01 = \log_{10} 10^{-2} = -2,$$

$$\log_{10} 0.001 = \log_{10} 10^{-3} = -3,$$
$$\log_{10} 0.0001 = \log_{10} 10^{-4} = -4, \quad \cdots\cdots$$

이므로

$0.1 \leqq x < 1$	이면	$-1 \leqq \log_{10} x < 0$
$0.01 \leqq x < 0.1$	이면	$-2 \leqq \log_{10} x < -1$
$0.001 \leqq x < 0.01$	이면	$-3 \leqq \log_{10} x < -2$
$0.0001 \leqq x < 0.001$	이면	$-4 \leqq \log_{10} x < -3$

$\cdots\cdots$

이 됩니다. 따라서, 예를 들어 $\log_{10} x = -2.754$ 이면, -2.754는 -3과 -2 사이에 있으므로 x는 0.01과 0.001 사이에 있다는 것을 알 수 있습니다. 즉, x는 이것을 소수로 나타내면 (정수부분이 0이고) 소수 제3자리에서 비로소 0이 아닌 숫자가 나타나는 수입니다. 마찬가지로, 만일 $\log_{10} x = -3.754$이면 x는 소수 제4자리에서 비로소 0이 아닌 숫자가 나타나는 수, $\log_{10} x = -10.754$이면 x는 소수 제11자리에서 비로소 0이 아닌 숫자가 나타나는 수입니다.

위에서 말한 것 중에서 특히

$$1 \leqq x < 10 \quad 이면 \quad 0 \leqq \log_{10} x < 1$$

임을 다시 한 번 되풀이해 둡니다. 즉, 1 이상이고 10보다 작은 양의 수 x의 상용로그는 정수부분이 0인 음이 아닌 소수입니다. 다시 말하면, 이러한 상용로그는 $0.***\cdots$의 꼴로 표시됩니다. 4자리의 상용로그표에는 $1 \leqq x < 10$의 범위에 있는 양의 수 x에 대해서 0.01마다 그 상용로그가 소수 제4자리까지 나와 있는 것입니다.

이 상용로그표를 보면서, 실제로 몇 가지 수의 상용로그를 구해 봅시다.

상용로그표(1)

M	0	1	2	3	4	5	6	7	8	9	1	2	3	4	5	6	7	8	9
1.0	.0000	.0043	.0086	.0128	.0170	.0212	.0253	.0294	.0334	.0374	4	8	12	17	21	25	29	33	37
1.1	.0414	.0453	.0492	.0531	.0569	.0607	.0645	.0682	.0719	.0755	4	8	11	15	19	23	26	30	34
1.2	.0792	.0828	.0864	.0899	.0934	.0969	.1004	.1038	.1072	.1106	3	7	10	14	17	21	24	28	31
1.3	.1139	.1173	.1206	.1239	.1271	.1303	.1335	.1367	.1399	.1430	3	6	10	13	16	19	23	26	29
1.4	.1461	.1492	.1523	.1553	.1584	.1614	.1644	.1673	.1703	.1732	3	6	9	12	15	18	21	24	27
1.5	.1761	.1790	.1818	.1847	.1875	.1903	.1931	.1959	.1987	.2014	3	6	8	11	14	17	20	22	25
1.6	.2041	.2068	.2095	.2122	.2148	.2175	.2201	.2227	.2253	.2279	3	5	8	11	13	16	18	21	24
1.7	.2304	.2330	.2355	.2380	.2405	.2430	.2455	.2480	.2504	.2529	2	5	7	10	12	15	17	20	22
1.8	.2553	.2577	.2601	.2625	.2648	.2672	.2695	.2718	.2742	.2765	2	5	7	9	12	14	16	19	21
1.9	.2788	.2810	.2833	.2856	.2878	.2900	.2923	.2945	.2967	.2989	2	4	7	9	11	13	16	18	20
2.0	.3010	.3032	.3054	.3075	.3096	.3118	.3139	.3160	.3181	.3201	2	4	6	8	11	13	15	17	19
2.1	.3222	.3243	.3263	.3284	.3304	.3324	.3345	.3365	.3385	.3404	2	4	6	8	10	12	14	16	18
2.2	.3424	.3444	.3464	.3483	.3502	.3522	.3541	.3560	.3579	.3598	2	4	6	8	10	12	14	15	17
2.3	.3617	.3636	.3655	.3674	.3692	.3711	.3729	.3747	.3766	.3784	2	4	6	7	9	11	13	15	17
2.4	.3802	.3820	.3838	.3856	.3874	.3892	.3909	.3927	.3945	.3962	2	4	5	7	9	11	12	14	16
2.5	.3979	.3997	.4014	.4031	.4048	.4065	.4082	.4099	.4116	.4133	2	3	5	7	9	10	12	14	15
2.6	.4150	.4166	.4183	.4200	.4216	.4232	.4249	.4265	.4281	.4298	2	3	5	7	8	10	11	13	15
2.7	.4314	.4330	.4346	.4362	.4378	.4393	.4409	.4425	.4440	.4456	2	3	5	6	8	9	11	13	14
2.8	.4472	.4487	.4502	.4518	.4533	.4548	.4564	.4579	.4594	.4609	2	3	5	6	8	9	11	12	14
2.9	.4624	.4639	.4654	.4669	.4683	.4698	.4713	.4728	.4742	.4757	1	3	4	6	7	9	10	12	13
3.0	.4771	.4786	.4800	.4814	.4829	.4843	.4857	.4871	.4886	.4900	1	3	4	6	7	9	10	11	13
3.1	.4914	.4928	.4942	.4955	.4969	.4983	.4997	.5011	.5024	.5038	1	3	4	6	7	8	10	11	12
3.2	.5051	.5065	.5079	.5092	.5105	.5119	.5132	.5145	.5159	.5172	1	3	4	5	7	8	9	11	12
3.3	.5185	.5198	.5211	.5224	.5237	.5250	.5263	.5276	.5289	.5302	1	3	4	5	6	8	9	10	12
3.4	.5315	.5328	.5340	.5353	.5366	.5378	.5391	.5403	.5416	.5428	1	3	4	5	6	8	9	10	11
3.5	.5441	.5453	.5465	.5478	.5490	.5502	.5514	.5527	.5539	.5551	1	2	4	5	6	7	9	10	11
3.6	.5563	.5575	.5587	.5599	.5611	.5623	.5635	.5647	.5658	.5670	1	2	4	5	6	7	8	10	11
3.7	.5682	.5694	.5705	.5717	.5729	.5740	.5752	.5763	.5775	.5786	1	2	3	5	6	7	8	9	10
3.8	.5798	.5809	.5821	.5832	.5843	.5855	.5866	.5877	.5888	.5899	1	2	3	5	6	7	8	9	10
3.9	.5911	.5922	.5933	.5944	.5955	.5966	.5977	.5988	.5999	.6010	1	2	3	4	5	7	8	9	10
4.0	.6021	.6031	.6042	.6053	.6064	.6075	.6085	.6096	.6107	.6117	1	2	3	4	5	7	8	9	10
4.1	.6128	.6138	.6149	.6160	.6170	.6180	.6191	.6201	.6212	.6222	1	2	3	4	5	6	7	8	9
4.2	.6232	.6243	.6253	.6263	.6274	.6284	.6294	.6304	.6314	.6325	1	2	3	4	5	6	7	8	9
4.3	.6335	.6345	.6355	.6365	.6375	.6385	.6395	.6405	.6415	.6425	1	2	3	4	5	6	7	8	9
4.4	.6435	.6444	.6454	.6464	.6474	.6484	.6493	.6503	.6513	.6522	1	2	3	4	5	6	7	8	9
4.5	.6532	.6542	.6551	.6561	.6571	.6580	.6590	.6599	.6609	.6618	1	2	3	4	5	6	7	8	9
4.6	.6628	.6637	.6646	.6656	.6665	.6675	.6684	.6693	.6702	.6712	1	2	3	4	5	6	7	7	8
4.7	.6721	.6730	.6739	.6749	.6758	.6767	.6776	.6785	.6794	.6803	1	2	3	4	5	5	6	7	8
4.8	.6812	.6821	.6830	.6839	.6848	.6857	.6866	.6875	.6884	.6893	1	2	3	4	4	5	6	7	8
4.9	.6902	.6911	.6920	.6928	.6937	.6946	.6955	.6964	.6972	.6981	1	2	3	4	4	5	6	7	8
5.0	.6990	.6998	.7007	.7016	.7024	.7033	.7042	.7050	.7059	.7067	1	2	3	3	4	5	6	7	8
5.1	.7076	.7084	.7093	.7101	.7110	.7118	.7126	.7135	.7143	.7152	1	2	3	3	4	5	6	7	8
5.2	.7160	.7168	.7177	.7185	.7193	.7202	.7210	.7218	.7226	.7235	1	2	2	3	4	5	6	7	7
5.3	.7243	.7251	.7259	.7267	.7275	.7284	.7292	.7300	.7308	.7316	1	2	2	3	4	5	6	6	7
5.4	.7324	.7332	.7340	.7348	.7356	.7364	.7372	.7380	.7388	.7396	1	2	2	3	4	5	6	6	7

$\log_{10} \pi = 0.4971,$　　$\log_{10} 2\pi = 0.7982$

상용로그표(2)

M	0	1	2	3	4	5	6	7	8	9	1	2	3	4	5	6	7	8	9
5.5	.7404	.7412	.7419	.7427	.7435	.7443	.7451	.7459	.7466	.7474	1	2	2	3	4	5	5	6	7
5.6	.7482	.7490	.7497	.7505	.7513	.7520	.7528	.7536	.7543	.7551	1	2	2	3	4	5	5	6	7
5.7	.7559	.7566	.7574	.7582	.7589	.7597	.7604	.7612	.7619	.7627	1	2	2	3	4	5	5	6	7
5.8	.7634	.7642	7649	.7657	.7664	.7672	.7679	.7686	.7694	.7701	1	1	2	3	4	4	5	6	7
5.9	.7709	.7716	.7723	.7731	.7738	.7745	.7752	.7760	.7767	.7774	1	1	2	3	4	4	5	6	7
6.0	.7782	.7789	.7796	.7803	.7810	.7818	.7825	.7832	.7839	.7846	1	1	2	3	4	4	5	6	6
6.1	.7853	.7860	.7868	.7875	.7882	.7889	.7896	.7903	.7910	.7917	1	1	2	3	4	4	5	6	6
6.2	.7924	.7931	.7938	.7945	.7952	.7959	.7966	.7973	.7980	.7987	1	1	2	3	3	4	5	6	6
6.3	.7993	.8000	.8007	.8014	.8021	.8028	.8035	.8041	.8048	.8055	1	1	2	3	3	4	5	5	6
6.4	.8062	.8069	.8075	.8082	.8089	.8096	.8102	.8109	.8116	.8122	1	1	2	3	3	4	5	5	6
6.5	.8129	.8136	.8142	.8149	.8156	.8162	.8169	.8176	.8182	.8189	1	1	2	3	3	4	5	5	6
6.6	.8195	.8202	.8209	.8215	.8222	.8228	.8235	.8241	.8248	.8254	1	1	2	3	3	4	5	5	6
6.7	.8261	.8267	.8274	.8280	.8287	.8293	.8299	.8306	.8312	.8319	1	1	2	3	3	4	5	5	6
6.8	.8325	.8331	8338	.8344	.8351	.8357	.8363	.8370	.8376	.8382	1	1	2	3	3	4	4	5	6
6.9	.8388	.8395	.8401	.8407	.8414	.8420	.8426	.8432	.8439	.8445	1	1	2	2	3	4	4	5	6
7.0	.8451	.8457	.8463	.8470	.8476	.8482	.8488	.8494	.8500	.8506	1	1	2	2	3	4	4	5	6
7.1	.8513	.8519	.8525	.8531	.8537	.8543	.8549	.8555	.8561	.8567	1	1	2	2	3	4	4	5	5
7.2	.8573	.8579	.8585	.8591	.8597	.8603	.8609	.8615	.8621	.8627	1	1	2	2	3	4	4	5	5
7.3	.8633	.8639	.8645	.8651	.8657	.8663	.8669	.8675	.8681	.8686	1	1	2	2	3	4	4	5	5
7.4	.8692	.8698	.8704	.8710	.8716	.8722	.8727	.8733	.8739	.8745	1	1	2	2	3	4	4	5	5
7.5	.8751	.8756	.8762	.8768	.8774	.8779	.8785	.8791	.8797	.8802	1	1	2	2	3	3	4	5	5
7.6	.8808	.8814	.8820	.8825	.8831	.8837	.8842	.8848	.8854	.8859	1	1	2	2	3	3	4	5	5
7.7	.8865	.8871	.8876	.8882	.8887	.8893	.8899	.8904	.8910	.8915	1	1	2	2	3	3	4	4	5
7.8	.8921	.8927	.8932	.8938	.8943	.8949	.8954	.8960	.8965	.8971	1	1	2	2	3	3	4	4	5
7.9	.8976	.8982	.8987	.8993	.8998	.9004	.9009	.9015	.9020	.9025	1	1	2	2	3	3	4	4	5
8.0	.9031	.9036	.9042	.9047	.9053	.9058	.9063	.9069	.9074	.9079	1	1	2	2	3	3	4	4	5
8.1	.9085	.9090	.9096	.9101	.9106	.9112	.9117	.9122	.9128	.9133	1	1	2	2	3	3	4	4	5
8.2	.9138	.9143	.9149	.9154	.9159	.9165	.9170	.9175	.9180	.9186	1	1	2	2	3	3	4	4	5
8.3	.9191	.9196	.9201	.9206	.9212	.9217	.9222	.9227	.9232	.9238	1	1	2	2	3	3	4	4	5
8.4	.9243	.9248	.9253	.9258	.9263	.9269	.9274	.9279	.9284	.9289	1	1	2	2	3	3	4	4	5
8.5	.9294	.9299	.9304	.9309	.9315	.9320	.9325	.9330	.9335	.9340	1	1	2	2	3	3	4	4	5
8.6	.9345	.9350	.9355	.9360	.9365	.9370	.9375	.9380	.9385	.9390	1	1	2	2	3	3	4	4	5
8.7	.9395	.9400	.9405	.9410	.9415	.9420	.9425	.9430	.9435	.9440	0	1	1	2	2	3	3	4	4
8.8	.9445	.9450	.9455	.9460	.9465	.9469	.9474	.9479	.9484	.9489	0	1	1	2	2	3	3	4	4
8.9	.9494	.9499	.9504	.9509	.9513	.9518	.9523	.9528	.9533	.9538	0	1	1	2	2	3	3	4	4
9.0	.9542	.9547	.9552	.9557	.9562	.9566	.9571	.9576	.9581	.9586	0	1	1	2	2	3	3	4	4
9.1	.9590	.9595	.9600	.9605	.9609	.9614	.9619	.9624	.9628	.9633	0	1	1	2	2	3	3	4	4
9.2	.9638	.9643	.9647	.9652	.9657	.9661	.9666	.9671	.9675	.9680	0	1	1	2	2	3	3	4	4
9.3	.9685	.9689	.9694	.9699	.9703	.9708	.9713	.9717	.9722	.9727	0	1	1	2	2	3	3	4	4
9.4	.9731	.9736	.9741	.9745	.9750	.9754	.9759	.9763	.9768	.9773	0	1	1	2	2	3	3	4	4
9.5	.9777	.9782	.9786	.9791	.9795	.9800	.9805	.9809	.9814	.9818	0	1	1	2	2	3	3	4	4
9.6	.9823	.9827	.9832	.9836	.9841	.9845	.9850	.9854	.9859	.9863	0	1	1	2	2	3	3	4	4
9.7	.9868	.9872	.9877	.9881	.9886	.9890	.9894	.9899	.9903	.9908	0	1	1	2	2	3	3	4	4
9.8	.9912	.9917	.9921	.9926	.9930	.9934	.9939	.9943	.9948	.9952	0	1	1	2	2	3	3	4	4
9.9	.9956	.9961	.9965	.9969	.9974	.9978	.9983	.9987	.9991	.9996	0	1	1	2	2	3	3	3	4

다음 표는 374, 375 페이지에 있는 상용로그표의 일부를 발췌한 것입니다.

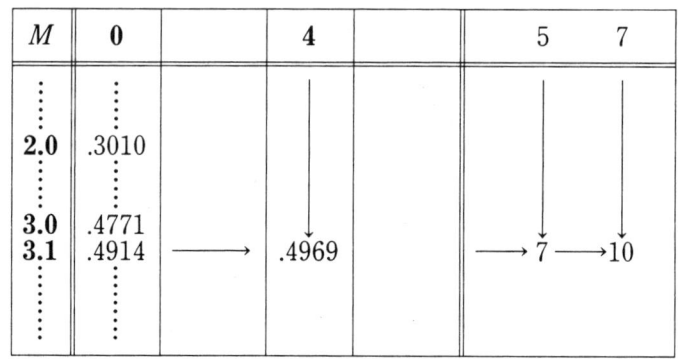

이 표에 의하면, 예를 들면

$$\log_{10} 2 = 0.3010, \quad \log_{10} 3 = 0.4771$$

이고, 또

$$\log_{10} 3.1 = 0.4914$$

입니다. 또 $\log_{10} 3.14$는, 3.1의 가로 행과 윗란의 고딕체인 4의 세로 줄이 교차한 위치에 있는 수로서 구해집니다. (윗란의 고딕체 수는 $1 \leqq x < 10$인 수 x의 소수 제2자리의 숫자를 나타내고 있습니다.) 즉,

$$\log_{10} 3.14 = 0.4969$$

입니다.

좀더 나아가서, 예를 들어 $\log_{10} 3.145$, $\log_{10} 3.147$을 구해 봅시다. 그러기 위해서는 로그표의 오른쪽에 덧붙여져 있는 가는 숫자 부분(이 부분을 **비례부분의 표**라고 합니다)을 보고, 그 윗란의 숫자 5 및 7 ── 이것들은 $1 \leqq x < 10$인 수 x의 소수 제3자리의 숫자를 나타냅니다 ── 의 세로 줄에 주목합니다. 그 줄과 3.1의 가로 행이 교차하는 곳을 보면 각각 7 및 10이라는 숫자를 발견할 수 있을 것입니다. 이것을 $\log_{10} 3.14 = 0.4969$의 값에 (끝자리를 맞추어서) 더합니다. 그러면 $\log_{10} 3.145$ 및 $\log_{10} 3.147$의 값을 얻을 수 있는 것입니다. 즉,

$$\log_{10} 3.14 = 0.4969 \qquad \log_{10} 3.14 = 0.4969$$

$$\underset{\log_{10} 3.145 = 0.4976}{5 \longrightarrow 7} \qquad \underset{\log_{10} 3.147 = 0.4979}{7 \longrightarrow 10}$$

이 됩니다. 이것으로 $\log_{10} 3.145$와 $\log_{10} 3.147$의 값도 구해 졌습니다. (나는 여기서 논증적인 설명은 일체 빼고, 오직 상용로그표의 구체적인 사용법만을 설명했습니다. 실제 문제에서도 여러분이 이 정도의 지식만 가지고 있어도 충분할 것으로 나는 생각합니다)

위에서

$$\log_{10} 3.145 = 0.4976$$

이 값을 알면 $\log_{10} 31.45,\ \log_{10} 3145,\ \log_{10} 0.3145,\ \cdots$ 등의 값도 다음과 같이 곧 구할 수 있습니다.

$$\log_{10} 31.45 = \log_{10}(10 \times 3.145) = 1 + 0.4976 = 1.4976$$
$$\log_{10} 314.5 = \log_{10}(10^2 \times 3.145) = 2 + 0.4976 = 2.4976$$
$$\log_{10} 3145 = \log_{10}(10^3 \times 3.145) = 3 + 0.4976 = 3.4976$$

$$\cdots\cdots$$

$$\log_{10} 0.3145 = \log_{10}(10^{-1} \times 3.145) = -1 + 0.4976$$
$$\log_{10} 0.03145 = \log_{10}(10^{-2} \times 3.145) = -2 + 0.4976$$

$$\cdots\cdots$$

이들 로그는 주목할 만한 특징을 지니고 있습니다. 즉, 이들 로그는 모두 소수부분은 같고, 정수부분만이 다릅니다.

여기서 실수의 정수부분과 소수부분이라는 말의 개념을 분명히 해두고자 합니다. (이것은 전에 제1장의 57페이지에 한 번 설명한 일이 있지만, 그 때는 좀 어려운 "부록"적인 부분이었으므로 여러분 중에는 그냥 지나쳐 버린 사람도 많았을 것입니다.)

일반적으로, 실수 s에 대해서 s를 넘지 않는 최대의 정수, 즉 $n \le s < n+1$을 만족시키는 정수 n을 s의 정수부분이라 합니다. 또 n을 s의 **정수부분**이라 할 때, $s-n$을 s의 **소수부분**이라 합니다. 예를 들면,

$$\log_{10} 31.45 = 1.4976$$

의 정수부분은 1, 소수부분은 0.4976입니다. 또,

$$\log_{10} 0.03145 = -2 + 0.4976$$

의 정수부분은 -2, 소수부분은 0.4976입니다.

　[주의 : 음의 수의 정수부분·소수부분은 잘못 보기 쉬우므로 주의해야 합니다. 예를 들어 -1.25 라는 수에 대해서 "정수부분이 -1, 소수부분이 0.25"로 대답하는 것은 잘못입니다.

$$-1.25 = -2 + 0.75$$

이므로, 이 정수부분은 -2, 소수부분은 0.75입니다.]

　실수 s의 정수부분을 종종 기호 $[s]$로 나타내는 일이 있습니다. 이 뜻으로 사용되는 기호 $[\ ]$를 **가우스의 기호**라고 합니다. s의 소수부분에 대해서는 특별히 확정된 기호가 없는 것 같은데, 가령 그것을 (s)로 쓰기로 한다면, 정의에 따라

$$s = [s] + (s)$$

로서, $[s]$는 정수, (s)는 $0 \le (s) < 1$을 만족시키는 실수가 됩니다.

　그럼, 일반적으로 임의의 양의 수 M은

$$M = 10^n \times x \,(n\text{은 정수}, 1 \le x < 10)$$

의 꼴로 나타낼 수가 있습니다. 이때

$$\log_{10} M = n + \log_{10} x$$

가 되고, $0 \le \log_{10} x < 1$입니다. 즉, $\log_{10} M$의 정수부분은 n이고, 소수부분은 $\log_{10} x$입니다.

　이것에서도 알 수 있듯이, $10M$, $10^2 M$, $10^3 M$, $\dfrac{M}{10}$, $\dfrac{M}{10^2}$, $\dfrac{M}{10^3}$, …처럼 M과 숫자의 배열은 똑같고, 소수점의 위치만이 다른 수는, 이것들의 상용로그를 생각하면, 어느 것이나 M의 상용로그와 같은 소수부분을 가지며, 다만 정수부분만이 달라지는 것입니다.

　연습을 위해 상용로그를 구하는 문제를 풀어 봅시다.

[문제 29] 상용로그표를 이용해서 다음 수의 상용로그를 구

하시오.

[1보다 작은 양의 수의 상용로그는 음의 수가 되는데 이 경우, 예를 들어 답을 -1.25와 같이 쓰지 말고 $-2+0.75$와 같이 써 주십시오.]

(1) 4.5   (2) 52.83   (3) 600   (4) 72.35

(5) 0.325   (6) 0.4857   (7) 0.008098

위에서 말한 바와 같이, 양의 수 M을

$$M = 10^n \times x \qquad (n \text{은 정수}, 1 \leq x < 10)$$

의 꼴로 나타냈을 때, n은 $\log_{10} M$의 정수부분이 됩니다. 따라서, $\log_{10} M$의 정수부분 n이 음이 아니면 M은 1 이상이며, M을 십진법으로 표시했을 때의 정수부분의 자리 수는 $n+1$입니다. 또, $\log_{10} M$의 정수부분 n이 음의 정수이면 M은 1보다 작은 양의 수이며, M을 십진법의 소수로 나타내면 소수 제n자리에 비로소 0이 아닌 숫자가 나타납니다.

(예) $\log_{10} 2 = 0.3010$, $\log_{10} 3 = 0.4771$을 이용해서 2^{30}, 3^{20}은 각각 몇 자리의 정수가 되는지 말하시오. 또, 이 두 수의 크기를 비교하시오.

풀이 $\log_{10} 2^{30} = 30 \log_{10} 2 \doteqdot 9.03$

$\log_{10} 3^{20} = 20 \log_{10} 3 \doteqdot 9.54$

그러므로 2^{30}, 3^{20}은 모두 10자리의 정수입니다. 그리고 $9.03 < 9.54$이므로 $2^{30} < 3^{20}$이 됩니다.

(예) $\left(\dfrac{1}{2} \right)^{30}$을 소수로 나타내면 소수 몇 자리에서 비로소 0이 아닌 숫자가 나타날까요?

풀이 $\log_{10} \left(\dfrac{1}{2} \right)^{30} = -30 \log_{10} 2 \doteqdot -9.03 = -10 + 0.97$

그러므로 소수 제10자리에서 비로소 0이 아닌 숫자가 나타납니다.

예제 $^{237}\mathrm{U}$(우라늄 237)은 일정한 비율에서 붕괴하여, 7일 후에는 절반으로 된다고 합니다. 처음 양의 $\dfrac{1}{10}$이 되는 것은 며칠째입니까?

풀이 1일마다 a배가 된다고 하면, 문제에 따라

$$a^7 = \frac{1}{2}$$

따라서

$$a = \left(\frac{1}{2}\right)^{\frac{1}{7}} = 2^{-\frac{1}{7}}$$

입니다. 지금 n일 후에 처음 양의 $\frac{1}{10}$이 되었다고 하면,

$$(2^{-\frac{1}{7}})^n = \frac{1}{10}$$

양변에 상용로그를 취하면,

$$-\frac{n}{7}\log_{10} 2 = \log_{10}\frac{1}{10} = -1$$

그러므로

$$n = \frac{7}{\log_{10} 2} = \frac{7}{0.3010} \fallingdotseq 23.3$$

따라서 처음 양의 $\frac{1}{10}$이 되는 날은 **24일째**입니다.

문제 30 다음 물음에 답하시오.

(1) 4^{20}은 몇 자리의 정수입니까?

(2) 20^{20}은 몇 자리의 정수입니까?

(3) $\left(\frac{2}{3}\right)^{50}$을 소수로 고치면 소수 몇 자리에서 비로소 0이 아닌 숫자가 나타납니까?

(4) $1.06^n > 2$가 되는 최소의 양의 정수 n을 구하시오. 단, $\log_{10} 1.06 = 0.0253$입니다.

(5) $\left(\frac{1}{2}\right)^n < 3^{-20}$이 되는 최소의 양의 정수 n을 구하시오.

문제 31 상용로그표의 값 $\log_{10} 2 = 0.3010$, $\log_{10} 3 = 0.4771$과 밑의 변환공식을 이용하면, 예를 들어

$$\log_3 2 = \frac{\log_{10} 2}{\log_{10} 3} = \frac{0.3010}{0.4771} \fallingdotseq 0.63$$

과 같은 계산이 가능합니다. 이것에 따라, 다음 로그의 값을 소수 제 2 자리까지 구하시오.

(1) $\log_2 10$ (2) $\log_3 4$ (3) $\log_8 3$ (4) $\log_5 64$

◆ 몇 개의 예제 및 문제의 보충

이 절의 마지막으로, 지금까지 별로 다룰 기회가 없었던 종류의 방정식이나 부등식을 푸는 문제 등, 몇 개의

예제와 연습 문제를 보충해 두겠습니다.

예제 다음 물음에 답하시오.
(1) 방정식 $4^x - 2^x = 12$를 만족시키는 x의 값을 구하시오.
(2) 부등식 $4^x - 2^x < 12$를 만족시키는 x의 값의 범위를 구하시오.

풀이 (1) $2^x = t$로 놓으면, $4^x = (2^2)^x = (2^x)^2 = t^2$ 이므로, 주어진 방정식은

$$t^2 - t = 12$$

즉

$$t^2 - t - 12 = 0$$

이 됩니다. 이 이차방정식을 풀면

$$t = 4 \quad \text{또는} \quad t = -3$$

그러나 $t = 2^x > 0$이므로 $t = -3$은 되지 않습니다. 따라서

$$t = 4 \quad \text{즉} \quad 2^x = 4$$

그러므로

$$x = 2 \qquad\qquad \langle \text{답} \rangle \quad x = 2$$

(2) 위와 마찬가지로 $2^x = t$로 놓으면, 주어진 부등식은

$$t^2 - t - 12 < 0$$

이 됩니다. 이로부터 $(t-4)(t+3) < 0$. 그러므로

$$-3 < t < 4$$

$t = 2^x > 0$이므로 $0 < t < 4$ 이것을 만족시키는 x의 값의 범위는

$$x < 2 \qquad\qquad \langle \text{답} \rangle \quad x < 2$$

예제 다음 물음에 답하시오.
(1) 방정식 $(\log_{10} x)^2 = \log_{10} x^2 + 3$을 만족시키는 x의 값을 구하시오.

(2) 부등식 $(\log_{10} x)^2 \geqq \log_{10} x^2 + 3$ 을 만족시키는 x의 값의 범위를 구하시오.

풀이 (1) $\log_{10} x = t$ 로 놓으면, 주어진 방정식은

$$t^2 = 2t + 3 \quad 즉 \quad t^2 - 2t - 3 = 0$$

이 됩니다. 이것을 t에 관해서 풀면

$$t = -1 \ 또는 \ t = 3$$

$$t = -1 \quad 즉 \quad \log_{10} x = -1일 \ 때$$

$$x = 10^{-1} = \frac{1}{10}$$

$$t = 3 \quad 즉 \quad \log_{10} x = 3일 \ 때$$

$$x = 10^3 = 1000$$

$$\langle 답 \rangle \quad x = \frac{1}{10}, \ 1000$$

(2) 위와 마찬가지로 $\log_{10} x = t$ 로 놓으면, 주어진 부등식은

$$t^2 - 2t - 3 \geqq 0$$

이 됩니다. 이로부터 $(t+1)(t-3) \geqq 0$. 그러므로

$$t \leqq -1 \ 또는 \ t \geqq 3$$

$$t \leqq -1 \quad 즉 \quad \log_{10} x \leqq -1일 \ 때$$

$$0 < x \leqq 10^{-1} = \frac{1}{10}$$

$$t \geqq 3 \quad 즉 \quad \log_{10} x \geqq 3일 \ 때$$

$$x \geqq 10^3 = 1000$$

$$\langle 답 \rangle \quad 0 < x \leqq \frac{1}{10}, \ x \geqq 1000$$

예제 다음 방정식을 만족시키는 x의 값을 구하시오.

$$\log_3 x - 6 \log_x 3 = 1$$

풀이 $\log_3 x = t$ 로 놓으면 $\log_x 3 = \frac{1}{t}$. 따라서 주어진 방정식은

$$t - \frac{6}{t} = 1 \quad 즉 \quad t^2 - t - 6 = 0$$

이 됩니다. 이것을 풀어 $t = 3, \ -2$

$$t = \log_3 x = 3일 \ 때 \quad x = 3^3 = 27$$

$$t = \log_3 x = -2일 \ 때 \quad x = 3^{-2} = \frac{1}{9}$$

$$\langle 답 \rangle \quad x = 27, \ \frac{1}{9}$$

예제 $x > 0$, $y > 0$, $z > 0$ 이고 $2^x = 3^y = 5^z$ 일 때 $2x$, $3y$, $5z$ 의 크기를 비교하시오.

풀이 $2^x = 3^y = 5^z$ 의 각 변에 상용로그를 취하면

$$x \log_{10} 2 = y \log_{10} 3 = z \log_{10} 5$$

따라서

$$y = \frac{\log_{10} 2}{\log_{10} 3} x, \quad 3y = \frac{3 \log_{10} 2}{\log_{10} 3} x$$

그러므로 $2x$ 와 $3y$ 의 크기는 2 와 $\dfrac{3 \log_{10} 2}{\log_{10} 3}$ 의 크기, 즉

$$2 \log_{10} 3 = \log_{10} 3^2 \quad \text{과} \quad 3 \log_{10} 2 = \log_{10} 2^3$$

의 크기에 따릅니다. 그리고 $3^2 > 2^3$ 이므로

$$2x > 3y$$

입니다.

마찬가지로 $z = \dfrac{\log_{10} 2}{\log_{10} 5} x$, $5z = \dfrac{5 \log_{10} 2}{\log_{10} 5} x$ 이므로

$2x$ 와 $5z$ 의 크기는

$$2 \log_{10} 5 = \log_{10} 5^2 \quad \text{과} \quad 5 \log_{10} 2 = \log_{10} 2^5$$

의 크기에 따릅니다. 그리고 $5^2 < 2^5$ 이므로,

$$2x < 5z$$

입니다.   〈답〉 $5z > 2x > 3y$

문제 32 다음 방정식을 만족시키는 x의 값을 구하시오.

(1) $9^x + 3^x = 12$ (2) $2^{x+1} + 4^x = 80$
(3) $4^x - 3 \times 2^{x+2} + 32 = 0$ (4) $(\log_{10} x)^2 = \log_{10} x^2$
(5) $\log_2 x = \log_x 2$ (6) $(\log_3 x)^3 = \log_3 x^4$

문제 33 다음 부등식을 만족시키는 x의 값의 범위를 구하 시오.

(1) $9^x + 3^x > 12$ (2) $4^x - 3 \times 2^{x+2} + 32 \geqq 0$
(3) $(\log_{10} x)^2 < \log_{10} x^2$ (4) $\log_2 x \geqq \log_x 2$

[힌트 : (4) $\log_2 x = t$ 로 놓고, $t > 0$ 일 때와 $t < 0$ 일 때 로 나누어 생각하십시오.]

문제 34　x, y가 $x > 0$, $y > 0$, $2x + 5y = 20$을 만족시키면서 움직일 때, $\log_{10} x + \log_{10} y$의 최댓값을 구하시오.

문제 35　x, y가 $x > 10$, $y > 10$, $xy = 10^4$을 만족시키면서 움직일 때, $\log_{10} x \cdot \log_{10} y$가 취하는 값의 범위를 구하시오.

문제 36　$1 < b < a$일 때 $(\log_a b)^2$, $\log_a b^2$, $\log_a(\log_a b)$의 크기를 비교하시오.

문제 37　임의의 실수 x, y에 대하여, 부등식
$$\log_2 \frac{2^x + 2^y}{2} \geqq \frac{x + y}{2}$$
가 성립되는 것을 증명하시오. 등호는 어떤 경우에 성립될까요? [힌트 : $2^x = X$, $2^y = Y$로 놓고, 양변을 X, Y로 나타내어 보시오.]

문제 38　a를 1이 아닌 양의 상수라 할 때, 임의의 양수 x, y, z에 대하여, 부등식
$$\log_a \frac{x}{y} \cdot \log_a \frac{x}{z} \geqq \log_a \sqrt{\frac{y}{z}} \cdot \log_a \sqrt{\frac{z}{y}}$$
가 성립되는 것을 증명하시오. 등호는 어떤 경우에 성립될까요? [여러 가지 증명법이 있겠지만, 단순히 로그의 성질을 이용해서 식을 변형해 가기만 해도 될 것입니다.]

삼각법의 기원은 실천적이었다. 그것이 창안
된 것은 천문학상의 탐구에 필요했기 때문이
다.

화이트헤드

8 원 속에 숨어 있는 함수
—— 삼각함수

8.1 일반각과 삼각함수

앞 장에서는 지수함수와 로그함수를 배웠는데, 거기에
이어 이 장에서는 삼각함수를 배웁니다.

"각"은 직선이나 원과 마찬가지로 우리에게 매우 친근
한 도형입니다. 우리는 일상 생활 속에서도 늘 여러 가지
각을 관찰하고, 각에 관한 여러 가지 말을 입에 담습니
다. 그런 뜻에서 각이라는 개념에 대해서는 새삼스럽게
설명할 필요가 없다고 생각되지만, 역시 지금까지 해온
대로 대체적인 것을 처음부터 설명하겠습니다.

◆ 각과 그 크기

직선은 그 위에 하나의 점 O을 잡으면, 그 점 O에 의해
서 두 부분으로 나누어집니다. 그 한쪽 부분에 점 O를 덧

붙인 것을, O를 **끝점**으로 하는 **반직선**이라 하고, 직선의 나머지 부분을 그 **연장**이라고 부릅니다. O를 끝점으로 하는 반직선을 기호로 나타낼 때는 그 반직선상에 O 이외의 점 A를 잡아 "반직선 OA"라고 씁니다. 정확히 말하면 이것은 "O에서 A로 향하는 반직선"이라고 해야 합니다. 이 경우, 점 A는 그 반직선상의 O 이외의 점이면 어떤 것이라도 좋으며, 그림으로 그릴 때는 점 A의 위치를 특별히 확정하지 않고, 다음의 가운데 그림처럼 그리기도 합니다.

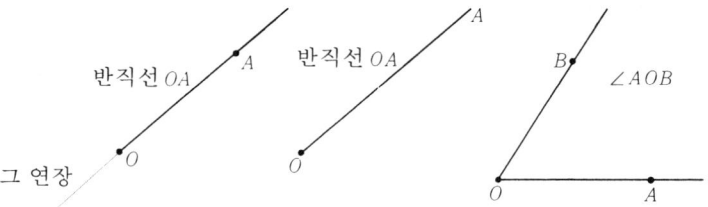

각이라는 것은 같은 끝점 O를 가지는 두 반직선 OA, OB로 이루어지는 도형을 말합니다. O를 그 각의 **꼭지점**, 반직선 OA, OB를 그 각의 **변**이라 부르며, 이 각을 기호로 $\angle AOB$로 씁니다. 전후 관계로 보아 변이라는 것이 분명한 경우에는 단지 $\angle O$라고만 쓰기도 합니다.

그리고 설명의 편의상 반직선 OA, OB가 일치하는 경우에도 역시 하나의 각이 생기는 것으로 생각하고, 이 각 즉 $\angle AOA$를 **영각**이라 부르기로 합니다.

그런데, 각은 각각 "크기"를 가지고 있습니다. 각과 그 크기는 원래 다른 개념이지만, 우리는 보통 $\angle AOB$의 크기 역시 같은 기호인 $\angle AOB$로 나타냅니다. 이것은 마치 선분 AB의 길이를 역시 기호 AB로 나타내는 것과 비슷합니다. 그리고 선분의 길이를 양의 실수로 나타내듯이, 영각이 아닌 각의 크기도 양의 실수로 나타냅니다. (영각의 크기는 물론 0입니다.) 그러나, 각의 크기를 어떤 실수로 나타내는가 하는 "표시법" 이야기는 좀더 미루기로 하고, 그 전에 각 또는 각의 크기에 대해서, 아마 여러분도 잘 알고 있으리라 생각되는 몇 가지 단어를 복습해 보기로 합시다.

각의 두 변 OA, OB가 일직선을 이룰 때, 즉 세 점 A, O, B가 이 차례로 일직선상에 나란히 있을 때, $\angle AOB$를 **평각**이라고 합니다. 평각의 절반의 크기를 갖는 각을 **직각**이라 하고, 그 크기를 흔히 기호 $\angle R$로 나타냅니다. 정의에 따라 평각의 크기는 $2\angle R$입니다. 또, 직각보다 작은 각을 **예각**, 직각보다 크고 평각보다 작은 각을 **둔각**이라고 합니다. 다음에 평각, 직각, 예각, 둔각을 그림으로 나타냈습니다.

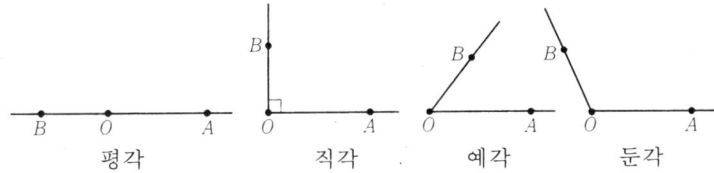

지금, $\angle AOB$를 평각보다 작은 각이라고 합시다. 이때 우리는 사실은 $\angle AOB$의 크기로서 오른쪽 위 그림의 그늘진 부분을 생각하고 있는 것입니다. 그러나, 때로는 $\angle AOB$의 크기로서 오른쪽 아래 그림의 그늘진 부분을 생각하는 일도 있습니다. 이 아래쪽 그림의 각은 평각보다 큰 각입니다. 이와 같이 평각보다 큰 각은 **우각**이라고 합니다. 이에 대하여 평각보다 작은 각은 **열각**이라고 합니다.

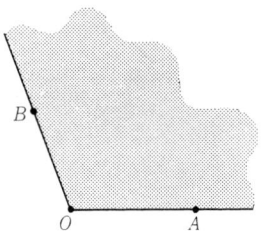

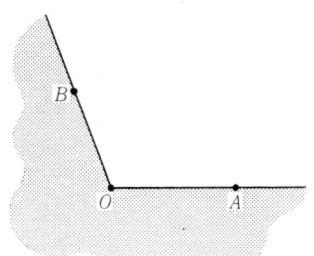

이와 같이 평각보다 큰 각을 생각하면, $\angle AOB$라는 기호에는 우각, 열각의 두 가지 뜻을 포함하는 것이 되지만, 혼란을 피하기 위해 우리는 앞으로 특별히 단서를 붙이지 않고 단지 $\angle AOB$라고 쓴 경우에는, 그것은 열각을 나타내는 것으로 약속합니다. 그리고 오른쪽 위 그림의 그늘진 부분을 $\angle AOB$의 **내부**, 오른쪽 아래 그림의 그늘진 부분을 $\angle AOB$의 **외부**라고 합니다.

만일 $\angle AOB$라는 기호로 우각을 나타내고 싶을 때는, 이것을 "우각 $\angle AOB$"로 쓰기로 합니다. 우각 $\angle AOB$에서는 내부·외부가 열각 $\angle AOB$의 내부·외부와 반대가 됩니다. 즉, 우각 $\angle AOB$의 내부는 열각 $\angle AOB$의 외부, 우각 $\angle AOB$의 외부는 열각 $\angle AOB$의 내부가 됩니다.

$\angle AOB$의 크기와 우각 $\angle AOB$의 크기를 합하면, 그것은 평각의 크기의 2배가 됩니다. 이것은, 반직선 OA가 꼭지점 O의 주위를 한 바퀴 돌고 다시 원래의 반직선 OA로 돌아왔을 때 생기는 각의 크기로 생각할 수 있습니다. 이런 뜻에서, 평각의 2배의 크기를 가진 각을 **주각**이라 부르기도 합니다.(이것은 영각 $\angle AOA$에 대응하는 우각 $\angle AOA$로 생각할 수도 있습니다.) 정의에 따라 주각의 크기는 평각의 크기의 2배이고, 따라서 직각의 크기의 4배입니다. 즉, 주각의 크기는 $4\angle R$입니다.

[주의 : 예를 들어 "두 직선 l, m이 이루는 각"과 같은 경우에, 우리는 물론 이 말을 상식적인 뜻으로 해석합니다. 즉, 이것은 두 직선 l, m이 만나서 생기는 2개의 열각을 가리키는 것입니다. 두 직선 l, m이 직교하는 경우를 제외하면, 이들 두 열의 한쪽은 예각이고, 한쪽은 둔각입니다.]

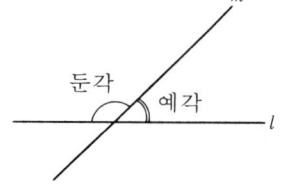

◆ 각의 크기를 나타내는 법, 호도법

각의 크기를 나타내는 데 가장 흔히 쓰이는 것은 직각의 $\frac{1}{90}$을 단위로 해서 나타내는 방법입니다. 이 직각의 $\frac{1}{90}$은 **1도**라 하며, 기호 1°로 표시합니다. 이 단위에 의하면 직각은 90°, 평각은 180°, 주각은 360°가 됩니다. 예각은 0°보다 크고 90°보다 작은 각, 둔각은 90°보다 크고 180°보다 작은 각입니다. 또, 열각은 0°보다 크고 180°보다 작은 각, 우각은 180°보다 크고 360°보다 작은 각입니다.

임의의 삼각형의 세 내각의 합이 180°라는 것은 초등기하학에 의해서 잘 알려져 있는 사실입니다. 여러분은 아마도 30°, 45°, 60°라는 세 각에 대해서 특별히 친근감을 느끼고 있을 것입니다. 보통의 삼각자는, 세 각이 90°,

45°, 45°인 이등변삼각형과, 세 각이 90°, 60°, 30°인 직각
삼각형의 한 쌍으로 되어 있습니다.

그러나 수학에서는 이 "도"보다 오히려 다음과 같은
단위를 쓰는 편이 편리합니다. 반지름이 1인 원의 둘레의
길이가 2π라는 사실은 여러분도 잘 알고 있을 것입니다.
여기서 우리는 주각 360°를 2π로 나타낼 수 있는 각의 단
위를 선정합니다. 이 단위에 의하면 평각은 π이고, 직각
은 $\dfrac{\pi}{2}$로 표시됩니다.

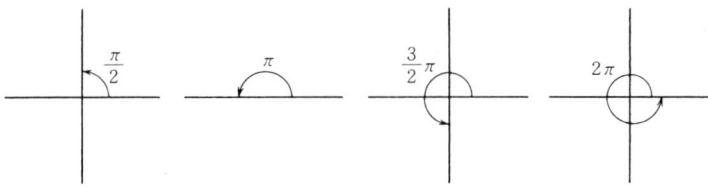

주각이 2π가 되도록 선정한 각의 단위를 **라디안** 또는
호도라고 합니다. 그러므로 직각은 $\dfrac{\pi}{2}$ 라디안, 평각은 π 라
디안, 주각은 2π 라디안입니다. 1라디안은 반지름 1인 원
에서, 그것을 중심각으로 하는 원호의 길이가 정확히 1과
같아지는 각입니다. 이것을 "도"로 나타내면 약

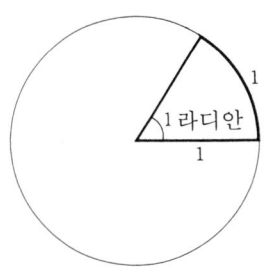

$$1\text{라디안} = \frac{360°}{2\pi} = \frac{180°}{\pi} = 57.2958°$$

가 됩니다.

정의에 따라 라디안과 도 사이에는

$$1\text{라디안} = \frac{180°}{\pi}, \qquad 1° = \frac{\pi}{180} \text{ 라디안}$$

이라는 관계가 있습니다. 일반적으로 $x°$의 각이 y라디안
이라고 하면

$$y = \frac{\pi}{180}x$$

입니다. 다음에 0°에서 360°까지의 여러 가지 각의 도와
라디안의 대응을 표로 만들어 놓았습니다.

도	0°	30°	45°	60°	90°	180°	360°
라디안	0	$\dfrac{\pi}{6}$	$\dfrac{\pi}{4}$	$\dfrac{\pi}{3}$	$\dfrac{\pi}{2}$	π	2π

라디안을 단위로 하는 각의 표시법을 **호도법**이라고 합니다. 호도법에서는 흔히 단위 이름인 "라디안"을 생략합니다. 따라서, 예를 들면 $30°$는 $\dfrac{\pi}{6}$, 직각은 $\dfrac{\pi}{2}$, 평각은 π입니다.

문제 1 다음 각을 각각 호도법으로 나타내시오.

(1) $75°$ (2) $120°$ (3) $135°$ (4) $150°$

(5) $210°$ (6) $225°$ (7) $270°$ (8) $300°$

앞으로 우리는 각의 크기를 나타내는 데 "도"와 "라디안"을 병용하겠지만, 이론적인 이야기인 경우에는 주로 호도법을 사용합니다. 특히 각의 크기와 단위 이름을 붙이지 않고, 예를 들면 단지 θ(세타라고 읽습니다)로 쓰는 경우에는, 그것은 반드시 θ라디안의 뜻이라는 것을 강조해 둡니다.

예제 반지름 r, 중심각 θ인 부채꼴의 호의 길이를 l, 넓이를 S라고 하면,

$$l = r\theta, \quad S = \frac{1}{2}r^2\theta = \frac{1}{2}lr$$

임을 증명하시오. 단, 여기서 θ는 $0 < \theta < 2\pi$를 만족시키는 각으로 합니다.

풀이 반지름 r인 원에서, 원점 둘레의 주각은 2π이고, 원주의 길이는 $2\pi r$, 넓이는 πr^2입니다. 그리고 호도법의 길이나 넓이가 중심각에 비례하므로,

$$l : 2\pi r = \theta : 2\pi, \qquad S : \pi r^2 = \theta : 2\pi$$

가 성립됩니다.

이로부터

$$l = r\theta, \qquad S = \frac{1}{2}r^2\theta$$

가 얻어지고, 또 S를 l과 r로 나타내면

$$S = \frac{1}{2}r \cdot r\theta = \frac{1}{2}lr$$

이 됩니다. 이것으로 증명이 끝났습니다.

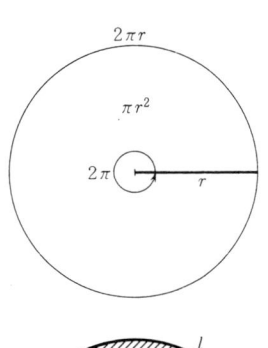

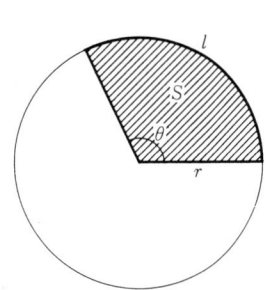

문제 2   반지름 6 cm인 원에서, 다음 중심각에 대한 부채꼴의 호의 길이와 넓이를 구하시오.

(1) $\dfrac{\pi}{3}$ (2) $\dfrac{3}{4}\pi$ (3) 1   (4) 210°

◆ **일반각**

우리는 지금까지 0에서 2π까지 (0°에서 360°까지)의 각을 생각해 왔습니다. 그러나 응용에서는 각의 범위를 좀 더 넓혀서, 2π보다 큰 각이나 음의 각도 생각하도록 하는 것이 편리합니다.

그러기 위해서, 지금 평면상에서 점 O를 중심으로 해서 회전하는 반직선 OP를 생각해 봅시다. 이와 같은 반직선 OP를 **동경**이라 하고, 회전의 처음 위치를 나타내는 반직선 OX를 **시초선**이라고 합니다. 시초선은 보통 수평으로 그리고, O로부터 X로 향하는 방향은 오른쪽 방향으로 합니다. (다음 페이지의 그림을 보십시오.)

그런데, 동경 OP는 O의 주위를 몇 번이고 마음대로 회전할 수가 있지만, 우리는 이 회전에 방향을 붙여서 생각하기로 하고, 시계 반대 방향인 왼쪽으로 도는 방향을 **양의 방향**, 시계 방향인 오른쪽으로 도는 방향을 **음의 방향**으로 합니다. 그리고 동경 OP가 시초선, OX의 위치로부터 양의 방향으로 1회전해서 생기는 각이 2π이고, 양의 방향으로 2회전, 3회전, 4회전, …해서 생기는 각을 각각 4π, 6π, 8π, …라고 생각합니다. 마찬가지로, OP가 OX의 위치로부터 음의 방향으로 1회전, 2회전, 3회전, …해서 생기는 각을 각각 -2π, -4π, -6π, …로 합니다. 따라서, 예를 들어 OP가 시초선 OX의 위치로부터 $\dfrac{21}{4}\pi$ 만큼 회전했다는 것은, OP가 OX의 위치로부터 양의 방향으로 2회전한 다음, 다시 양의 방향으로 $\dfrac{5}{4}\pi$만큼 회전한 것을 뜻합니다. 또, OP가 OX의 위치로부터 $-\dfrac{13}{6}\pi$ 만큼 회전했다는 것은, OP가 OX의 위치로부터 음의 방향으로

1회전한 다음, 다시 음의 방향으로 $\frac{\pi}{6}$만큼 회전했다는 것을 뜻합니다. 이렇게 해서 임의의 실수 θ에 대해서 θ만큼의 회전을 생각할 수가 있습니다. 우리는 이와 같이 "회전의 각"으로서 임의의 실수 θ에 대하여 의미를 갖게 한 각을 **일반각**이라고 부릅니다.

일반각 θ에 대하여, 시초선 OX의 위치로부터 O의 둘레에서 θ만큼 회전한 동경 OP를 **θ의 동경**이라고 합니다.

다음에 몇 개의 각의 동경을 그렸습니다.

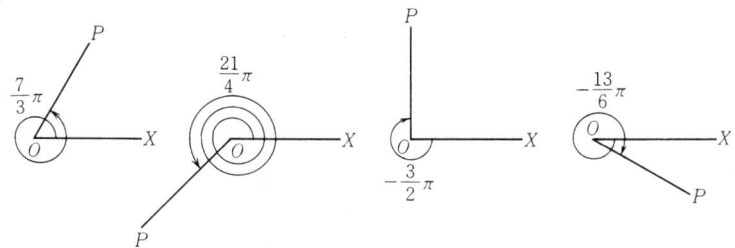

위의 가장 왼쪽 그림은 $\frac{7}{3}\pi = 2\pi + \frac{\pi}{3}$ 의 동경을 나타내는데, 이것은 또

$$\frac{\pi}{3},\ \frac{\pi}{3}+4\pi,\ \frac{\pi}{3}+6\pi,\ \cdots,\ \frac{\pi}{3}-2\pi,\ \frac{\pi}{3}-4\pi,\ \cdots$$

등의 동경과 같습니다. 일반적으로 각 θ의 동경을 OP라고 할 때,

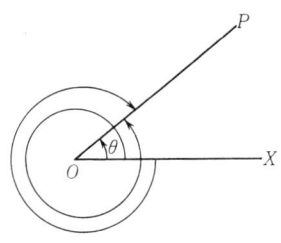

$$\theta + 2n\pi \qquad \text{(n은 정수)}$$

로 표시되는 각은 모두 OP를 동경으로 하는 각이 됩니다. 이러한 각을 **동경 OP에 속하는 각**이라고 합니다.

반대로, 동경 OP의 한 위치가 주어졌을 때, 적당히 하나의 각 θ를 선정하면, 그 동경에 속하는 모든 각은

$$\theta + 2n\pi \qquad \text{(n은 정수)}$$

의 꼴로 표시됩니다. 이 θ는 그 동경에 속하는 각의 하나의 "대표"입니다. 이것은 그 동경에 속하는 각이면 어떤 것을 취해도 되지만, 우리는 보통 대표 θ로서 $0 \leqq \theta < 2\pi$의 범위에 있는 각, 또는 $-\pi < \theta \leqq \pi$의 범위에 있는 각을 선정합니다. 그것은, 그런 각을 취해서 쓴 표현이 가장 알기 쉽고 자연스럽기 때문입니다. 여러분은 그것이 "자연

스러운" 이유를 쉽게 이해할 것입니다.

예를 들어 $\dfrac{21}{4}\pi$의 동경에 속하는 모든 각을, $0 \leqq \theta < 2\pi$의 범위에 있는 θ를 대표로 해서 쓴 경우에는

$$\frac{5}{4}\pi + 2n\pi \qquad (n\text{은 정수})$$

가 되고, $-\pi < \theta \leqq \pi$의 범위에 있는 θ를 대표로 해서 쓴 경우에는

$$-\frac{3}{4}\pi + 2n\pi \qquad (n\text{은 정수})$$

가 됩니다.

문제 3 동경 OP에 속하는 하나의 각이 다음 각일 때, OP에 속하는 모든 각을, $0 \leqq \theta < 2\pi$를 만족시키는 θ를 써서 $\theta + 2n\pi$의 꼴로 쓰시오. 또, $-\pi < \theta \leqq \pi$를 만족시키는 θ를 써서 $\theta + 2n\pi$의 꼴로 쓰시오.

(1) $\dfrac{7}{3}\pi$ (2) $-\dfrac{5}{6}\pi$ (3) $-\dfrac{25}{2}\pi$ (4) 1001π

◆ 사인 · 코사인

다음에는 일반각 θ에 대하여, 그 **사인**(sine), **코사인**(cosine)을 정의해 봅시다.

이제부터는 각 θ의 동경으로서 좌표평면상의 원점 O를 끝점으로 하는 반직선으로서, x축의 양의 방향을 시초선으로 하는 것을 생각합니다.

지금, 원점 O를 중심으로 하고 반지름 r인 원 C를 그려서, 각 θ의 동경과 원 C와의 교점을 P로 하고, P의 좌표를 (x, y)로 합니다. 이때 θ의 사인 $\sin\theta$, 코사인 $\cos\theta$를 각각 다음과 같이 정의합니다.

$$\sin\theta = \frac{y}{r} = \frac{y}{\sqrt{x^2+y^2}}$$

$$\cos\theta = \frac{x}{r} = \frac{x}{\sqrt{x^2+y^2}}$$

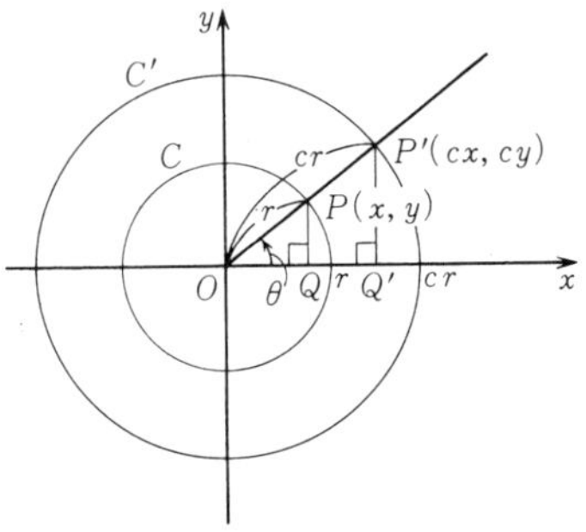

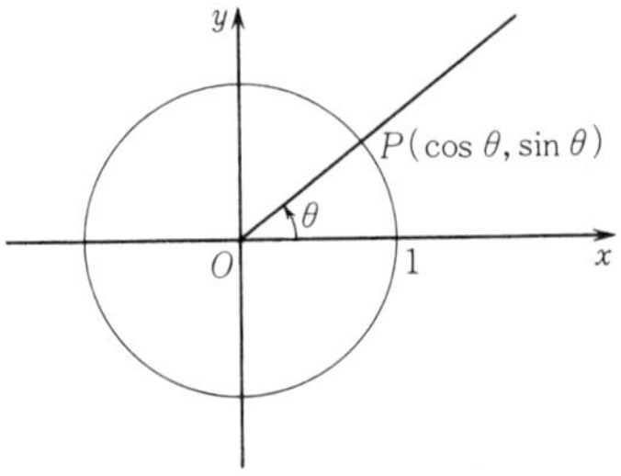

먼저, 이 정의가 반지름 r을 잡는 방법과는 관계가 없다는 것을 확인해 봅시다. 이 검증은 간단합니다. 실제로 반지름을 c배하여 원점 O를 중심으로 하는 반지름 cr인 원을 C'로 하고, θ의 동경과 원 C'와의 교점을 P'라고 하면, 위 그림의 두 삼각형 OPQ와 $OP'Q'$는 닮은 꼴이므로, P'의 좌표는 (cx, cy)가 됩니다.

그러므로

$$\frac{cy}{cr} = \frac{y}{r}, \quad \frac{cx}{cr} = \frac{x}{r}$$

가 되어, 위에서 정의한 $\sin \theta$, $\cos \theta$의 값이 반지름 r을 잡는 방법과는 관계 없이 정해지는 것을 알 수 있습니다.

특히 원점을 중심으로 하고 반지름 1인 원——이것을 **단위원**이라고 합니다——과 θ의 동경과의 교점을 $P(x, y)$라 하면, 이 경우 $r=1$이므로

$$x = \cos \theta, \quad y = \sin \theta$$

가 됩니다. 즉, $\sin \theta$, $\cos \theta$는 각각

<u>θ의 동경과 단위원과의 교점의 y좌표, x좌표</u>

인 것입니다.

0에서 $\dfrac{\pi}{2}$ 까지의 주된 각에 대해서 사인·코사인의 값을 구하면 다음과 같은 표가 됩니다.

θ	0	$\dfrac{\pi}{6}$	$\dfrac{\pi}{4}$	$\dfrac{\pi}{3}$	$\dfrac{\pi}{2}$
$\sin \theta$	0	$\dfrac{1}{2}$	$\dfrac{1}{\sqrt{2}}$	$\dfrac{\sqrt{3}}{2}$	1
$\cos \theta$	1	$\dfrac{\sqrt{3}}{2}$	$\dfrac{1}{\sqrt{2}}$	$\dfrac{1}{2}$	0

이들 값은 각각 아래 그림과 같은 직각삼각형의 변의 길이를 계산하면 구해집니다.

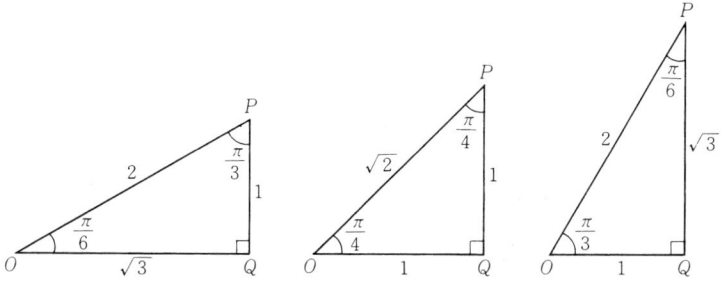

예를 들어 왼쪽 그림과 같이 ∠*POQ*가 $\frac{\pi}{6}$ (즉 30°)인 직각삼각형을 그리면, 이것은 정삼각형을 꼭지점 *O*에서 대변에 내린 수선에 의해서 이등분한 것이므로, 빗변 *OP*의 길이를 2로 하면 *PQ, OQ*의 길이는 각각 1, $\sqrt{3}$ 이 됩니다. 따라서

$$\sin \frac{\pi}{6} = \frac{PQ}{OP} = \frac{1}{2}, \quad \cos \frac{\pi}{6} = \frac{OQ}{OP} = \frac{\sqrt{3}}{2}$$

이 얻어집니다.

또, 가운데 그림과 같이 두 각이 $\frac{\pi}{4}$ (즉 45°)인 이등변삼각형을 그리고, 직각을 낀 두 변의 길이를 1로 하면, 빗변의 길이는 $\sqrt{2}$가 됩니다. 따라서

$$\sin \frac{\pi}{4} = \frac{PQ}{OP} = \frac{1}{\sqrt{2}}, \quad \cos \frac{\pi}{4} = \frac{OQ}{OP} = \frac{1}{\sqrt{2}}$$

입니다.

$\frac{\pi}{3}$ 의 사인·코사인도 같은 방법으로 구할 수 있습니다.

다음에 $\sin \theta$, $\cos \theta$의 중요한 성질을 열거해 두겠습니다.

1 $\sin \theta$, $\cos \theta$ 는 모든 실수 θ 에 대하여 정의된다.
이것은 정의에 의해서 분명합니다.

2 임의의 정수 n에 대하여
$$\sin(\theta + 2n\pi) = \sin \theta$$
$$\cos(\theta + 2n\pi) = \cos \theta$$

왜냐 하면, 각 θ와 각 $\theta + 2n\pi$의 동경은 일치하기 때문입니다. 이 성질에 의해서 임의의 각의 사인·코사인은, 이것을 $0 \leq \theta < 2\pi$ 또는 $-\pi < \theta \leq \pi$의 범위에 있는 각의 사인·코사인으로 고쳐서 구할 수가 있습니다. 예를 들면,

$$\cos\left(-\frac{17}{3}\pi\right) = \cos\left(\frac{\pi}{3} - 6\pi\right) = \cos\frac{\pi}{3} = \frac{1}{2}$$

입니다.

3 각 θ가 0에서 2π까지 움직이면, θ의 동경과 단위원과의 교점 P는 점 $(1, 0)$에서 출발하여 단위원의 원주 위를 일주합니다. 그리고 점 P의 y좌표가 $\sin\theta$, x좌표가 $\cos\theta$였으므로, θ가 0에서 2π까지 변화할 때의 $\sin\theta$, $\cos\theta$의 변화에 대한 다음 표가 얻어집니다.

θ	0		$\frac{\pi}{2}$		π		$\frac{3}{2}\pi$		2π
$\sin\theta$	0	↗	1	↘	0	↘	-1	↗	0
$\cos\theta$	1	↘	0	↘	-1	↗	0	↗	1

이 표에서 화살표 ↗, ↘는 각각 증가, 감소를 나타내는데, 예를 들어 θ가 0과 $\frac{\pi}{2}$ 사이의 난은, θ가 0에서 $\frac{\pi}{2}$까지 증가할 때, $\sin\theta$는 0에서 1까지 증가하고, $\cos\theta$는 1에서 0까지 감소하는 것을 나타내고 있습니다. 이와 같은 표가 얻어지는 것은, 다음 그림에서 점 P의 좌표가 $(\cos\theta, \sin\theta)$라는 것에 주목하면 명백해질 것입니다.

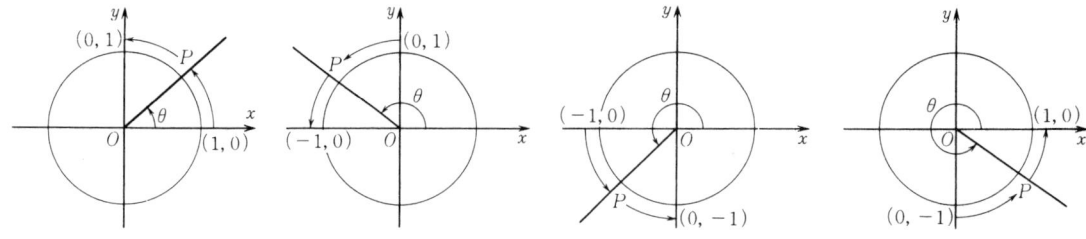

위의 설명으로부터 특히 다음을 알 수 있습니다.

$\sin\theta$, $\cos\theta$ 는 -1부터 1까지의 값을 취한다.

그리고, 일반적으로 각 θ의 동경이 제1사분면에 있을 때는 θ를 제1사분면의 각이라고 합니다. $\sin\theta$, $\cos\theta$의 부호는 각 사분면마다 일정하며, 다음 표와 같이 됩니다. 사분면

사분면	1	2	3	4
$\sin\theta$	+	+	−	−
$\cos\theta$	+	−	−	+

4 임의의 θ에 대하여 다음 공식이 성립됩니다.

[1] $$\sin^2\theta + \cos^2\theta = 1$$

[2] $$\sin(-\theta) = -\sin\theta$$
$$\cos(-\theta) = \cos\theta$$

[3] $$\sin\left(\theta + \frac{\pi}{2}\right) = \cos\theta$$
$$\cos\left(\theta + \frac{\pi}{2}\right) = -\sin\theta$$

[4] $$\sin(\theta + \pi) = -\sin\theta$$
$$\cos(\theta + \pi) = -\cos\theta$$

[주의 : 위의 [1]에 $\sin^2\theta$, $\cos^2\theta$는 각각 $(\sin\theta)^2$, $(\cos\theta)^2$의 뜻입니다. 삼각함수에 대해서는 관습적으로 이와 같은 기술법이 사용되고 있습니다.

일반적으로 n을 양의 정수라 할 때, $(\sin\theta)^n$, $(\cos\theta)^n$을 각각 $\sin^n\theta$, $\cos^n\theta$로 씁니다. 이것은 다음의 399페이지에 나오는 탄젠트 $\tan\theta$에 대해서도 마찬가지인데, 예를 들면 $\tan^2\theta$는 $(\tan\theta)^2$을 뜻합니다.]

다음에 이들 공식이 성립되는 이유를 설명하겠습니다.

먼저 [1]은 393페이지의 정의의 식으로부터

$$\sin^2\theta + \cos^2\theta = \frac{y^2}{x^2 + y^2} + \frac{x^2}{x^2 + y^2} = 1$$

로 계산에 의해서 얻어집니다. 좀더 단적으로 각 θ의 동경과 단위원과의 교점 P의 좌표가 $(\cos\theta, \sin\theta)$인 것을 생각하면 자명해집니다.

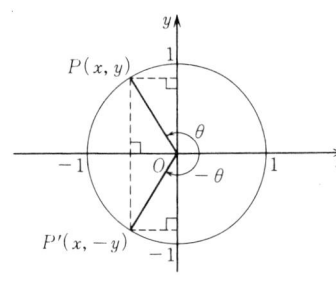

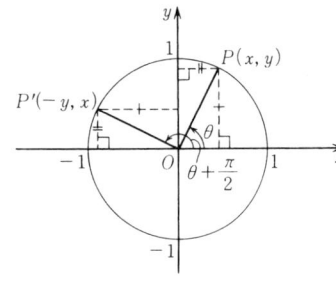

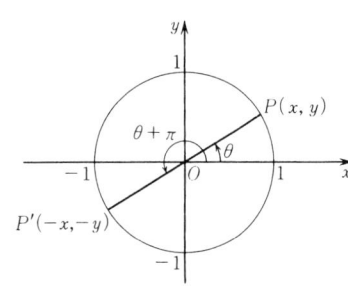

[2]는 왼쪽 위의 그림과 같이, θ의 동경 OP와 $-\theta$의 동경 OP'가 x축에 대해서 대칭인 위치에 있는데서 알 수 있습니다.

또 [3]은 θ의 동경을 OP, $\theta+\dfrac{\pi}{2}$의 동경을 OP'라 하고, 점 P의 좌표를 (x, y)라 하면 점 P'의 좌표가 $(-y, x)$가 되는데서 알 수 있습니다. 이것은 왼쪽의 가운데 그림입니다.

끝으로 [4]도 왼쪽의 아래 그림과 같습니다.

그리고, 이들 그림에서 P, P'는 항상 단위원의 원주상의 점이고, $x=\cos\theta$, $y=\sin\theta$입니다.

위의 4에 든 공식 중에서 반드시 기억해 둘 필요가 있는 것은 [1]과 [2]입니다. [3]과 [4]도 기억해 두면 틀림없이 편리하겠지만, "절대로 잊어서는 안 된다"는 정도의 것은 아닙니다. 필요에 따라 그림을 그려서 이것들을 재생시킬 수만 있으면 됩니다. (나중에 설명하는 "덧셈정리"를 이용하면 그 특별한 경우로서 이들 공식을 이끌어낼 수도 있습니다.)

문제 4 다음의 값을 구하시오.

(1) $\sin\dfrac{3}{4}\pi$ (2) $\cos\dfrac{3}{4}\pi$ (3) $\sin\dfrac{2}{3}\pi$

(4) $\cos\dfrac{2}{3}\pi$ (5) $\sin\dfrac{4}{3}\pi$ (6) $\cos\dfrac{4}{3}\pi$

(7) $\sin\dfrac{11}{6}\pi$ (8) $\cos\dfrac{11}{6}\pi$ (9) $\sin\left(\dfrac{5}{6}\pi+4\pi\right)$

(10) $\cos\left(\dfrac{\pi}{3}-8\pi\right)$ (11) $\sin\left(-\dfrac{11}{4}\pi\right)$

(12) $\cos\left(-\dfrac{11}{4}\pi\right)$ (13) $\sin\left(-\dfrac{19}{3}\pi\right)$

(14) $\cos\left(-\dfrac{19}{3}\pi\right)$ (15) $\sin 501\pi$ (16) $\cos 501\pi$

문제 5 다음 등식을 증명하시오.
$$\sin\left(\dfrac{\pi}{2}-\theta\right)=\cos\theta, \qquad \cos\left(\dfrac{\pi}{2}-\theta\right)=\sin\theta$$

문제 6 다음 등식을 증명하시오.
$$\sin(\pi-\theta)=\sin\theta, \qquad \cos(\pi-\theta)=-\cos\theta$$

예제 θ가 제 2 사분면의 각이고 $\sin\theta=\dfrac{5}{13}$ 일 때, $\cos\theta$의 값을 구하시오.

풀이 **4**의 공식 [**1**]에 의해서 $\sin^2\theta+\cos^2\theta=1$이고, $\sin\theta=\dfrac{5}{13}$ 이므로,

$$\cos\theta=\pm\sqrt{1-(\dfrac{5}{13})^2}=\pm\dfrac{12}{13}$$

가정에 따라 θ는 제 2 사분면의 각이므로 $\cos\theta<0$입니다. 그러므로 다음 답이 얻어집니다.

$$\langle\text{답}\rangle\quad\cos\theta=-\dfrac{12}{13}$$

문제 7 $\cos\theta=-\dfrac{4}{5}$ 이고 θ가 제 2 사분면의 각일 때, $\sin\theta$ 의 값을 구하시오. θ가 제 3 사분면의 각일 때는 θ의 값이 어떻게 될까요?

◆ **탄젠트**

일반각 θ에 대하여, 그 **탄젠트**(tangent)를

$$\tan\theta=\dfrac{\sin\theta}{\cos\theta}$$

로 정의합니다. 도형을 이용해서 좀더 직접적으로 말하면, 원점 O를 끝점으로 하는 각 θ의 동경상에 임의의 한 점 P를 잡고, 그 좌표를 (x, y)라고 하면,

$$\tan\theta=\dfrac{y}{x}$$

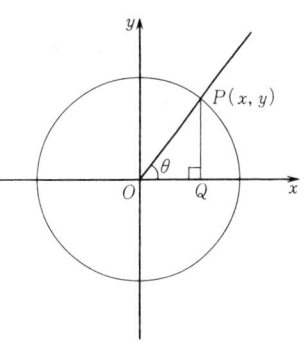

입니다. 이것은 위의 $\tan\theta$의 정의와 393페이지의 $\sin\theta$, $\cos\theta$의 정의로부터 바로 알 수 있습니다.

정의에 따라 $\dfrac{\pi}{6}$, $\dfrac{\pi}{4}$, $\dfrac{\pi}{3}$의 탄젠트를 구하면 각각

$$\tan\dfrac{\pi}{6}=\dfrac{1}{\sqrt{3}},\quad\tan\dfrac{\pi}{4}=1,\quad\tan\dfrac{\pi}{3}=\sqrt{3}$$

이 됩니다. 이것은 **394**페이지에 있는 이들 각의 사인·코사인의 값에서 얻을 수 있지만, 보다 직접적으로는 **395**페이지에 있는 세 직각삼각형의 그림에서 바로 나옵니다. 그리고, $\tan 0=0$이라는 것, 또 $\tan\dfrac{\pi}{2}$ 는 정의가 내려지지 않는다는 점에 주의하십시오.

일반적으로, $\tan\theta$는 $\cos\theta=0$(위의 그림에서 $x=0$)이

되는 각 θ에 대해서는 정의가 내려지지 않습니다.

이러한 θ는 $\pm\dfrac{\pi}{2}$, $\pm\dfrac{3}{2}\pi$, $\pm\dfrac{5}{2}\pi$, $\pm\dfrac{7}{2}\pi$, $\cdots$입니다. 이것들은 일반적으로

$$\frac{\pi}{2}+n\pi \qquad (n은\ 정수)$$

로 표시됩니다. 즉,

$\tan\theta$는 $\theta=\dfrac{\pi}{2}+n\pi$ (n은 정수)

이외의 모든 실수 θ에 대하여 정의되고,

$\theta=\dfrac{\pi}{2}+n\pi$에 대해서는 정의되지 않는다.

이것은 $\sin\theta$나 $\cos\theta$가 모든 실수 θ에 대해서 정의되는 것과 분명히 다른 점입니다. 여러분은 먼저 이 점을 분명히 머리 속에 기억해 두기 바랍니다.

다음에 $\tan\theta$의 몇 가지 기본적인 성질 또는 공식을 설명하겠습니다.(물론 이들 공식은 $\tan\theta$가 정의되는 θ에 대해서 성립되는 것입니다.)

[5]   **$\tan(-\theta) = -\tan\theta$**

증명 397페이지의 [2]에 의해서

$$\tan(-\theta) = \frac{\sin(-\theta)}{\cos(-\theta)} = \frac{-\sin\theta}{\cos\theta} = -\tan\theta$$

[6]   임의의 정수 n에 대하여

$\tan(\theta+n\pi) = \tan\theta$

증명 397페이지의 [4]에 의해서

$$\tan(\theta+\pi) = \frac{\sin(\theta+\pi)}{\cos(\theta+\pi)} = \frac{-\sin\theta}{-\cos\theta} = \tan\theta$$

즉

$$\tan(\theta+\pi) = \tan\theta$$

θ 대신에 $\theta-\pi$를 대입하면

$$\tan(\theta-\pi) = \tan\theta$$

그러므로 또,

$$\tan(\theta+2\pi) = \tan(\theta+\pi) = \tan\theta, \;\; \cdots$$
$$\tan(\theta-2\pi) = \tan(\theta-\pi) = \tan\theta, \;\; \cdots$$

결국, 임의의 정수 n에 대하여

$$\tan(\theta + n\pi) = \tan\theta$$

[7] $$1 + \tan^2\theta = \frac{1}{\cos^2\theta}$$

증명 397페이지의 [1]에 의해서

$$1 + \tan^2\theta = 1 + \frac{\sin^2\theta}{\cos^2\theta} = \frac{\cos^2\theta + \sin^2\theta}{\cos^2\theta} = \frac{1}{\cos^2\theta}$$

위의 [6]에 의하면, 임의의 각의 탄젠트를 구하는 것은 결국 $0 \leq \theta < \pi$ 또는 $-\frac{\pi}{2} < \theta < \frac{\pi}{2}$의 범위에 있는 각 θ의 탄젠트를 구하는 것에 귀착됩니다. 예를 들면,

$$\tan\frac{14}{3}\pi = \tan\left(-\frac{\pi}{3} + 5\pi\right)$$
$$= \tan\left(-\frac{\pi}{3}\right) = -\tan\frac{\pi}{3} = -\sqrt{3}$$

입니다. 또, 각 사분면마다의 $\tan\theta$의 부호는 다음과 같습니다.

사분면	1	2	3	4
$\tan\theta$	+	−	+	−

문제 8 다음 값을 구하시오.

(1) $\tan\frac{2}{3}\pi$ (2) $\tan\frac{5}{4}\pi$ (3) $\tan\left(-\frac{\pi}{6}\right)$

(4) $\tan\left(-\frac{22}{3}\pi\right)$ (5) $\tan 35\pi$

문제 9 공식 [7]을 써서 $\tan\theta = -2$이고 θ가 제2사분면의 각일 때, $\sin\theta$, $\cos\theta$의 값을 구하시오. θ가 제4사분면의 각일 때는 어떻게 될까요?

그런데 앞에서 말한 바와 같이 각 θ의 동경과 단위원과의 교점 P의 좌표는 $(\cos\theta, \sin\theta)$였습니다.

따라서 $\cos\theta \neq 0$일 때

$$\tan\theta = \frac{\sin\theta}{\cos\theta}$$

는 동경 OP가 정하는 직선의 기울기를 나타내는 것이 됩

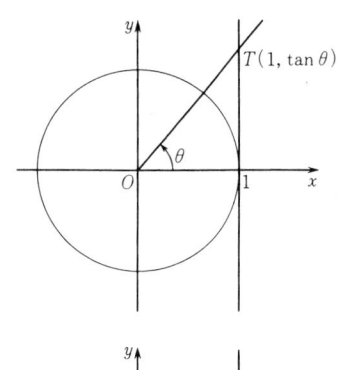

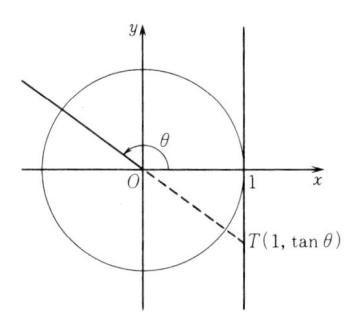

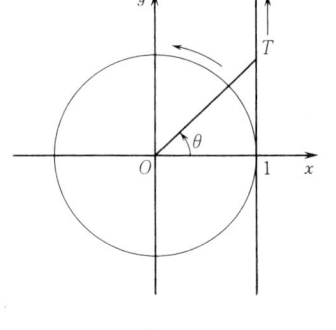

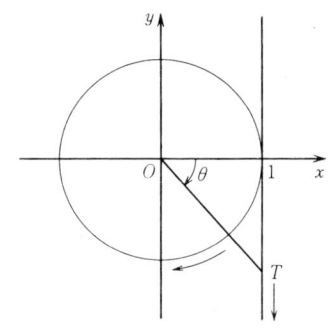

니다. 즉, 직선 OP의 방정식은

$$y = (\tan \theta)\, x$$

입니다. 그러므로 이 직선과 직선 $x=1$과의 교점을 T라고 하면, T의 좌표는 $(1, \tan \theta)$입니다. 즉, $\tan \theta$는

$\underline{\theta\text{의 동경 또는 그 연장과 직선 } x=1\text{과의 교점의 } y\text{좌표}}$

와 같다는 것을 알 수 있습니다.

특히, $-\dfrac{\pi}{2} < \theta < \dfrac{\pi}{2}$ 의 범위의 각 θ를 생각하면, θ가 0으로부터 증가함에 따라 $\tan \theta$는 0으로부터 증가하고, θ가 $\dfrac{\pi}{2}$에 가까워지면 $\tan \theta$의 값은 무한히 커집니다. 또 θ가 0으로부터 감소함에 따라 $\tan \theta$는 0으로부터 감소하고, θ가 $-\dfrac{\pi}{2}$에 무한히 가까워지면 $\tan \theta$의 값은 음이되고 절대값은 무한히 커집니다. 이 사실로부터

$\tan \theta$는 모든 실수값을 취한다

는 것을 알 수 있습니다.

◆ 함수 $y = \sin x$, $y = \cos x$, $y = \tan x$의 그래프

지금까지 각을 나타내는 데 주로 문자 θ를 사용해 왔지만, 지금부터는 문자 x로 사용하기로 합니다.

사인함수 $y = \sin x$, 코사인함수 $y = \cos x$의 그래프를 그려 봅시다.

우리는 이미 각 θ의 동경과 단위원과의 교점을 P라 하면, $\underline{P\text{의 } y \text{ 좌표가 } \sin \theta, \, x \text{ 좌표가 } \cos \theta\text{와 같다}}$는 것을 알고 있습니다. 그리하여 문자 θ를 x로 바꾸면 다음과 같이 $y = \sin x$, $y = \cos x$의 그래프를 그릴 수가 있습니다.

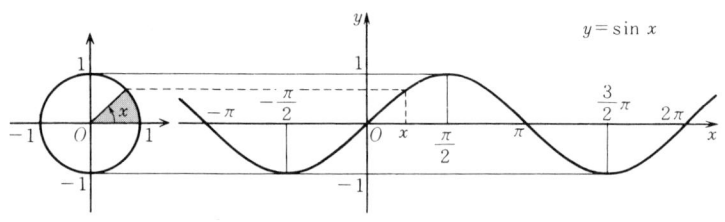

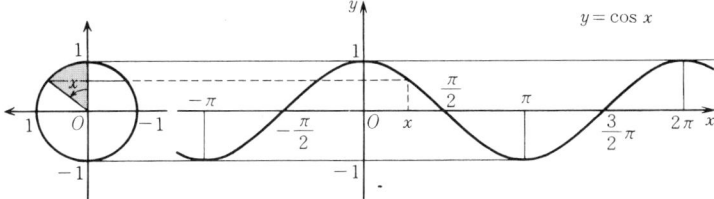

함수 $y = \sin x$의 그래프를 **사인곡선** 또는 **사인커브**라고 합니다. 함수 $y = \cos x$의 그래프는 **코사인곡선** 또는 **코사인커브**입니다. 그러나,

$$\cos x = \sin\left(x + \frac{\pi}{2}\right)$$

이므로 $y = \cos x$의 그래프는 $y = \sin x$의 그래프를 x축의 방향으로 $-\frac{\pi}{2}$만큼 (음의 방향으로 $\frac{\pi}{2}$만큼) 평행이동시킨 것입니다. 즉, 코사인곡선은 "위치만 다를"뿐 모양에 있어서는 사인곡선과 조금도 다름이 없습니다. 그런 뜻에서 $y = \cos x$의 그래프 역시 "사인곡선"이라고 부르기도 합니다.

다음에 탄젠트함수 $y = \tan x$의 그래프를 그려 봅시다.

조금 전에 우리는, 각 θ의 동경 또는 그 연장이 직선 $x = 1$과 만나는 점을 T 라고 하면, $\underline{T\text{의 }y\text{좌표가 }\tan\theta\text{와}}$ $\underline{\text{같다}}$는 것을 배웠습니다. 이 사실로부터, 문자 θ를 x로 바꾸면 다음과 같이 $y = \tan x$의 그래프를 그릴 수가 있습니다.

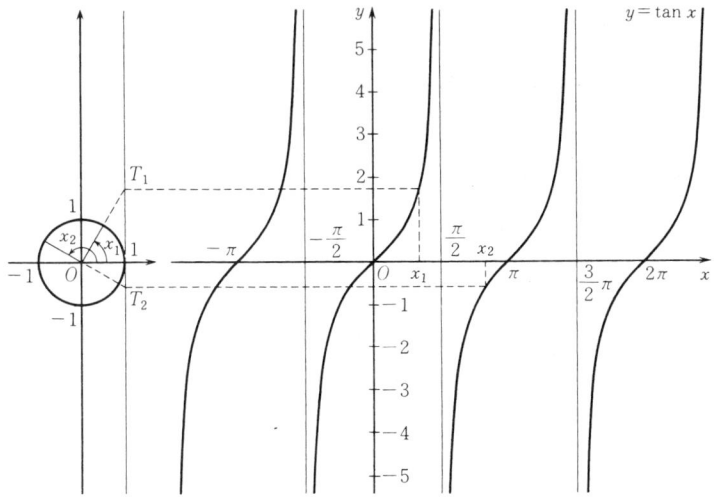

앞에서 주의시킨 바와 같이, n이 정수일 때 $x=\dfrac{\pi}{2}+n\pi$에 대한 $\tan x$의 값은 정의되지 않습니다. 직선 $x=\dfrac{\pi}{2}+n\pi$는 탄젠트함수 $y=\tan x$의 그래프의 점근선으로 되어 있습니다.

◆ 삼각함수의 주기성

공식 $\sin(x+2\pi)=\sin x$로부터 알 수 있듯이, 사인함수 $y=\sin x$의 그래프에서는 2π마다 같은 모양이 되풀이됩니다. 아래 그림에 그런 모양을 나타냈습니다. (아래 그림에서는 같은 호를 많이 그리기 위해 x축의 눈금을 y축의 눈금보다 작게 했습니다.)

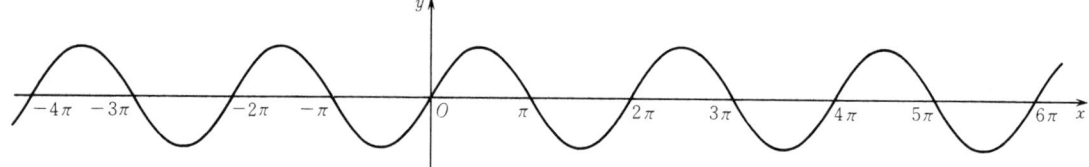

일반적으로, 함수 $y=f(x)$에서, 0이 아닌 상수 T가 있고,

$$f(x+\mathrm{T})=f(x)$$

가 모든 x에 대해서 성립될 때 $f(x)$를 **주기함수**라 하고, 위의 등식을 만족시키는 T중에서 양의 최소값을 이 주기함수의 **주기**라고 합니다.

삼각함수는 어느 것이나 주기함수이고,

$\sin x$, $\cos x$의 주기는 2π, $\tan x$의 주기는 π

입니다.

이야기가 바뀌지만, 여기서 우함수, 기함수라는 말을 설명해 두겠습니다.

삼각함수에 대해서는

$$\sin(-x)=-\sin x$$
$$\cos(-x)=\;\;\;\cos x$$
$$\tan(-x)=-\tan x$$

라는 공식이 성립되어 있습니다. 이 일에서 알 수 있듯이, 함수 $y=\cos x$의 그래프는 y축에 대해서 대칭이고, 한편, 함수 $y=\sin x$나 $y=\tan x$의 그래프는 원점에 대해서 대칭입니다.

일반적으로, 함수 $y=f(x)$에서 $f(x)$가 정의되는 모든 x에 대해서

$f(-x)=f(x)$ 가 성립될 때, $f(x)$는 **우함수**

$f(-x)=-f(x)$가 성립될 때, $f(x)$는 **기함수**

라고 합니다.

$\cos x$는 우함수이고, $\sin x$와 $\tan x$는 기함수입니다.

또, 함수 $y=x^2$, $y=x^4$, $y=x^6$등은 우함수이고, $y=x$, $y=x^3$, $y=x^5$등은 기함수입니다. 또한 함수 $y=|x|$는 우함수, $y=\dfrac{1}{x}$은 기함수입니다. 함수 $y=x-1$, $y=2x^2+x$, $y=2^x$등은 우함수도 기함수도 아닙니다.

정의로부터도 명백하지만, 오른쪽 그림과 같이 일반적으로 우함수의 그래프는 y축에 대해서 대칭이고, 기함수의 그래프는 원점에 대해서 대칭입니다.

우함수

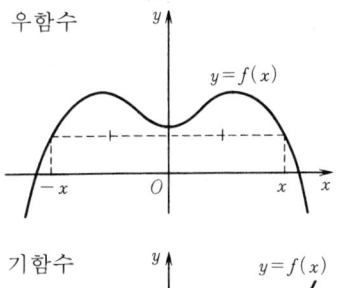

기함수

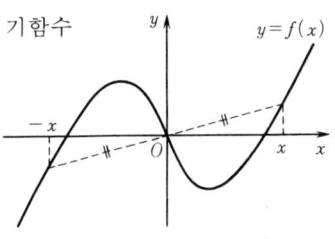

다시 삼각함수의 그래프 이야기로 돌아갑시다. 우리는 이미 함수 $y=\sin x$의 그래프를 알고 있습니다. 이 그래프를 이용하면 다음과 같은 함수의 그래프도 그릴 수가 있습니다.

(예) 함수 $y=2\sin x$의 그래프를 그리시오.

풀이 이 함수의 그래프는 $y=\sin x$의 그래프를 y축의 방향으로 2배 확대한 것입니다. 따라서 다음 그림과 같이 됩니다.

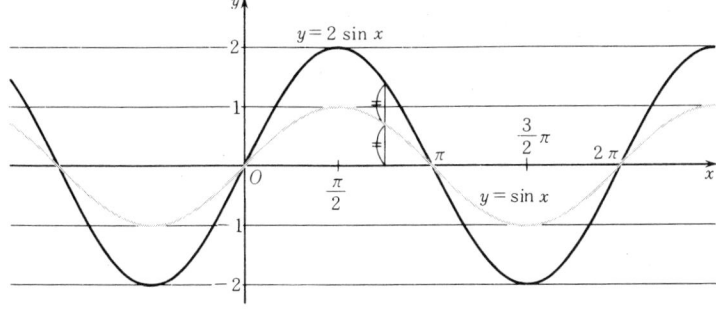

(예) 함수 $y = \sin\left(x + \dfrac{\pi}{6}\right)$ 의 그래프를 그리시오.

풀이 이 함수의 그래프는 $y = \sin x$의 그래프를 x축의 방향으로 $-\dfrac{\pi}{6}$만큼 평행이동시킨 것입니다.

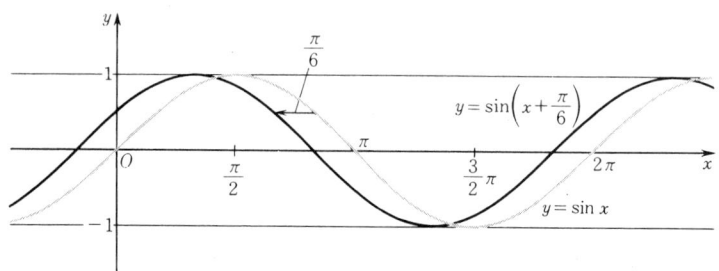

(예) 함수 $y = \sin 2x$의 그래프를 그리시오.

풀이 함수 $y = \sin 2x$의 $x = \theta$에서의 값 $\sin 2\theta$는, 함수 $y = \sin x$의 $x = 2\theta$에서의 값과 같습니다. 즉, $y = \sin 2x$의 그래프상의 $x = \theta$에 대한 점 P의 y좌표는, $y = \sin x$의 그래프상의 $x = 2\theta$에 대한 점 Q의 y좌표와 일치합니다. 이것으로부터 $y = \sin 2x$의 그래프는 $y = \sin x$의 그래프를 x축의 방향으로 $\dfrac{1}{2}$배 축소함으로써 얻어진다는 것을 알 수 있습니다.

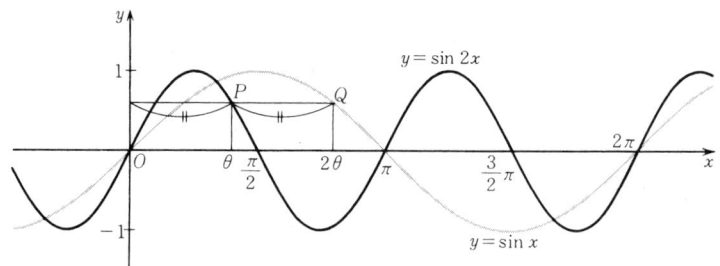

위 예의 함수 $y = \sin 2x$의 주기는 명백히 $y = \sin x$의 주기 2π의 $\dfrac{1}{2}$, 즉 π입니다.

일반적으로, k를 양의 상수라 할 때, 함수 $y = \sin kx$의 그래프는 $y = \sin x$의 그래프를 x축의 방향으로 $\dfrac{1}{k}$배 축소한 것——$k < 1$일 때는 $\dfrac{1}{k} > 1$이므로 실제로는 확대가 됩니다——이고, 그 주기는 2π의 $\dfrac{1}{k}$배, 즉 $\dfrac{2\pi}{k}$입니다.

문제 10 다음 함수의 그래프를 그리고, 그 주기를 말하시오.

(1) $y = 3 \sin x$ (2) $y = \dfrac{3}{2} \cos x$

(3) $y = \sin 3x$ (4) $y = \cos 2x$

(5) $y = \sin \dfrac{x}{2}$ (6) $y = \sin(x - \pi)$

(7) $y = \cos\left(x - \dfrac{\pi}{4}\right)$ (8) $y = \sin\left(x + \dfrac{\pi}{4}\right)$

(9) $y = \dfrac{1}{2} \tan x$ (10) $y = \tan 2x$

(11) $y = \tan\left(x + \dfrac{\pi}{6}\right)$

문제 11 다음 함수의 그래프를 그리시오.

(1) $y = \sin x + 1$ (2) $y = -\sin x$

(3) $y = -\cos 2x$ (4) $y = \dfrac{1}{2} \cos 2x$

(5) $y = \sin\left(2x - \dfrac{\pi}{3}\right)$ (6) $y = \cos \dfrac{\pi}{2} x - 1$

◆ 간단한 삼각방정식과 삼각부등식

삼각함수에 관한 방정식이나 부등식은 극히 특수한 수치의 경우 이외에는 우리는 구체적인 대답을 줄 수가 없습니다.

다음에 간단한 예를 들어 봅시다.

예 (1) $\sin\theta = -\dfrac{1}{2}$ 이 되는 각 θ를 구하시오.

(2) $0 \leqq \theta < 2\pi$ 의 범위에서, $\sin\theta > -\dfrac{1}{2}$ 을 만족시키는 각 θ의 범위를 구하시오.

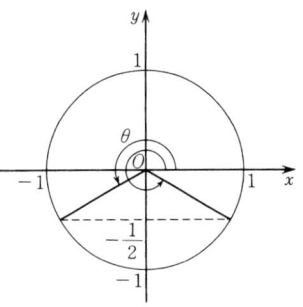

풀이 (1) 구하는 각 θ의 동경과 단위원과의 교점의 y좌표는 $-\dfrac{1}{2}$입니다. $0 \leqq \theta < 2\pi$ 의 범위에서 그와 같은 각을 구하면, 오른쪽 그림에서 알 수 있듯이

$$\theta = \dfrac{7}{6}\pi, \quad \dfrac{11}{6}\pi$$

그러므로, 일반적으로 $\sin\theta = -\dfrac{1}{2}$ 이 되는 각 θ는, n을 정수로 해서

$$\theta = \dfrac{7}{6}\pi + 2n\pi, \quad \theta = \dfrac{11}{6}\pi + 2n\pi$$

로 표시되는 각입니다.

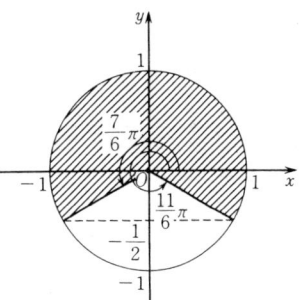

(2) 구하는 각 θ의 범위는 동경이 오른쪽 그림의 빗

금 친 부분에 있는 경우입니다. 따라서 $0 \leq \theta < 2\pi$의 범위에서는

$$0 \leq \theta < \frac{7}{6}\pi, \quad \frac{11}{6}\pi < \theta < 2\pi$$

가 됩니다.

[주의 : 위의 해는 다음 그림과 같이 $y = \sin x$의 그래프를 그려서 구할 수도 있습니다.]

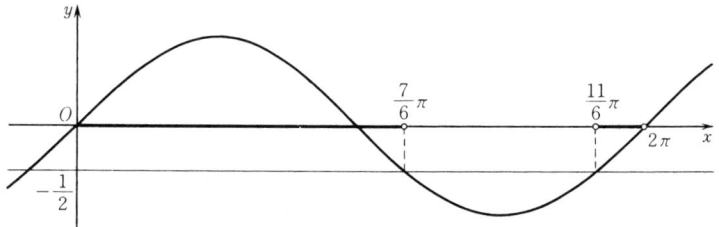

㉠ (1)　$\tan \theta = -\sqrt{3}$이 되는 각 θ를 구하시오.

　　(2)　$0 \leq \theta < \pi$의 범위에서, $\tan \theta > -\sqrt{3}$을 만족시키는 각 θ의 범위를 구하시오.

풀이　(1)　구하는 각의 동경 또는 그 연장과 직선 $x = 1$과의 교점의 y좌표는 $-\sqrt{3}$입니다. $0 \leq \theta < \pi$의 범위에서 그와 같은 각을 구하면

$$\theta = \frac{2}{3}\pi$$

그러므로, 일반적으로 $\tan \theta = -\sqrt{3}$이 되는 각 θ는, n을 정수로 해서

$$\theta = \frac{2}{3}\pi + n\pi$$

로 표시되는 각입니다.

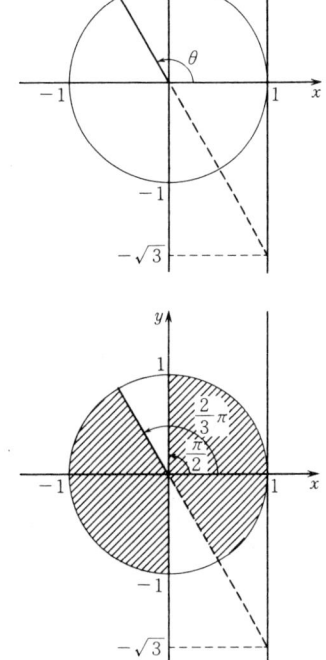

(2)　구하는 각의 범위는 동경이 그림의 빗금 친 부분에 있는 경우입니다. 따라서 $0 \leq \theta < \pi$의 범위에서는

$$0 \leq \theta < \frac{\pi}{2}, \quad \frac{2\pi}{3} < \theta < \pi$$

가 됩니다.

[**주의** : 물론 이 예의 근도 $y = \tan x$의 그래프를 그려서 구하는 수도 있습니다. 또, 만일 (2)의 답을 $-\frac{\pi}{2} < \theta < \frac{\pi}{2}$의 범위에서 답한다면

$$-\frac{\pi}{3} < \theta < \frac{\pi}{2}$$

가 됩니다.]

문제 12 다음 등식을 성립시키는 각 θ를 구하시오.

(1) $\sin \theta = \dfrac{\sqrt{3}}{2}$ (2) $\cos \theta = \dfrac{1}{2}$

(3) $\sin 2\theta = -\dfrac{1}{\sqrt{2}}$ (4) $\cos \dfrac{\theta}{2} = -\dfrac{\sqrt{3}}{2}$

(5) $\tan \theta = 1$ (6) $\tan 2\theta = \dfrac{1}{\sqrt{3}}$

문제 13 $0 \leqq \theta < 2\pi$의 범위에서, 다음 부등식을 만족시키는 각 θ의 범위를 구하시오.

(1) $\sin \theta > \dfrac{1}{2}$ (2) $\sin \theta \leqq \dfrac{1}{\sqrt{2}}$

(3) $\cos \theta \leqq \dfrac{\sqrt{3}}{2}$ (4) $\cos \theta > -\dfrac{1}{2}$

문제 14 $0 \leqq \theta < \pi$의 범위에서, 다음 부등식을 만족시키는 각 θ의 범위를 구하시오.

(1) $\tan \theta > -1$ (2) $\tan \theta \leqq \dfrac{1}{\sqrt{3}}$

　　보충 삼각방정식에 관해서, 여기서 좀 일반적인 이야기를 하겠습니다. 지금, a를 주어진 실수로 하고, θ를 미지수로 하는 방정식

$$\sin \theta = a$$

를 생각합시다. $|a| > 1$이면 이 방정식은 근을 갖지 않습니다. $a = \pm 1$일 때는 방정식

$$\sin \theta = 1 \quad \text{의 해는} \quad \theta = \dfrac{\pi}{2} + 2n\pi,$$

$$\sin \theta = -1 \quad \text{의 해는} \quad \theta = \dfrac{3}{2}\pi + 2n\pi$$

입니다. (후자는 $-\dfrac{\pi}{2} + 2n\pi$로 쓸 수도 있습니다.) 또, $|a| < 1$이면 방정식

$$\sin \theta = a$$

의 해는 $0 \leqq \theta < 2\pi$의 범위에서 2개 있으며, 이들을 $\theta = \theta_1$, θ_2로 하면 이 방정식의 모든 근은

$$\theta = \theta_1 + 2n\pi, \quad \theta = \theta_2 + 2n\pi$$

로 주어집니다.

이상은 함수 $y=\sin x$의 그래프를 고찰하면 쉽사리 알 수 있습니다. 여러분은 여기서 다시 한번 $y=\sin x$의 그래프를 잘 관찰하여 위의 결론이 옳다는 것을 스스로 확인해 보십시오.

다음에는, 예를 들어 방정식 $\sin 2\theta=a$의 해를 생각해 봅시다. 이 방정식은, $|a|>1$이면 역시 근이 없고,

$$\sin 2\theta=1 \quad \text{의 해는 } \theta=\frac{\pi}{4}+n\pi,$$

$$\sin 2\theta=-1 \text{ 의 해는 } \theta=\frac{3}{4}\pi+n\pi$$

$$\left(\text{또는 } \theta=-\frac{\pi}{4}+n\pi\right)$$

입니다. 그리고 $|a|<1$이면 방정식 $\sin 2\theta=a$의 근은 $0\leqq\theta<\pi$의 범위에서 2개 있으며, 이것들을 $\theta=\theta_1,\ \theta_2$로 하면, 이 방정식의 모든 해는

$$\theta=\theta_1+n\pi, \quad \theta=\theta_2+n\pi$$

로 표시됩니다. 이것은 $y=\sin 2x$의 그래프가, 함수 $y=\sin x$의 그래프를 x축의 방향으로 $\frac{1}{2}$배 축소한 것이며, 주기가 π로 되어 있기 때문입니다.

여러분은 나아가서, 일반적으로 k를 양의 상수라 했을 때, 방정식

$$\sin k\theta=\dot{a}$$

에 대해서 어떤 결론이 얻어지는지 생각해 보십시오.

방정식 $\cos \theta=a$, $\cos 2\theta=a$, $\cos k\theta=a$ 등에 대해서도 위와 마찬가지입니다.

한편, 방정식

$$\tan \theta=a$$

는 임의의 실수 a에 대해서 해를 갖습니다. 그리고 그 근은 $0\leqq\theta<\pi$ 또는 $-\frac{\pi}{2}<\theta<\frac{\pi}{2}$의 범위를 생각하면 단 하나 정해집니다. 이것을 $\theta=\theta_1$로 하면, 이 방정식의 모든 근은 $\theta=\theta_1+n\pi$로 표시됩니다. 이것도 함수 $y=\tan x$의 그래프를 생각하면 쉽사리 알 수 있습니다.

일반적으로, k를 양의 상수로 했을 때, 방정식 $\tan k\theta = a$ 의 근은 어떻게 될까요? 이것도 여러분의 연습 문제로 남겨 놓겠습니다.

◈ 직선의 기울기와 탄젠트

이 절의 마지막으로, 직선의 기울기와 탄젠트의 관계에 대해서 한 마디 하겠습니다.

직선 $y = mx + n$의 기울기는 평행이동시켜도 변하지 않으므로, 여기서는 원점을 지나는 직선 $y = mx$에 대해서 생각합시다.

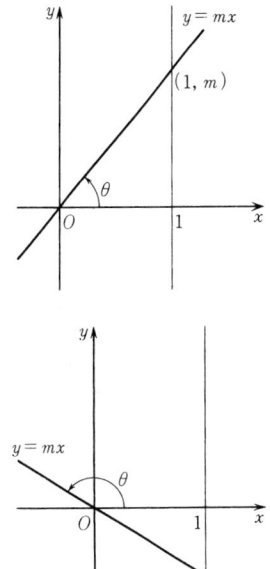

지금, 이 직선의 $y \geqq 0$의 부분이 x축의 양의 방향과 이루는 각을 θ(단, $0 \leqq \theta < \pi$)라고 하면, 이 직선은 각 θ의 동경이 정하는 직선이 됩니다. 따라서 이 직선과 직선 $x = 1$과의 교점의 y좌표는 $\tan \theta$가 됩니다. 즉,

$$m = \tan \theta$$

입니다. 따라서 다음과 같은 결론이 얻어집니다.

직선 $y = mx + n$의 기울기 m은 이 직선의 $y \geqq 0$의 부분이 x축의 양의 방향과 이루는 각 θ의 탄젠트와 같다.

8.2 덧셈정리

앞 절에서는 일반각의 삼각함수를 정의하고, 그것에 관한 몇 개의 기본적인 성질을 설명했습니다. 그러나 삼각함수의 가장 중요한 성질은 아직 남아 있습니다. 그것은 다음에 설명하는 "덧셈정리"입니다.

◈ 사인 · 코사인의 덧셈정리

삼각함수에 관해서 다음과 같은 중요한 공식이 성립됩니다. 다음의 [1]을 **사인덧셈정리**, [2]를 **코사인덧셈정리**라고 합니다.(덧셈정리 대신 **덧셈공식**이라는 명칭도 씁니다.)

> 임의의 두 각 α, β에 대하여 다음 등식이 성립된다.
>
> [1] $\sin(\alpha+\beta) = \sin\alpha\cos\beta + \cos\alpha\sin\beta$
> $\sin(\alpha-\beta) = \sin\alpha\cos\beta - \cos\alpha\sin\beta$
> [2] $\cos(\alpha+\beta) = \cos\alpha\cos\beta - \sin\alpha\sin\beta$
> $\cos(\alpha-\beta) = \cos\alpha\cos\beta + \sin\alpha\sin\beta$

증명 이 증명에는 여러 가지 방법이 있지만, 여기서 먼저 [2]의 제2식을 증명하고, 다른 식은 그것에서 이끌어내는 방법으로 설명하겠습니다.

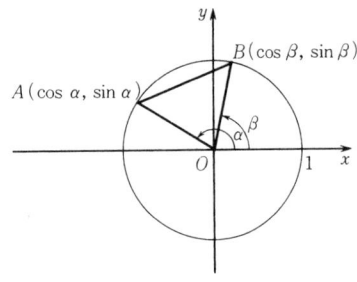

지금, 왼쪽 그림과 같이 단위원의 원주상에 네 점을
$$A(\cos\alpha, \sin\alpha), \qquad B(\cos\beta, \sin\beta)$$
$$C(\cos(\alpha-\beta), \sin(\alpha-\beta)), \qquad E(1, 0)$$
잡습니다.

이때 $\triangle OCE$와 $\triangle OAB$는 합동입니다. 왜냐하면, $\triangle OCE$를 원점 O 주위에서 각 β만큼 회전시키면 완전히 $\triangle OAB$와 겹치기 때문입니다. 그러므로 $CE=AB$, 따라서 $CE^2=AB^2$입니다.

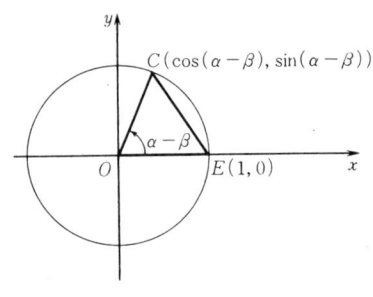

그리하여 CE^2, AB^2을 거리의 공식을 써서 계산하면,
$$CE^2 = \{\cos(\alpha-\beta)-1\}^2 + \{\sin(\alpha-\beta)-0\}^2$$
$$= \cos^2(\alpha-\beta) - 2\cos(\alpha-\beta) + 1 + \sin^2(\alpha-\beta)$$
여기서 $\cos^2(\alpha-\beta)+\sin^2(\alpha-\beta)=1$이므로
$$CE^2 = 2 - 2\cos(\alpha-\beta)$$
한편,
$$AB^2 = (\cos\alpha-\cos\beta)^2 + (\sin\alpha-\sin\beta)^2$$
$$= \cos^2\alpha - 2\cos\alpha\cos\beta + \cos^2\beta$$
$$+ \sin^2\alpha - 2\sin\alpha\sin\beta + \sin^2\beta$$
여기서 $\cos^2\alpha+\sin^2\alpha=1$, $\cos^2\beta+\sin^2\beta=1$이므로
$$AB^2 = 2 - 2(\cos\alpha\cos\beta + \sin\alpha\sin\beta)$$
그리고 $CE^2=AB^2$ 이었으므로

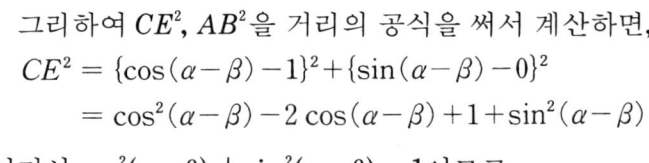

$$2 - 2\cos(\alpha-\beta) = 2 - 2(\cos\alpha\cos\beta + \sin\alpha\sin\beta)$$

그러므로

$$\cos(\alpha - \beta) = \cos \alpha \cos \beta + \sin \alpha \sin \beta$$

이것으로 우선 [2]의 제2식이 증명되었습니다.

다음에, 이 식의 β를 $-\beta$로 대체하면

$$\cos(-\beta) = \cos \beta, \qquad \sin(-\beta) = -\sin \beta$$

그러므로

$$\cos(\alpha + \beta) = \cos \alpha \cos \beta - \sin \alpha \sin \beta$$

즉, [2]의 제1식이 얻어졌습니다.

그래서 이번에는 이 식의 α를 $\dfrac{\pi}{2} + \alpha$로 대체해 봅니다. 그러면 397페이지의 [3]에 의해서

$$\cos\left(\frac{\pi}{2} + \alpha + \beta\right) = -\sin(\alpha + \beta)$$

$$\cos\left(\frac{\pi}{2} + \alpha\right) = -\sin \alpha$$

$$\sin\left(\frac{\pi}{2} + \alpha\right) = \cos \alpha$$

이므로,

$$-\sin(\alpha + \beta) = -\sin \alpha \cos \beta - \cos \alpha \sin \beta$$

즉,

$$\sin(\alpha + \beta) = \sin \alpha \cos \beta + \cos \alpha \sin \beta$$

가 됩니다. 이것은 바로 [1]의 제1식입니다. 그리고 끝으로 이 식의 β를 $-\beta$로 대체하면,

$$\sin(\alpha - \beta) = \sin \alpha \cos \beta - \cos \alpha \sin \beta$$

가 되고, [1]의 제1식을 얻었습니다.

사인·코사인의 덧셈정리는 이 강의에서 나타나는 여러 가지 공식 중에서도 가장 중요한 부류에 속합니다. 나는 여러분이 이들 공식을 확실히 기억해 두기를 기대합니다. 먼저 이 자리에서 이들 공식을 소리내어 몇 번이고 되풀이해서 읽어 보기 바랍니다. (물론 이런 종류의 공식은 여러 번 사용하는 동안에 저절로 외어진다는 면도 있습니다. 여하튼 이들 공식은 매우 중요합니다. 나는 이것

을 강조하는 바입니다.)

덧셈정리를 이용하면, 예를 들어 다음과 같은 계산을 할 수 있습니다.

예 $75° = 45° + 30°$이므로,

$$\sin 75° = \sin(45° + 30°)$$
$$= \sin 45° \cos 30° + \cos 45° \sin 30°$$
$$= \frac{1}{\sqrt{2}} \cdot \frac{\sqrt{3}}{2} + \frac{1}{\sqrt{2}} \cdot \frac{1}{2} = \frac{\sqrt{6} + \sqrt{2}}{4}$$
$$\cos 75° = \cos(45° + 30°)$$
$$= \cos 45° \cos 30° - \sin 45° \sin 30°$$
$$= \frac{1}{\sqrt{2}} \cdot \frac{\sqrt{3}}{2} - \frac{1}{\sqrt{2}} \cdot \frac{1}{2} = \frac{\sqrt{6} - \sqrt{2}}{4}$$

예제 α는 제1사분면에 있는 각으로 $\sin \alpha = \frac{5}{13}$, β는 제3사분면에 있는 각으로 $\cos \beta = -\frac{3}{5}$ 입니다. 이때 $\sin(\alpha - \beta)$의 값을 구하시오.

풀이 α는 제1사분면에 있는 각이므로 $\cos \alpha > 0$입니다. 따라서

$$\cos \alpha = \sqrt{1 - \sin^2 \alpha} = \sqrt{1 - \left(\frac{5}{13}\right)^2} = \frac{12}{13}$$

또 β는 제3사분면에 있는 각이므로 $\sin \beta < 0$입니다. 따라서

$$\sin \beta = -\sqrt{1 - \cos^2 \beta} = -\sqrt{1 - \left(-\frac{3}{5}\right)^2} = -\frac{4}{5}$$

그러므로

$$\sin(\alpha - \beta) = \sin \alpha \cos \beta - \cos \alpha \sin \beta$$
$$= \frac{5}{13} \cdot \left(-\frac{3}{5}\right) - \frac{12}{13} \cdot \left(-\frac{4}{5}\right) = \frac{33}{65}$$

문제 15 위 예제의 α, β에 관해서, $\sin(\alpha + \beta)$, $\cos(\alpha + \beta)$, $\cos(\alpha - \beta)$의 값을 구하시오.

문제 16 다음 값을 구하시오.

(1) $\sin 15°$ (2) $\cos 15°$ (3) $\sin 105°$
(4) $\cos 105°$ (5) $\sin 120°$ (6) $\cos 120°$
(7) $\sin 165°$ (8) $\cos 165°$

문제 17 다음 등식을 증명하시오.

(1) $\sin(\alpha+\beta)\sin(\alpha-\beta) = \sin^2\alpha - \sin^2\beta$
$$= \cos^2\beta - \cos^2\alpha$$

(2) $\cos(\alpha+\beta)\cos(\alpha-\beta) = \cos^2\alpha - \sin^2\beta$
$$= \cos^2\beta - \sin^2\alpha$$

◆ **탄젠트의 덧셈정리**

사인·코사인의 덧셈정리로부터 다음과 같은 **탄젠트의 덧셈정리** [3]이 이끌어집니다.

$$[\mathbf{3}] \quad \tan(\alpha+\beta) = \frac{\tan\alpha + \tan\beta}{1 - \tan\alpha\tan\beta}$$

$$\tan(\alpha-\beta) = \frac{\tan\alpha - \tan\beta}{1 + \tan\alpha\tan\beta}$$

증명 [**1**], [**2**]의 제1식에 의해서

$$\tan(\alpha+\beta) = \frac{\sin(\alpha+\beta)}{\cos(\alpha+\beta)}$$

$$= \frac{\sin\alpha\cos\beta + \cos\alpha\sin\beta}{\cos\alpha\cos\beta - \sin\alpha\sin\beta}$$

이 마지막 변의 분자·분모를 $\cos\alpha\cos\beta$로 나누면

$$\tan(\alpha+\beta) = \frac{\dfrac{\sin\alpha}{\cos\alpha} + \dfrac{\sin\beta}{\cos\beta}}{1 - \dfrac{\sin\alpha}{\cos\alpha}\cdot\dfrac{\sin\beta}{\cos\beta}} = \frac{\tan\alpha + \tan\beta}{1 - \tan\alpha\tan\beta}$$

이것으로 [**3**]의 제1식이 증명되었습니다.

이것과 똑같은 방법으로, [**1**], [**2**]의 제2식에서 [**3**]의 제2식을 이끌어낼 수가 있습니다. 또한 [**3**]의 제1식의 β를 $-\beta$로 대체해서 $\tan(-\beta) = -\tan\beta$인 것을 이용해도 제2식이 얻어집니다. 어느 쪽이건 간에 그 증명은 쉽습니다. 여러분이 직접 증명해 보십시오.

[주의 : $\tan(\alpha+\beta)$ 또는 $\tan(\alpha-\beta)$에 관한 위의 공식 [**3**]은, 물론 이것들의 값이 정의되고, 또한 $\tan\alpha$ 및 $\tan\beta$가 모두 정의되는 경우에 대해서 성립됩니다. 이 점은 사인·코사인의 덧셈정리 [**1**], [**2**]가 임의의 α, β에 대해

서 성립되는 것과 좀 다릅니다.]

㉑ 414페이지의 예에서 본 바와 같이,

$$\sin 75° = \frac{\sqrt{6}+\sqrt{2}}{4}, \qquad \cos 75° = \frac{\sqrt{6}-\sqrt{2}}{4}$$

이므로,

$$\tan 75° = \frac{\sin 75°}{\cos 75°} = \frac{\sqrt{6}+\sqrt{2}}{\sqrt{6}-\sqrt{2}} = \frac{(\sqrt{6}+\sqrt{2})^2}{4}$$

$$= \frac{8+4\sqrt{3}}{4} = 2+\sqrt{3}$$

입니다.

그러나 이 결과는 위의 탄젠트에 관한 덧셈정리를 이용하면 좀더 직접적으로

$$\tan 75° = \tan(45°+30°)$$

$$= \frac{\tan 45° + \tan 30°}{1 - \tan 45° \tan 30°} = \frac{1+\dfrac{1}{\sqrt{3}}}{1-\dfrac{1}{\sqrt{3}}}$$

$$= \frac{\sqrt{3}+1}{\sqrt{3}-1} = \frac{(\sqrt{3}+1)^2}{2} = 2+\sqrt{3}$$

을 구할 수가 있습니다.

문제 18 탄젠트의 덧셈정리를 이용해서 "직접" $\tan 15°$, $\tan 105°$를 구하시오.

문제 19 다음 등식을 증명하시오.

(1) $\tan\left(\theta + \dfrac{\pi}{4}\right) = \dfrac{1+\tan\theta}{1-\tan\theta}$

(2) $\tan\left(\dfrac{\pi}{4} - \theta\right) = \dfrac{1-\tan\theta}{1+\tan\theta}$

◆ 삼각함수의 합성

a, b를 0이 아닌 상수로 하고, θ의 함수

$$a\sin\theta + b\cos\theta$$

를 생각해 봅시다. 사인·코사인의 덧셈정리를 이용하면, 우리는 이것을 알맞은 양의 수 r과 적당한 각 α 또는

β에 의해서

$$r \sin(\theta+\alpha) \quad \text{또는} \quad r \cos(\theta+\beta)$$

의 꼴로 나타낼 수가 있습니다.

실제로 평면상에 점 $P(a,\ b)$를 잡고, 동경 OP에 속하는 각의 하나를 α라고 하면,

$$\cos \alpha = \frac{a}{\sqrt{a^2+b^2}}, \qquad \sin \alpha = \frac{b}{\sqrt{a^2+b^2}}$$

이므로,

$$a = \sqrt{a^2+b^2} \cos \alpha, \qquad b = \sqrt{a^2+b^2} \sin \alpha$$

입니다.

그러므로,

$$\begin{aligned} a \sin \theta + b \cos \theta &= \sqrt{a^2+b^2}\,(\sin \theta \cos \alpha + \cos \theta \sin \alpha) \\ &= \sqrt{a^2+b^2} \sin(\theta+\alpha) \end{aligned}$$

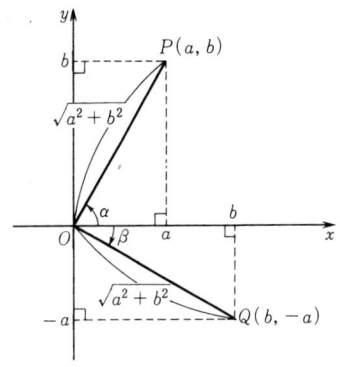

가 되어, 주어진 식을 $r \sin(\theta+\alpha)$의 꼴로 나타낼 수가 있었습니다.

마찬가지로 평면상에 점 $Q(b,\ -a)$를 잡고, 동경 OQ에 속하는 하나의 각을 β라고 하면,

$$\cos \beta = \frac{b}{\sqrt{a^2+b^2}}, \qquad \sin \beta = \frac{-a}{\sqrt{a^2+b^2}}$$

그러므로,

$$b = \sqrt{a^2+b^2} \cos \beta, \qquad a = -\sqrt{a^2+b^2} \sin \beta$$

가 되어,

$$\begin{aligned} a \sin \theta + b \cos \theta &= b \cos \theta + a \sin \theta \\ &= \sqrt{a^2+b^2}(\cos \theta \cos \beta - \sin \theta \sin \beta) \\ &= \sqrt{a^2+b^2} \cos(\theta+\beta) \end{aligned}$$

로 변형됩니다. 이것은 $a \sin \theta + b \cos \theta$를 $r \cos(\theta+\beta)$의 꼴로 나타낸 것이 됩니다.

위에서 말한 바와 같은 변형은 보통 **삼각함수의 합성**이라 불립니다.

이 변형은 응용에서 아주 유용하므로, 위의 결과를 다

시 한 번 정리해서 다음에 보였습니다.

a, b를 0이 아닌 상수라 할 때, 점 $P(a,\ b)$를 잡고 동경 OP에 속하는 하나의 각을 α로 한다. 즉,

$$\cos\alpha = \frac{a}{\sqrt{a^2+b^2}}, \qquad \sin\alpha = \frac{b}{\sqrt{a^2+b^2}}$$

로 한다. 이때

$$\boldsymbol{a\sin\theta + b\cos\theta = \sqrt{a^2+b^2}\,\sin(\theta+\alpha)} \qquad ①$$

이다. 또, 점 $Q(b,\ -a)$를 잡고, 동경 OQ에 속하는 하나의 각을 β로 한다. 즉,

$$\cos\beta = \frac{b}{\sqrt{a^2+b^2}}, \qquad \sin\beta = \frac{-a}{\sqrt{a^2+b^2}}$$

로 한다. 이때

$$\boldsymbol{a\sin\theta + b\cos\theta = \sqrt{a^2+b^2}\,\cos(\theta+\beta)} \qquad ②$$

이다.

위의 변형 ①, ②는 실질적으로는 같은 것입니다. 좀더 구체적으로 말하면, 앞 페이지의 그림에서도 알 수 있듯이, ①의 α에 대해서 $\beta = \alpha - \dfrac{\pi}{2}$로 놓으면 ②가 얻어집니다.

(예) $3\sin\theta + 2\cos\theta$는

$$3\sin\theta + 2\cos\theta = \sqrt{13}\,\sin(\theta+\alpha)$$

로 변형됩니다. 여기서 α는

$$\cos\alpha = \frac{3}{\sqrt{13}}, \qquad \sin\alpha = \frac{2}{\sqrt{13}}$$

를 만족시키는 각입니다. 또,

$$3\sin\theta + 2\cos\theta = \sqrt{13}\,\cos(\theta+\beta)$$

으로 변형시킬 수도 있습니다. 여기서 β는

$$\cos\beta = \frac{2}{\sqrt{13}}, \qquad \sin\beta = \frac{-3}{\sqrt{13}}$$

을 만족시키는 각입니다.

(예) $\sin\theta + \cos\theta$, $\sin\theta - \cos\theta$는 각각

$$\sin\theta + \cos\theta = \sqrt{2}\,\sin\left(\theta + \frac{\pi}{4}\right)$$

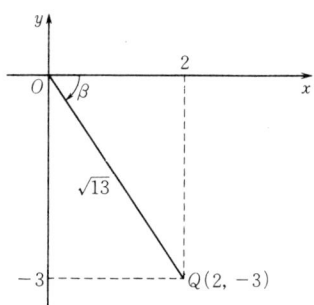

$$\sin\theta - \cos\theta = \sqrt{2}\,\sin\!\left(\theta - \frac{\pi}{4}\right)$$

로 변형됩니다. 실제로 $P(1,\,1)$, $P'(1,\,-1)$이라 할 때, 동경 OP, OP'에 속하는 각의 하나는 각각 $\frac{\pi}{4}$, $-\frac{\pi}{4}$이고, OP, OP'의 길이는 $\sqrt{2}$이기 때문입니다. 이 경우, 각 α는 $\frac{\pi}{4}$ 또는 $-\frac{\pi}{4}$라는 구체적인 수치에 의해서 표시 됩니다.

예 $\sin\theta + \cos\theta = 1$을 만족시키는 각 θ를 구하시오. 단, $0 \leq \theta < 2\pi$라 합니다.

풀이 위의 예에서 본 바와 같이
$$\sin\theta + \cos\theta = \sqrt{2}\,\sin\!\left(\theta + \frac{\pi}{4}\right)$$
입니다. 따라서 주어진 방정식 $\sin\theta + \cos\theta = 1$은
$$\sin\!\left(\theta + \frac{\pi}{4}\right) = \frac{1}{\sqrt{2}}$$
로 고쳐 쓸 수가 있습니다. $\theta' = \theta + \frac{\pi}{4}$로 놓으면, $0 \leq \theta < 2\pi$이므로 $\frac{\pi}{4} \leq \theta' < \frac{9}{4}\pi$이고, 이 범위에서 $\sin\theta' = \frac{1}{\sqrt{2}}$이 되는 각은
$$\theta' = \frac{\pi}{4}, \quad \frac{3}{4}\pi$$
입니다. 즉,
$$\theta + \frac{\pi}{4} = \frac{\pi}{4}, \quad \frac{3}{4}\pi$$
그러므로
$$\theta = 0, \quad \frac{\pi}{2}$$
이것이 구하는 답입니다.

문제 20 다음의 (1), (2)를 $r\sin(\theta + \alpha)$의 꼴로 나타내시오. 또, (3), (4)를 $r\cos(\theta + \beta)$의 꼴로 나타내시오.

(1) $\sqrt{3}\,\sin\theta - \cos\theta$ (2) $3\sin\theta + 4\cos\theta$

(3) $5\sin\theta + 12\cos\theta$ (4) $\cos\theta - \sin\theta$

문제 21 다음 등식을 만족시키는 각 θ를 구하시오. 단, $0 \leq \theta < 2\pi$로 합니다.

(1) $\sin\theta = \cos\theta$ (2) $\sin\theta + \cos\theta = -1$

(3) $\sin\theta - \sqrt{3}\,\cos\theta = 0$ (4) $\cos\theta - \sqrt{3}\,\sin\theta = 1$

예제   함수 $y = \sin x + \sqrt{3}\cos x$의 그래프를 그리시오. 또, 이 함수의 최대값과 최소값을 구하시오.

풀이   왼쪽 그림에서 알 수 있듯이 y는 다음과 같이 변형됩니다.

$$y = 2\sin\left(x + \frac{\pi}{3}\right)$$

따라서 이 함수의 그래프는, $y = \sin x$의 그래프를 x축의 방향으로 $-\frac{\pi}{3}$만큼 평행이동시키고, 다시 그것을 y축의 방향으로 2배 확대한 것으로, 다음 그림과 같이 됩니다. 명백히 이 함수의 최대값은 2, 최소값은 -2입니다.

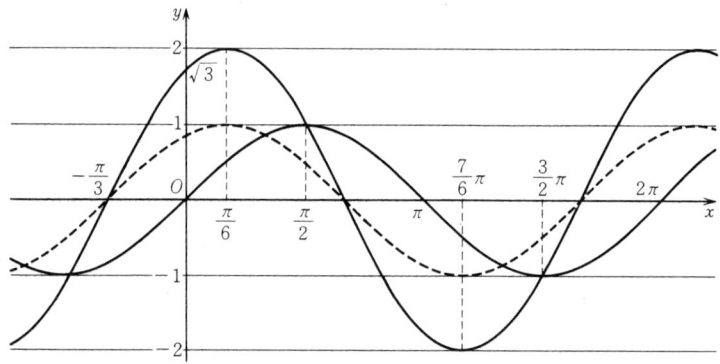

문제 22   위 예제의 그래프를 이용해서 부등식 $\sin\theta + \sqrt{3}\cos\theta < 1$을 만족시키는 각 θ의 범위를 구하시오. 단, $0 \leqq \theta < 2\pi$로 합니다.

문제 23   다음 함수의 그래프를 그리시오. 또, 이 함수의 최대값과 최소값을 구하시오.

(1) $y = \sin x + \cos x$ (2) $y = \sqrt{3}\sin x - \cos x$

문제 24   다음 부등식을 만족시키는 각 θ의 범위를 구하시오. 단, $0 \leqq \theta < 2\pi$로 합니다.

(1) $\sin\theta > \cos\theta$ (2) $\sqrt{3}\cos\theta - \sin\theta \leqq 1$

◆ **두 직선이 만드는 각의 탄젠트**

두 직선 $l,\ l'$의 방정식을

$$l : y = m_1 x + n_1, \quad l' : y = m_2 x + n_2$$

로 하고, 이들은 서로 수직이 아닌 것으로 합니다. 또, 이들 두 직선의 $y \geqq 0$ 부분이 x축의 양의 방향과 이루는 각을 각각 θ_1, θ_2라 하고,

$$0 \leqq \theta_2 < \theta_1 < \pi$$

로 합니다.

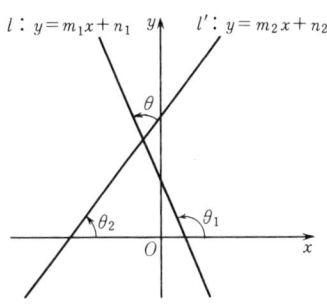

이때 두 직선 l, l'가 이루는 각을 θ라고 하면 $\theta = \theta_1 - \theta_2$ 이므로, 탄젠트의 덧셈정리에 의해서

$$\tan \theta = \tan(\theta_1 - \theta_2) = \frac{\tan \theta_1 - \tan \theta_2}{1 + \tan \theta_1 \tan \theta_2}$$

가 됩니다. 여기서 $\tan \theta_1 = m_1$, $\tan \theta_2 = m_2$ 이므로

$$\tan \theta = \frac{m_1 - m_2}{1 + m_1 m_2}$$

즉, 두 직선 l, l'가 이루는 각의 탄젠트는 두 직선의 기울기 m_1, m_2에 의해서 위와 같이 주어집니다.

[주의 : 위에서 두 직선 l, l'가 이루는 각 θ는 l, l'가 이루는 두 각 중에서 어느 하나이며, 둔각일지도 모릅니다. 즉, $\frac{\pi}{2} < \theta < \pi$ 일지도 모릅니다. 이 경우, 만일 우리가, l, l'가 이루는 각으로서 예각을 구하고 있다면, 그것은 $\pi - \theta$에 의해 주어집니다.]

문제 25 두 직선 $y = -x$와 $y = (\sqrt{3} + 2)x + 1$이 이루는 각을 구하시오.

예제 평면상에 x좌표, y좌표가 모두 정수인 세 점 A, B, C를 잡고, $\triangle ABC$가 정삼각형이 되도록 할 수 있을까요? 대답은 :

없습니다!

이것을 증명하시오.

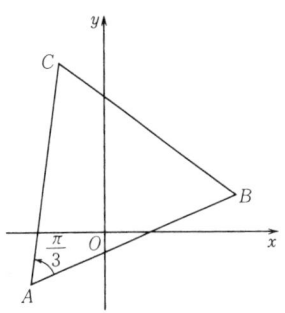

증명 지금 A, B, C는 어느 것이나 x좌표, y좌표가 모두 정수인 점으로 하고, $\triangle ABC$가 정삼각형이라고 합시다. 만일 이 정삼각형의 변 중에 y축에 평행인 것

이 있다고 해도 다른 두 변은 y축에 평행이 아닙니다. 그리하여 변 AB와 변 AC는 y축에 평행이 아닌 것으로 합니다.

그럼, 점 A, B, C의 x좌표, y좌표가 모두 정수인데서 직선 AB의 기울기 m_1, 직선 AC의 기울기 m_2는 모두 유리수입니다. (왜 그럴까요? 여러분이 그 이유를 직접 말해 보세요.) 그리고 직선 AB, AC가 이루는 각을 θ라고 하면,

$$\tan\theta = \frac{m_1 - m_2}{1 + m_1 m_2}$$

입니다. m_1, m_2가 유리수인데서 이 우변은 유리수입니다. 그런데 $\triangle ABC$는 정삼각형이므로 $\theta = \dfrac{\pi}{3}$ 또는 $\theta = \dfrac{2}{3}\pi$이고, 따라서

$$\tan\theta = \sqrt{3} \quad \text{또는} \quad \tan\theta = -\sqrt{3}$$

입니다. $\underline{\sqrt{3}\text{이 무리수}}$라는 것을 우리는 잘 알고 있습니다! 이렇게 해서 모순이 드러났습니다. 그러므로 세 꼭지점의 x좌표, y좌표가 모두 정수인 정삼각형은 존재하지 않습니다.

◆ 삼각함수의 여러 가지 공식

덧셈정리 [1], [2], [3]으로부터 삼각함수에 관한 다음과 같은 여러 가지 공식이 도출됩니다.

먼저, [1], [2], [3]의 제 1식에서 $\beta = \alpha$로 놓으면 다음의 이배각의 공식이 얻어집니다.

이배각의 공식

1 $\qquad\qquad \sin 2\alpha = 2\sin\alpha\cos\alpha$

2 $\qquad\qquad \cos 2\alpha = \cos^2\alpha - \sin^2\alpha$

3 $\qquad\qquad \tan 2\alpha = \dfrac{2\tan\alpha}{1 - \tan^2\alpha}$

위의 2에서 $\sin^2\alpha + \cos^2\alpha = 1$이라는 것을 이용하면, 이 식은

$$\cos 2\alpha = (1 - \sin^2\alpha) - \sin^2\alpha = 1 - 2\sin^2\alpha$$

$$\cos 2\alpha = \cos^2\alpha - (1-\cos^2\alpha) = 2\cos^2\alpha - 1$$

로 고쳐 쓸 수가 있습니다. 즉,

2′ $\cos 2\alpha = 1 - 2\sin^2\alpha,$ $\cos 2\alpha = 2\cos^2\alpha - 1$

입니다. 또, 이들 식을 $\sin^2\alpha$, $\cos^2\alpha$에 관해서 풀면 다음 식이 얻어집니다.

2″ $\sin^2\alpha = \dfrac{1-\cos 2\alpha}{2},$ $\cos^2\alpha = \dfrac{1+\cos 2\alpha}{2}$

어떤 의미에서는 **2″**가 **2′**보다 유용할지도 모릅니다.

실질적으로는 위의 **2″**와 똑같은 것이지만, 형식상 이 **2″**에서 α를 $\dfrac{\alpha}{2}$로 대체한 것을 반각공식이라고 합니다. 즉, 다음 공식을 말합니다.

반각공식

4 $$\sin^2\frac{\alpha}{2} = \frac{1-\cos\alpha}{2}$$
$$\cos^2\frac{\alpha}{2} = \frac{1+\cos\alpha}{2}$$

다음에 위 공식의 응용예를 몇 가지 들겠습니다.

예 $\sin\alpha = \dfrac{4}{5}$일 때, $\sin 2\alpha$, $\cos 2\alpha$, $\tan 2\alpha$, $\sin\dfrac{\alpha}{2}$, $\cos\dfrac{\alpha}{2}$, $\tan\dfrac{\alpha}{2}$의 값을 구하시오. 단, $\dfrac{\pi}{2} < \alpha < \pi$로 합니다.

풀이 α가 제2사분면의 각이므로 $\cos\alpha < 0$이고,

$$\cos\alpha = -\sqrt{1-\sin^2\alpha} = -\sqrt{1-\left(\frac{4}{5}\right)^2} = -\frac{3}{5}$$

따라서 이배각의 공식 **1**, **2**로부터

$$\sin 2\alpha = 2\sin\alpha\cos\alpha = 2\cdot\frac{4}{5}\cdot\left(-\frac{3}{5}\right) = -\frac{24}{25}$$

$$\cos 2\alpha = \cos^2\alpha - \sin^2\alpha = \left(-\frac{3}{5}\right)^2 - \left(\frac{4}{5}\right)^2 = -\frac{7}{25}$$

위의 두 식으로부터

$$\tan 2\alpha = \frac{\sin 2\alpha}{\cos 2\alpha} = \frac{24}{7}$$

또, 반각의 공식 **4**로부터

$$\sin^2\frac{\alpha}{2} = \frac{1-\cos\alpha}{2} = \frac{1-\left(-\frac{3}{5}\right)}{2} = \frac{4}{5}$$

$$\cos^2\frac{\alpha}{2} = \frac{1+\cos\alpha}{2} = \frac{1+\left(-\frac{3}{5}\right)}{2} = \frac{1}{5}$$

그리고 $\frac{\pi}{4} < \frac{\alpha}{2} < \frac{\pi}{2}$ 이므로 $\sin\frac{\alpha}{2} > 0$, $\cos\frac{\alpha}{2} > 0$ 입니다. 그러므로,

$$\sin\frac{\alpha}{2} = \frac{2}{\sqrt{5}}, \qquad \cos\frac{\alpha}{2} = \frac{1}{\sqrt{5}}$$

이 두 식으로부터

$$\tan\frac{\alpha}{2} = 2$$

이상으로 요구된 모든 값이 구해졌습니다.

예 다음 **3 배각의 공식**을 증명하시오.

$$\sin 3\alpha = 3\sin\alpha - 4\sin^3\alpha$$
$$\cos 3\alpha = 4\cos^3\alpha - 3\cos\alpha$$

증명 덧셈정리 [**1**], [**2**]와 이배각의 공식 **1, 2′**로부터

$$\begin{aligned}
\sin 3\alpha &= \sin(2\alpha + \alpha) = \sin 2\alpha\cos\alpha + \cos 2\alpha\sin\alpha \\
&= 2\sin\alpha\cos\alpha\cdot\cos\alpha + (1 - 2\sin^2\alpha)\sin\alpha \\
&= 2\sin\alpha(1 - \sin^2\alpha) + (1 - 2\sin^2\alpha)\sin\alpha \\
&= 3\sin\alpha - 4\sin^3\alpha \\
\cos 3\alpha &= \cos(2\alpha + \alpha) = \cos 2\alpha\cos\alpha - \sin 2\alpha\sin\alpha \\
&= (2\cos^2\alpha - 1)\cos\alpha - 2\sin\alpha\cos\alpha\cdot\sin\alpha \\
&= (2\cos^2\alpha - 1)\cos\alpha - 2\cos\alpha(1 - \cos^2\alpha) \\
&= 4\cos^3\alpha - 3\cos\alpha
\end{aligned}$$

예 $\frac{\pi}{8}$ ($= 22.5°$)의 사인·코사인의 값을 구하시오.

풀이 반각의 공식 **4**로부터

$$\sin^2\frac{\pi}{8} = \frac{1 - \cos\frac{\pi}{4}}{2} = \frac{1 - \frac{1}{\sqrt{2}}}{2} = \frac{2 - \sqrt{2}}{4}$$

$$\cos^2\frac{\pi}{8} = \frac{1 + \cos\frac{\pi}{4}}{2} = \frac{1 + \frac{1}{\sqrt{2}}}{2} = \frac{2 + \sqrt{2}}{4}$$

그리고 $\sin\frac{\pi}{8} > 0$, $\cos\frac{\pi}{8} > 0$ 이므로

$$\sin\frac{\pi}{8} = \frac{\sqrt{2 - \sqrt{2}}}{2}, \qquad \cos\frac{\pi}{8} = \frac{\sqrt{2 + \sqrt{2}}}{2}$$

(예) $0 \leqq \theta < 2\pi$의 범위에서,

(1) $\cos 2\theta + 3 \cos \theta + 2 = 0$이 되는 각 θ를 구하시오.

(2) $\cos 2\theta + 3 \cos \theta + 2 < 0$이 되는 각 θ를 구하시오.

풀이 (1) $\cos 2\theta = 2 \cos^2 \theta - 1$ 이므로,

$$\cos 2\theta + 3 \cos \theta + 2$$
$$= 2\cos^2 \theta + 3 \cos \theta + 1$$
$$= (\cos \theta + 1)(2\cos \theta + 1) \qquad ①$$

따라서 $\cos 2\theta + 3 \cos \theta + 2 = 0$이면

$$\cos \theta + 1 = 0 \quad \text{또는} \quad 2 \cos \theta + 1 = 0$$

즉,

$$\cos \theta = -1 \quad \text{또는} \quad \cos \theta = -\frac{1}{2}$$

$0 \leqq \theta < 2\pi$의 범위에서

$\cos \theta = -1$이 되는 각은 $\theta = \pi$

$\cos \theta = -\frac{1}{2}$이 되는 각은 $\theta = \frac{2}{3}\pi, \frac{4}{3}\pi$

$$\langle \text{답} \rangle \quad \theta = \frac{2}{3}\pi, \ \pi, \ \frac{4}{3}\pi$$

(2) 위의 ①에서 $\theta = \pi$를 제외하면 $\cos \theta + 1 > 0$이므로 $\cos 2\theta + 3 \cos \theta + 2 < 0$이 되는 것은, $\theta = \pi$를 제외하면

$$2 \cos \theta + 1 < 0 \quad \text{즉} \quad \cos \theta < -\frac{1}{2}$$

이 될 때입니다. $0 \leqq \theta < 2\pi$의 범위에서 이 부등식을 만족시키는 θ는

$$\frac{2}{3}\pi < \theta < \frac{4}{3}\pi$$

따라서 답은 다음과 같이 됩니다.

$$\langle \text{답} \rangle \quad \frac{2}{3}\pi < \theta < \frac{4}{3}\pi \ (\text{단}, \ \theta = \pi \text{를 제외})$$

[주의 : 형식적인 것이지만, 위의 예 (2)의 답은 물론

$$\frac{2}{3}\pi < \theta < \pi, \quad \pi < \theta < \frac{4}{3}\pi$$

로 쓸 수도 있습니다.]

문제 26 α가 제1 사분면의 각이고 $\cos \alpha = \frac{1}{3}$일 때, $\sin 2\alpha$, $\cos 2\alpha$, $\sin \frac{\alpha}{2}$, $\cos \frac{\alpha}{2}$ 의 값을 구하시오. [주의 : $\frac{\alpha}{2}$ 는 반드시 제1사분면에 있는 각이라고는 할 수 없다.]

문제 27 다음 등식을 증명하시오.

(1) $(\cos \alpha + \sin \alpha)^2 = 1 + \sin 2\alpha$

(2) $\cos^4 \alpha - \sin^4 \alpha = \cos 2\alpha$

(3) $\dfrac{\sin \alpha}{1 + \cos \alpha} = \dfrac{1 - \cos \alpha}{\sin \alpha} = \tan \dfrac{\alpha}{2}$

(4) $\dfrac{\sin \alpha}{1 + \cos \alpha} + \dfrac{1 + \cos \alpha}{\sin \alpha} = \dfrac{2}{\sin \alpha}$

문제 28 다음 등식을 증명하시오.

(1) $\left(\dfrac{1 - \tan \theta}{1 + \tan \theta}\right)^2 = \dfrac{1 - \sin 2\theta}{1 + \sin 2\theta}$

(2) $\cos 3\theta + \sin 3\theta = (\cos \theta - \sin \theta)(1 + 2 \sin 2\theta)$

(3) $\tan 3\theta = \dfrac{3 \tan \theta - \tan^3 \theta}{1 - 3 \tan^2 \theta}$

(4) $\dfrac{1 + \sin \theta - \cos \theta}{1 + \sin \theta + \cos \theta} = \tan \dfrac{\theta}{2}$

(5) $\tan \dfrac{\theta}{2} - \tan \dfrac{\theta}{3} - \tan \dfrac{\theta}{6} = \tan \dfrac{\theta}{2} \tan \dfrac{\theta}{3} \tan \dfrac{\theta}{6}$

문제 29 $\tan \dfrac{\theta}{2} = t$ 로 놓으면

$$\sin \theta = \dfrac{2t}{1 + t^2}, \qquad \cos \theta = \dfrac{1 - t^2}{1 + t^2}$$

임을 증명하시오.

문제 30 다음 방정식을 만족시키는 각 θ를 구하시오. 단, $0 \leqq \theta < 2\pi$로 합니다.

(1) $\sin \theta = \sin 2\theta$ (2) $\sin \theta - \cos 2\theta = 0$

(3) $\cos 2\theta - 3 \cos \theta - 1 = 0$

문제 31 다음 부등식을 만족시키는 각 θ의 범위를 구하시오. 단, $0 \leqq \theta < 2\pi$로 합니다.

(1) $\sin \theta \geqq \cos 2\theta$ (2) $\cos 2\theta - 3 \cos \theta - 1 > 0$

문제 32 함수 $y = \sin^2 x$, $y = \cos^2 x$의 그래프를 그리시오.

예제 다음 함수의 최대값과 최소값을 구하시오.

(1) $y = \cos^2 x - \cos x$

(2) $y = \sin x \cos x + \sin x + \cos x$

(3) $y = \cos^2 x - \sqrt{5} \sin x \cos x + 3 \sin^2 x$

풀이 (1) $\cos x = t$로 놓으면
$$y = t^2 - t$$
그리고 t의 변역은 $-1 \leqq t \leqq 1$입니다. 그러므로 오른쪽 그래프로부터
$$y의 \ 최대값은 \ 2, \quad 최소값은 \ -\frac{1}{4}$$

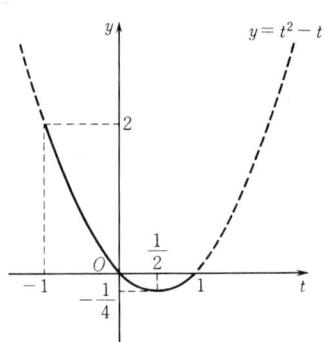

(2) $\sin x + \cos x = t$로 놓으면
$$t^2 = \sin^2 x + 2 \sin x \cos x + \cos^2 x$$
$$= 1 + 2 \sin x \cos x$$

그러므로
$$\sin x \cos x = \frac{t^2 - 1}{2}$$

따라서 y를 t로 나타내면
$$y = \frac{t^2 - 1}{2} + t = \frac{1}{2}(t^2 + 2t - 1)$$

그리고
$$t = \sin x + \cos x = \sqrt{2}\,\sin\left(x + \frac{\pi}{4}\right)$$

이므로, t의 변역은
$$-\sqrt{2} \leqq t \leqq \sqrt{2}$$

입니다. 그러므로 오른쪽 그래프로부터, y는
$$t = \sqrt{2}\,일 \ 때 \ 최대값 \ \sqrt{2} + \frac{1}{2}$$
$$t = -1\,일 \ 때 \ 최소값 \ -1$$

을 취합니다.

(3) $\cos^2 x$, $\sin^2 x$, $\sin x \cos x$를 각각 $2x$의 삼각함수로 나타내면,
$$\cos^2 x = \frac{1 + \cos 2x}{2}, \quad \sin^2 x = \frac{1 - \cos 2x}{2}$$
$$\sin x \cos x = \frac{1}{2}\sin 2x$$

이므로,
$$y = \frac{1 + \cos 2x}{2} - \frac{\sqrt{5}}{2}\sin 2x + \frac{3(1 - \cos 2x)}{2}$$

$$= 2 - \frac{1}{2}(2 \cos 2x + \sqrt{5} \, \sin 2x)$$

여기서 삼각함수의 합성을 이용하여, $\sqrt{(\sqrt{5})^2 + 2^2} = 3$인 것에 주의해서, α를

$$\cos\alpha = \frac{\sqrt{5}}{3}, \quad \sin\alpha = \frac{2}{3}$$

인 각이라고 하면

$$y = 2 - \frac{3}{2}\sin(2x + \alpha)$$

가 됩니다.

여기서 물론 $\sin(2x + \alpha)$의 변역은

$$-1 \leqq \sin(2x + \alpha) \leqq 1$$

입니다. 그러므로

$$y\text{의 최대값은 } 2 + \frac{3}{2} = \frac{7}{2}$$

$$y\text{의 최소값은 } 2 - \frac{3}{2} = \frac{1}{2}$$

이 됩니다.

문제 33 다음 함수의 최대값과 최소값을 구하시오.

(1) $y = 2\sin^2 x - 2\sin x - 1$

(2) $y = \sin\left(x + \frac{\pi}{4}\right) + \cos\left(x - \frac{\pi}{4}\right)$

(3) $y = \sin^2 x + \sqrt{3}\,\sin x \cos x$

(4) $y = 1 + 4\sin x \cos x + 4\cos^2 x$

(5) $y = \sin^4 x + \cos^4 x$

[힌트 : (5) $y = 1 - \frac{1}{2}\sin^2 2x$ 를 나타내시오.]

우리는 앞에서 덧셈공리의 식에서 이배각의 공식, 반각의 공식 등을 이끌어내고, 그것들의 응용에 대해서 배웠습니다.

여기서는 다시 사인정리 [1]로 돌아가서, 그 두 식

$$\sin(\alpha + \beta) = \sin\alpha\cos\beta + \cos\alpha\sin\beta$$

$$\sin(\alpha - \beta) = \sin\alpha\cos\beta - \cos\alpha\sin\beta$$

를 변끼리 더하여 봅시다. 그러면,

$$\sin(\alpha+\beta)+\sin(\alpha-\beta)=2\sin\alpha\cos\beta \qquad ①$$

이 되고, 이 양변을 2로 나누면,

$$\sin\alpha\cos\beta=\frac{1}{2}\{\sin(\alpha+\beta)+\sin(\alpha-\beta)\}$$

가 됩니다.

마찬가지로 [**1**]의 제1식에서 제2식을 빼고, 양변을 2로 나누면,

$$\cos\alpha\sin\beta=\frac{1}{2}\{\sin(\alpha+\beta)-\sin(\alpha-\beta)\}$$

가 얻어집니다.

같은 방법으로 코사인의 덧셈정리 [**2**]의 두 식으로부터 $\cos\alpha\cos\beta$, $\sin\alpha\sin\beta$에 관한 유사한 공식을 이끌어 낼 수가 있습니다.

우리는 이 공식들을 "곱을 합 또는 차로 고치는 공식"으로 부르기로 합니다. 즉,

곱을 합 또는 차로 고치는 공식

5 $\sin\alpha\cos\beta=\dfrac{1}{2}\{\sin(\alpha+\beta)+\sin(\alpha-\beta)\}$

$\cos\alpha\sin\beta=\dfrac{1}{2}\{\sin(\alpha+\beta)-\sin(\alpha-\beta)\}$

6 $\cos\alpha\cos\beta=\dfrac{1}{2}\{\cos(\alpha+\beta)+\cos(\alpha-\beta)\}$

$\sin\alpha\sin\beta=-\dfrac{1}{2}\{\cos(\alpha+\beta)-\cos(\alpha-\beta)\}$

한편, 위의 식 ①에서 $\alpha+\beta=A$, $\alpha-\beta=B$로 놓으면, $\alpha=\dfrac{A+B}{2}$, $\beta=\dfrac{A-B}{2}$가 되므로, ①은

$$\sin A+\sin B=2\sin\frac{A+B}{2}\cos\frac{A-B}{2}$$

로 고쳐 쓸 수 있습니다. 마찬가지로

$$\sin A-\sin B, \qquad \cos A+\cos B, \qquad \cos A-\cos B$$

에 대해서도 비슷한 공식이 얻어집니다. (여러분 스스로가 이끌어 내 보십시오.) 이것들을 "합 또는 차를 곱으로 고치는 공식"이라 합니다. 즉,

합 또는 차를 곱으로 고치는 공식

$$7 \quad \sin A + \sin B = 2 \sin \frac{A+B}{2} \cos \frac{A-B}{2}$$

$$\sin A - \sin B = 2 \cos \frac{A+B}{2} \sin \frac{A-B}{2}$$

$$8 \quad \cos A + \cos B = 2 \cos \frac{A+B}{2} \cos \frac{A-B}{2}$$

$$\cos A - \cos B = -2 \sin \frac{A+B}{2} \sin \frac{A-B}{2}$$

기억력이 좋은 사람이면, 공식 **5**, **6**, **7**, **8**도 쉽사리 외울 수가 있을 것입니다. 그러나 보통은 이것들을 암기한다는 것이 어렵습니다. 또 그럴 필요도 없습니다. 실제로는 이 공식들을 기계적으로 암기하는 것보다는, 오히려 어떻게 해서 이 공식들을 이끌어냈는가 하는 "공식을 이끌어내는 과정"을 기억해 두는 편이 훨씬 중요합니다. 이 "과정"을 기억하기는 어렵지 않습니다. 요컨대, 사인 · 코사인의 덧셈정리 [**1**], [**2**]의 두 식을 변끼리 더하여, 또는 제1식에서 제2식을 빼서, 그 결과를 알맞게 고쳐 쓰면 되는 것입니다. 근원은 모두 덧셈정리에 있습니다. 나는 이 시점에서 여러분이 이제는 덧셈정리를 분명히 기억했을 것으로 생각합니다. 여러분은 여기서 잠시 책을 덮고, 자기가 덧셈정리를 확실히 외우고 있는지 어떤지 확인해 보십시오. 그리고 위에서 말한 "과정"에 따라, 덧셈정리로부터 **5**, **6**, **7**, **8**과 같은 공식을 스스로 만들어낼 수 있는지 어떤지 시험해 보십시오.

[한 마디 덧붙이면, 397페이지의 [**3**], [**4**], 398페이지의 문제5, 문제6에 든 공식 등도 $\frac{\pi}{2}$, π에서의 사인 · 코사인의 값을 이용하면 덧셈정리로부터 바로 이끌어낼 수가 있습니다.]

공식 **5**, **6**, **7**, **8**의 연습을 위해 다음에 몇 가지 문제를 수록합니다. 물론 이 문제들은 실제로 그 공식들을 보면서 풀어도 무방합니다.

문제 34 다음 식에서, 곱은 합 또는 차의 꼴로, 합 또는 차는 곱의 꼴로 고쳐 쓰시오.

(1) $\sin 3\theta \cos \theta$ (2) $\cos \theta \cos 7\theta$

(3) $\sin 3\theta \sin 2\theta$ (4) $\sin \theta + \sin 3\theta$

(5) $\sin 4\theta - \sin 2\theta$ (6) $\cos 9\theta + \cos \theta$

(7) $\cos 2\alpha - \cos 2\beta$

문제 35 공식 **5, 6**을 써서 다음 값을 구하시오.

(1) $\sin 75° \cos 15°$ (2) $\cos 22.5° \cos 67.5°$

(3) $\sin 52.5° \sin 7.5°$

(4) $\cos 40° \cos 20° - \cos 70° \cos 50°$

문제 36 공식 **7, 8**을 써서 다음 등식이 성립되는 것을 증명하시오.

(1) $\sin 70° - \sin 50° = \sin 10°$

(2) $\cos 70° + \cos 50° = \cos 10°$

(3) $\sin 40° - \sin 80° + \sin 160° = 0$

예제 $A + B + C = \pi$ 일 때

$$\sin 2A + \sin 2B + \sin 2C = 4 \sin A \sin B \sin C$$

가 성립되는 것을 증명하시오.

풀이 공식 **7**로부터

$$\sin 2A + \sin 2B = 2 \sin(A+B) \cos(A-B)$$

또, $A + B + C = \pi$ 로부터

$$\sin 2C = \sin\{2\pi - 2(A+B)\} = -\sin 2(A+B)$$

그리하여 사인의 이배각의 공식을 쓰면,

$$\sin 2C = -2 \sin(A+B) \cos(A+B)$$

따라서

$$\sin 2A + \sin 2B + \sin 2C$$
$$= 2 \sin(A+B) \cos(A-B)$$
$$\quad -2 \sin(A+B) \cos(A+B)$$
$$= 2 \sin(A+B)\{\cos(A-B) - \cos(A+B)\}$$

여기서 **398**페이지 문제6의 공식으로부터

$$\sin(A+B) = \sin(\pi - C) = \sin C$$

또 공식 **8**로부터

$$\cos(A-B) - \cos(A+B) = -2\sin A \sin(-B)$$
$$= 2\sin A \sin B$$

[이것은 위와 같이 공식 **8**로부터 얻어지지만, 좀더 근원적으로는 $\cos(A-B)$, $\cos(A+B)$를 덧셈정리로 전개해서 뺄셈을 하면 됩니다.]

그러므로 결국

$$\sin 2A + \sin 2B + \sin 2C = 4\sin A \sin B \sin C$$

이것으로 증명이 끝났습니다.

문제 37 $A+B+C=\pi$일 때 다음 등식이 성립되는 것을 증명하시오.

(1) $\cos 2A + \cos 2B + \cos 2C$
$$= -1 - 4\cos A \cos B \cos C$$

(2) $\sin A + \sin B + \sin C = 4\cos\dfrac{A}{2}\cos\dfrac{B}{2}\cos\dfrac{C}{2}$

(3) $\cos A + \cos B + \cos C = 1 + 4\sin\dfrac{A}{2}\sin\dfrac{B}{2}\sin\dfrac{C}{2}$

(4) $\tan A + \tan B + \tan C = \tan A \tan B \tan C$

[주의 : (4)는 공식 **7**, **8**의 응용이 아닙니다. 이것은 단순히 사인의 덧셈정리의 응용입니다.]

⎍ 8.3 삼각함수와 삼각형

이 절에서는 삼각함수를 이용해서 삼각형의 여러 가지 성질을 연구해 보기로 합시다.

삼각함수는 원래 이른바 "삼각비"로서 측량 등의 목적을 위해 왼쪽 그림과 같은 직각삼각형 ABC에 대해서 그 꼭지각 A의 사인, 코사인, 탄젠트가

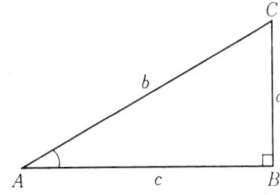

$$\sin A = \frac{a}{b}, \quad \cos A = \frac{c}{b}, \quad \tan A = \frac{a}{c}$$

로 정의된 것입니다.

이것이 후에 각의 개념이 일반각으로까지 확장되어, 일반각 θ에 대해서도 $\sin\theta$, $\cos\theta$, $\tan\theta$가 정의되게 되고, 이리하여 사인함수, 코사인함수, 탄젠트함수라는 개념이 탄생한 것입니다. 이러한 역사적인 경위를 보아도 삼각함수는 무엇보다도 삼각형과 밀접한 관계를 가지고 있는 것입니다.

일반적으로, $\triangle ABC$에서는 그 세 각 $\angle A$, $\angle B$, $\angle C$의 크기를 단지 A, B, C로 나타내고, 또 그 각들의 대변 BC, CA, AB의 길이를 각각 a, b, c로 나타내는 것이 보통입니다. 이 책에서도 앞으로 이러한 관계에 따르기로 합니다.

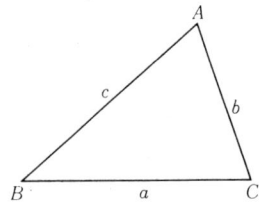

[그런데, 이 강의에서는 "꼭지점" A나 "각" A나 같은 "이탤릭체"로 나타내고 있는 데에 주의하십시오. 우리나라 고등 학교 교과서 등에서는 서체를 구별해서, 점은 "입체" A로, 각은 "이탤릭체" A로 나타내는 습관이 일반적으로 있는 것 같은데, 이러한 구별은 인쇄물인 경우는 식별할 수가 있지만——그것도 관찰력이 예리한 사람이 아니면 알아채지 못하겠지만——, 우리가 종이나 칠판에 손으로 쓸 때는 그것을 구별하기란 사실상 불가능합니다. 또한 그럴 필요도 없습니다. 그리하여 이 강의에서는 굳이 그런 구별을 두지 않기로 하고 있습니다.]

그런데, 삼각형의 각과 변 사이에는 사인정리 및 코사인정리라 불리는 두 가지 중요한 정리가 성립됩니다. 다음에 이들 정리에 대해서 설명하겠습니다.

◈ 사인정리

$\triangle ABC$의 외접원의 반지름을 R이라고 하면 다음의 사인정리가 성립됩니다.

> **사인정리** $\triangle ABC$의 외접원의 반지름을 R이라 하면

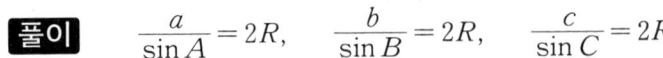

$$\frac{a}{\sin A} = \frac{b}{\sin B} = \frac{c}{\sin C} = 2R$$

풀이 $\dfrac{a}{\sin A} = 2R, \qquad \dfrac{b}{\sin B} = 2R, \qquad \dfrac{c}{\sin C} = 2R$

의 세 식은 모두 같은 꼴을 하고 있으므로, 어느 것 하나만 증명하면 됩니다. 지금,

$$\frac{a}{\sin A} = 2R \qquad\qquad ①$$

을 증명해 봅시다.

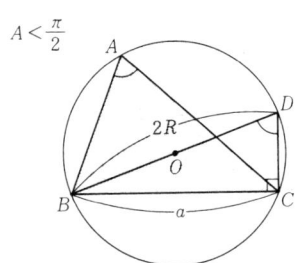

1 A가 예각, 즉 $A < \dfrac{\pi}{2}$일 때, B를 지나는 외접원의 지름 BD를 그으면,

$$A = \angle BDC, \quad \angle BCD = \frac{\pi}{2}$$

그러므로

$$2R\sin A = 2R\sin \angle BDC = a$$

따라서 ①이 성립됩니다.

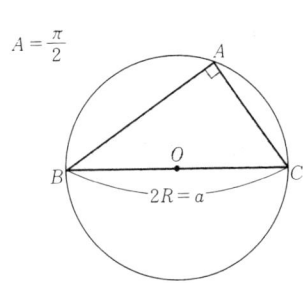

2 A가 직각, 즉 $A = \dfrac{\pi}{2}$일 때, 이 경우는 $\sin A = \sin \dfrac{\pi}{2} = 1$, $2R = a$이므로 ①은 명백합니다.

3 A가 둔각, 즉 $A > \dfrac{\pi}{2}$일 때, 역시 B를 지나는 외접원의 지름 BD를 그으면,

$$A + \angle BDC = \pi, \quad \angle BCD = \frac{\pi}{2}$$

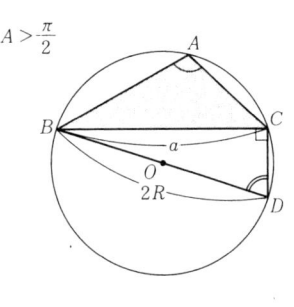

그러므로

$$\sin A = \sin(\pi - \angle BDC) = \sin \angle BDC$$

따라서

$$2R\sin A = 2R\sin \angle BDC = a$$

즉, 이 경우에도 ①이 성립됩니다.

이상으로 정리는 완전히 증명되었습니다.

㉠ $\triangle ABC$에서 $a = 12$, $B = \dfrac{5}{12}\pi$, $C = \dfrac{\pi}{3}$일 때, 이 삼각형의 외접원의 반지름 R을 구하시오. 또 c를 구하시오.

풀이 $A = \pi - (B + C) = \pi - \left(\dfrac{5}{12}\pi + \dfrac{\pi}{3}\right) = \dfrac{\pi}{4}$

따라서

$$2R = \frac{a}{\sin A} = \frac{12}{\sin \dfrac{\pi}{4}} = 12\sqrt{2}$$

그러므로 $R = 6\sqrt{2}$

또

$$c = 2R \sin C = 2 \cdot 6\sqrt{2}\, \sin \frac{\pi}{3} = 6\sqrt{6}$$

문제 38 △ABC 의 외접원의 반지름을 R 로 합니다.

(1) $A = \dfrac{3}{4}\pi, a = 10$일 때, R을 구하시오.

(2) $A = \dfrac{\pi}{6}, R = 10$일 때, a를 구하시오.

(3) $B = C = \dfrac{\pi}{6}, a = 10$일 때, A, R, b, c를 구하시오.

  예제 △ABC 의 외접원의 반지름이 $R = 5$이고, $a = 6$, $b = 9$일 때 c를 구하시오.

풀이 사인정리에 의해서

$$\sin A = \frac{a}{2R} = \frac{3}{5}$$

$$\sin B = \frac{b}{2R} = \frac{9}{10}$$

또

$$C = 2R \sin C = 10 \sin C$$

그러므로, $\sin C$ 의 값을 알면 c의 값을 구할 수 있습니다. 그런데,

$$\sin C = \sin\{\pi - (A + B)\} = \sin(A + B)$$

이므로, 덧셈정리에 따라

$$\sin C = \sin A \cos B + \cos A \sin B$$

위에서 $\sin A$, $\sin B$ 의 값을 알고 있으므로 $\cos A$, $\cos B$의 값은 곧 구할 수 있습니다. 단, 다음 페이지의 그림처럼 A는 예각이고 $\cos A > 0$이므로, B는 왼쪽 위 그림의 경우는 예각, 아래 그림의 경우는 둔각이므로, $\cos B$의 양·음 양쪽의 값을 취할 수 있습니다. 따라서

$$\cos A = \sqrt{1 - \left(\frac{3}{5}\right)^2} = \frac{4}{5}$$

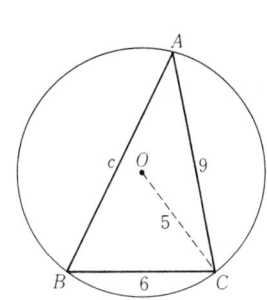

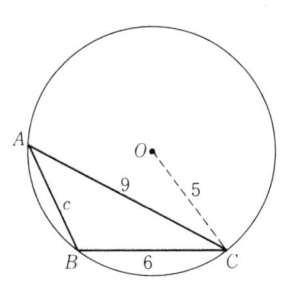

$$\cos B = \pm\sqrt{1-\left(\frac{9}{10}\right)^2} = \pm\frac{\sqrt{19}}{10}$$

그러므로

$$\sin C = \frac{3}{5}\cdot\left(\pm\frac{\sqrt{19}}{10}\right)+\frac{4}{5}\cdot\frac{9}{10} = \frac{36\pm3\sqrt{19}}{50}$$

따라서

$$c = 2R\sin C = \frac{36\pm3\sqrt{19}}{5}$$

[주의 : $c = \dfrac{36+3\sqrt{19}}{5}$, $c = \dfrac{36-3\sqrt{19}}{5}$ 는 각각 왼쪽 위 그림의 c의 값, 아래 그림의 c의 값입니다.]

문제 39   일반적으로 $\triangle ABC$에서, 외접원의 반지름 R과 두 변 a, b의 값이 주어져 있을 때, 제 3 변 c의 값을 R, a, b로 나타내시오. 단, $a<b<2R$로 합니다.

◆ 코사인정리

$\triangle ABC$의 각의 코사인과 변 사이에는 다음과 같은 코사인정리가 성립됩니다.

코사인정리
$$a^2 = b^2+c^2-2bc\cos A$$
$$b^2 = c^2+a^2-2ca\cos B$$
$$c^2 = a^2+b^2-2ab\cos C$$

증명 $\triangle ABC$에 대해서 다음 그림과 같이 좌표축을 정하면, 세 꼭지점의 좌표는 각각

$$A(0,0),\qquad B(c,0),\qquad C(b\cos A,\, b\sin A)$$

가 됩니다. $a=BC$이므로 거리의 공식에 따라

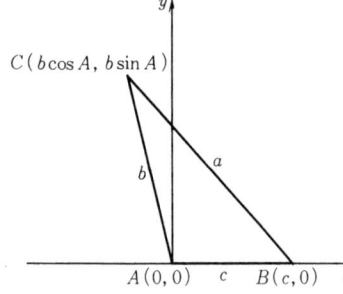

$$a^2 = (b\cos A-c)^2+(b\sin A)^2$$
$$= b^2\cos^2 A-2bc\cos A+c^2+b^2\sin^2 A$$
$$= b^2+c^2-2bc\cos A$$

이것으로 코사인정리의 첫번째 식이 증명되었습니다.

다른 두 식의 증명도 똑같습니다.

코사인정리에 의하면, 삼각형의 두 변과 그 사이의 각을 알면 나머지 변을 구할 수 있습니다. (예를 들면 b, c와 A를 알면 a를 구할 수 있습니다.) 또, 코사인정리의 식을 변형하면,

$$\cos A = \frac{b^2 + c^2 - a^2}{2bc}$$

$$\cos B = \frac{c^2 + a^2 - b^2}{2ca}$$

$$\cos C = \frac{a^2 + b^2 - c^2}{2ab}$$

이 되므로, 세 변 a, b, c가 주어지면 세 각의 코사인을 구할 수 있습니다.

㉾ $\triangle ABC$에서 $A = \frac{\pi}{3}$, $b = 6$, $c = 5$이면

$$a^2 = b^2 + c^2 - 2bc \cos A$$

$$= 6^2 + 5^2 - 2 \cdot 6 \cdot 5 \cdot \cos \frac{\pi}{3} = 31$$

따라서 $a = \sqrt{31}$ 입니다.

㉾ $\triangle ABC$에서 $a = 7$, $b = 3$, $c = 5$이면

$$\cos A = \frac{b^2 + c^2 - a^2}{2bc} = \frac{3^2 + 5^2 - 7^2}{2 \cdot 3 \cdot 5} = -\frac{1}{2}$$

따라서 $A = \frac{2}{3}\pi$ 입니다.

그런데 우리는 지금까지 예나 문제 또는 예제에서 $\frac{\pi}{6}$, $\frac{\pi}{4}$, $\frac{\pi}{3}$, $\frac{2}{3}\pi$ 등과 같이 삼각함수의 값을 곧 구할 수 있는 각이나, 반대로 주어진 삼각함수의 값으로부터 그러한 각을 구할 수 있는 "이상적인" 경우만을 다루어 왔습니다. 나는 답이 "간단하게" 되도록 항상 수치를 알맞게 "수정"해 왔던 것입니다. 그러나 실생활에서 이러한 것을 기대해서는 안됩니다! 그러므로 앞으로 좀더 일반적인 경우를 얼마간 다루고자 생각합니다. 그러기 위해서는 삼각함수표가 이용됩니다.

439페이지에 게재한 것은 0°에서 90°까지의 각의 사인 · 코사인 · 탄젠트의 값을 1°마다 기입한 **삼각함수표**입니다. 이 표는 실제적인 정밀한 측량 등을 위해서는 불충분하지만, 여기서는 그러한 실제적인 문제에까지 다루지는 않습니다. 내가 여기서 나 자신 및 여러분에게 요구하는 것은 이 표를 이용해서 "대체적인 답"을 구하는 일입니다.(덧붙여 말하면 임의의 각——이것은 일반각이라도 된다——의 삼각함수의 값은 $0° \leq \theta < 90°$인 각 θ의 삼각함수의 값으로 고쳐서 구할 수가 있다는 것을 상기하십시오. 그것은 왜 그럴까요?) 이 표에 따르면, 예를 들어

$$\sin 57° = 0.8387, \quad \cos 70° = 0.3420, \quad \tan 23° = 0.4245$$

입니다. 또, 예를 들면 왼쪽 그림의 직각삼각형에서 각 A의 크기를 구하기 위해 $\tan A$를 계산하면,

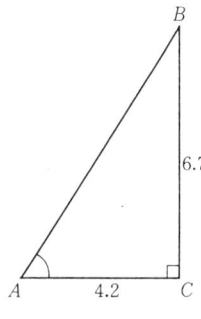

$$\tan A = \frac{6.7}{4.2} \fallingdotseq 1.5952$$

그리고 $\tan 58° = 1.6003$이므로 A는 약 58°입니다.

(예) $\triangle ABC$에서 $A = 80°$, $b = 15$, $c = 20$일 때 a를 구해봅시다.

삼각함수표에 따르면 $\cos 80° = 0.1736$이므로

$$a^2 = b^2 + c^2 - 2bc \cos 80°$$

$$= 15^2 + 20^2 - 2 \cdot 15 \cdot 20 \cdot 0.1736 = 520.84$$

그러므로 $a = \sqrt{520.84} \fallingdotseq 22.82$입니다.

(예) $\triangle ABC$에서 $a = 12$, $b = 7$, $c = 13$일 때 A를 구해봅시다. $\cos A$를 계산하면

$$\cos A = \frac{7^2 + 13^2 - 12^2}{2 \cdot 7 \cdot 13} \fallingdotseq 0.4066$$

그리고 삼각함수표에 의하면 $\cos 66° = 0.4067$입니다. 그러므로 $A \fallingdotseq 66°$로 되어 있습니다.

문제 40 $\triangle ABC$에서,

(1)　$A = \dfrac{2}{3}\pi$, $b = 4$, $c = 6$일 때 a를 구하시오.

(2)　$A = 40°$, $b = 10$, $c = 7$일 때 a를 구하시오.

(3)　$C = \dfrac{5}{6}\pi$, $a = 3\sqrt{3}$, $c = 3\sqrt{7}$일 때 b를 구하시오.

(4) $a=7$, $b=5$, $c=8$일 때 A를 구하시오.

(5) $a=7$, $b=5$, $c=8$일 때 C를 구하시오.

[필요할 때에는 삼각함수표를 이용하십시오.]

삼각함수표

각	사인(sin)	코사인(cos)	탄젠트(tan)	각	사인(sin)	코사인(cos)	탄젠트(tan)
0°	0.0000	1.0000	0.0000	45°	0.7071	0.7071	1.0000
1°	0.0175	0.9998	0.0175	46°	0.7193	0.6947	1.0355
2°	0.0349	0.9994	0.0349	47°	0.7314	0.6820	1.0724
3°	0.0523	0.9986	0.0524	48°	0.7431	0.6691	1.1106
4°	0.0698	0.9976	0.0699	49°	0.7547	0.6561	1.1504
5°	0.0872	0.9962	0.0875	50°	0.7660	0.6428	1.1918
6°	0.1045	0.9945	0.1051	51°	0.7771	0.6293	1.2349
7°	0.1219	0.9925	0.1228	52°	0.7880	0.6157	1.2799
8°	0.1392	0.9903	0.1405	53°	0.7986	0.6018	1.3270
9°	0.1564	0.9877	0.1584	54°	0.8090	0.5878	1.3764
10°	0.1736	0.9848	0.1763	55°	0.8192	0.5736	1.4281
11°	0.1908	0.9816	0.1944	56°	0.8290	0.5592	1.4826
12°	0.2079	0.9781	0.2126	57°	0.8387	0.5446	1.5399
13°	0.2250	0.9744	0.2309	58°	0.8480	0.5299	1.6003
14°	0.2419	0.9703	0.2493	59°	0.8572	0.5150	1.6643
15°	0.2588	0.9659	0.2679	60°	0.8660	0.5000	1.7321
16°	0.2756	0.9613	0.2867	61°	0.8746	0.4848	1.8040
17°	0.2924	0.9563	0.3057	62°	0.8829	0.4695	1.8807
18°	0.3090	0.9511	0.3249	63°	0.8910	0.4540	1.9626
19°	0.3256	0.9455	0.3443	64°	0.8988	0.4384	2.0503
20°	0.3420	0.9397	0.3640	65°	0.9063	0.4226	2.1445
21°	0.3584	0.9336	0.3839	66°	0.9135	0.4067	2.2460
22°	0.3746	0.9272	0.4040	67°	0.9205	0.3907	2.3559
23°	0.3907	0.9205	0.4245	68°	0.9272	0.3746	2.4751
24°	0.4067	0.9135	0.4452	69°	0.9336	0.3584	2.6051
25°	0.4226	0.9063	0.4663	70°	0.9397	0.3420	2.7475
26°	0.4384	0.8988	0.4877	71°	0.9455	0.3256	2.9042
27°	0.4540	0.8910	0.5095	72°	0.9511	0.3090	3.0777
28°	0.4695	0.8829	0.5317	73°	0.9563	0.2924	3.2709
29°	0.4848	0.8746	0.5543	74°	0.9613	0.2756	3.4874
30°	0.5000	0.8660	0.5774	75°	0.9659	0.2588	3.7321
31°	0.5150	0.8572	0.6009	76°	0.9703	0.2419	4.0108
32°	0.5299	0.8480	0.6249	77°	0.9744	0.2250	4.3315
33°	0.5446	0.8387	0.6494	78°	0.9781	0.2079	4.7046
34°	0.5592	0.8290	0.6745	79°	0.9816	0.1908	5.1446
35°	0.5736	0.8192	0.7002	80°	0.9848	0.1736	5.6713
36°	0.5878	0.8090	0.7265	81°	0.9877	0.1564	6.3138
37°	0.6018	0.7986	0.7536	82°	0.9903	0.1392	7.1154
38°	0.6157	0.7880	0.7813	83°	0.9925	0.1219	8.1443
39°	0.6293	0.7771	0.8098	84°	0.9945	0.1045	9.5144
40°	0.6428	0.7660	0.8391	85°	0.9962	0.0872	11.4301
41°	0.6561	0.7547	0.8693	86°	0.9976	0.0698	14.3007
42°	0.6691	0.7431	0.9004	87°	0.9986	0.0523	19.0811
43°	0.6820	0.7314	0.9325	88°	0.9994	0.0349	28.6363
44°	0.6947	0.7193	0.9657	89°	0.9998	0.0175	57.2900
45°	0.7071	0.7071	1.0000	90°	1.0000	0.0000	

문제 41 $\triangle ABC$ 에서 다음 등식이 성립되는 것을 증명하시오.

$$a = b \cos C + c \cos B$$
$$b = c \cos A + a \cos C$$
$$c = a \cos B + b \cos A$$

[주의 : 이 문제의 등식을 예전에는 **제1코사인정리**라 불렀는데, 이에 대해서 위에 쓴 코사인정리는 **제2코사인정리**라 불리고 있습니다.]

여기서 다시 코사인정리로 돌아가서 그 제1식

$$a^2 = b^2 + c^2 - 2bc \cos A$$

를 봅시다. 우리는 $A < \dfrac{\pi}{2}$, $A = \dfrac{\pi}{2}$, $A > \dfrac{\pi}{2}$ 에 따라 $\cos A > 0$, $\cos A = 0$, $\cos A < 0$인 것을 알고 있습니다. 따라서 위 식으로부터

$$A < \frac{\pi}{2} \quad 이면 \quad a^2 < b^2 + c^2$$

$$A = \frac{\pi}{2} \quad 이면 \quad a^2 = b^2 + c^2$$

$$A > \frac{\pi}{2} \quad 이면 \quad a^2 > b^2 + c^2$$

임을 알 수 있습니다. 물론 그 결과는 여러분이 잘 알고 있는 것인데, 초등기하학에 의해서도——여기서는 설명하지 않지만——증명이 됩니다.

또 한 가지, 임의의 삼각형에서 변의 크기와 그것에 대응하는 각의 크기가 일치하는 일, 즉 예를 들면 변 b, c와 각 B, C에 대해서

$$b < c \iff B < C \qquad\qquad (*)$$

가 성립되는 것에 주목하십시오. 이것을 증명하기 위해서는

$$b < c \implies B < C \qquad\qquad ①$$

또는

$$B < C \implies b < c \qquad\qquad ②$$

의 한쪽을 증명하면 그것으로 충분합니다.(왜 그럴까요?
그 이유는 여러분이 스스로 설명해 보십시오.)

　여기서는 삼각형의 각의 사인·코사인에 대해서 위에
서 살펴본 바를 이용해서 ②를 증명해 봅시다. 지금 $B<$
C 라고 합시다. 만일 C가 둔각, 즉 $C>\dfrac{\pi}{2}$이면, 위에서 말
한 바와 같이

$$c^2 > a^2 + b^2$$

이므로, 당연히 $c>b$입니다. 또 $C\leqq\dfrac{\pi}{2}$이면, $\dfrac{\pi}{2}$이하의
각에 대해서는 각의 크기와 그 사인의 크기는 일치하므
로,

$$\sin B < \sin C$$

가 됩니다. 그리고 사인정리에 의해서

$$\sin B : \sin C = b : c$$

이므로 $b<c$ 입니다. 이것으로 ②가 증명되었습니다.

　물론 (✱)는 평면기하학에 의해서도 증명되며, 그 증명
쪽이 훨씬 직접적이고 간단합니다. 평면기하학에 의한
경우에는 ②보다도 오히려 ①을 증명한 편이 좋을 것입
니다. 즉, $b<c$를 가정하고 $B<C$를 이끌어내는 것입니
다. 이 증명도 여기서는 언급하지 않지만, 오른쪽에 힌트
가 되는 그림을 그려 두었으므로, 만일 그 증명을 알지
못하는 사람은 이 그림을 보고 생각해 보십시오.

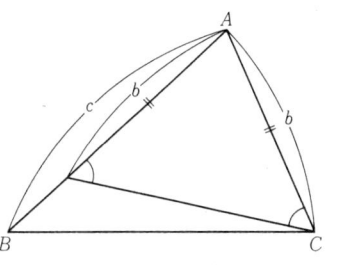

　예제　$\triangle ABC$에서 $2\sin B\ \cos C=\sin A$가 성립된
다면 이 삼각형은 어떤 꼴의 삼각형일까요?

　풀이　R을 $\triangle ABC$의 외접원의 반지름으로서, 주어진
등식의 양변에 $2R$을 곱하면

$$2\cdot 2R\sin B\cdot\cos C = 2R\sin A$$

즉,

$$2b\cos C = a$$

가 됩니다. 다음에 코사인정리를 이용해서 $\cos C$를 변
으로 나타내면,

$$2b \cdot \frac{a^2 + b^2 - c^2}{2ab} = a$$

분모를 없애면

$$a^2 + b^2 - c^2 = a^2$$

따라서 $b^2 = c^2$, 그러므로 $b = c$. 즉, $\triangle ABC$ 는 $b = c$ 인 이등변삼각형입니다.

[문제 42] 사인정리나 코사인정리를 이용해서 $\triangle ABC$ 에서의 다음 등식이 성립될 때, 이 삼각형은 어떤 모양의 삼각형 인지 말하시오.

(1) $b \cos C = c \cos B$

(2) $\dfrac{a}{\cos A} = \dfrac{b}{\cos B} = \dfrac{c}{\cos C}$

(3) $a \sin A = b \sin B$

(4) $a \cos A = b \cos B$

(5) $a \cos B - b \cos A = c$

(6) $\sin C = \dfrac{\sin A + \sin B}{\cos A + \cos B}$

[문제 43] 세 변의 길이가 1보다 큰 어떤 실수 x 에 의해서 $2x+1$, x^2-1, x^2+x+1 로 표시되는 삼각형이 있습니다. 이 삼각형의 세 각 중에서 최대인 것의 크기를 구하시오. [힌트 : 먼저 최대인 변이 무엇인가를 생각해 보십시오.]

◆ **삼각형의 넓이**

$\triangle ABC$ 에 관해서는 다음 공식이 성립됩니다.

> **삼각형의 넓이 (1)** $\triangle ABC$ 의 넓이를 S 라고 하면,
>
> $$S = \frac{1}{2} bc \sin A = \frac{1}{2} ca \sin B = \frac{1}{2} ab \sin C$$

풀이 $\triangle ABC$ 에서, 꼭지점 C 로부터의 높이를 h 라고 하면, A 가 예각, 직각, 둔각 중 어느 것이든 간에

$$h = b \sin A$$

가 됩니다. 삼각형의 넓이는 (밑변)×(높이)×$\dfrac{1}{2}$ 이므로

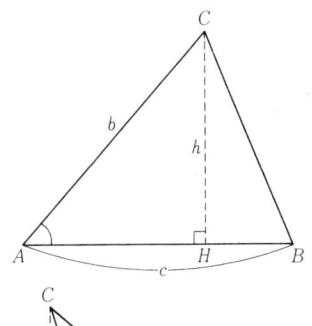

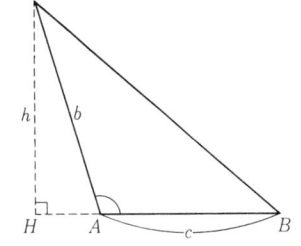

$$S = \frac{1}{2}ch = \frac{1}{2}bc \sin A$$

이와 마찬가지로

$$S = \frac{1}{2}ca \sin B, \qquad S = \frac{1}{2}ab \sin C$$

라는 것도 증명됩니다.

㉠ $b=4$, $c=3$, $A=60°$인 $\triangle ABC$ 의 넓이는

$$S = \frac{1}{2} \cdot 4 \cdot 3 \cdot \sin 60° = 3\sqrt{3}$$

또, $a=40$, $b=60$, $C=\dfrac{3}{4}\pi$인 $\triangle ABC$ 의 넓이는

$$S = \frac{1}{2} \cdot 40 \cdot 60 \cdot \sin \frac{3}{4}\pi = 600\sqrt{2}$$

문제 44 $\triangle ABC$ 의 넓이를 S, 외접원의 반지름을 R 이라고
하면,

$$S = \frac{abc}{4R}$$

가 되는 것을 증명하시오.

위에서 말한 넓이의 공식으로부터 즉시 다음과 같은
것이 도출됩니다.

> 하나의 각이 같은 두 삼각형의 넓이는 그 각을 끼
> 는 두 변에 비례한다. 즉, $A=A'$인 2개의 $\triangle ABC$,
> $\triangle A'B'C'$ 의 넓이를 각각 S, S' 라고 하면
> $$\boldsymbol{S : S' = bc : b'c'}$$

풀이 공식에 따라

$$S = \frac{1}{2}bc \sin A, \quad S' = \frac{1}{2}b'c' \sin A'$$

그리고 $A=A'$이므로 $\sin A = \sin A'$. 그러므로

$$\begin{aligned} S : S' &= \frac{1}{2}bc \sin A : \frac{1}{2}b'c' \sin A' \\ &= bc : b'c' \end{aligned}$$

문제 45 $\triangle ABC$ 에서 $\angle A$ 의 이등분선이 변 BC 와 만나는
점을 D 라고 할 때, D 는 변 BC 를 $AB : AC$ 로 내분하는 일,

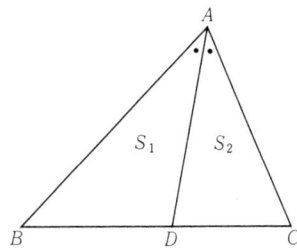

즉

$$BD : DC = AB : AC$$

임을 증명하시오.

[힌트: 왼쪽 그림과 같이 △ABD, △ACD의 넓이를 각각 S_1, S_2라고 하면 $S_1 : S_2$는 AB : AC나 BD : DC와 같아집니다.]

삼각형의 넓이는 또 그 세 변 a, b, c가 주어지면 다음과 같은 헤론의 공식에 의해서 구할 수 있습니다.

삼각형의 넓이(2)──헤론의 공식

△ABC 에서

$$s = \frac{a+b+c}{2}$$

로 놓으면, 그 넓이 S는 다음 공식으로 주어진다.

$$\boldsymbol{S = \sqrt{s(s-a)(s-b)(s-c)}}$$

풀이 $S = \frac{1}{2} bc \sin A$ 의 양변을 2배하고 제곱하면,

$$4S^2 = b^2 c^2 \sin^2 A$$

그리고

$$\sin^2 A = 1 - \cos^2 A = (1 + \cos A)(1 - \cos A)$$

이므로

$$4S^2 = b^2 c^2 (1 + \cos A)(1 - \cos A) \qquad ①$$

이 됩니다. 코사인정리에 따라

$$\cos A = \frac{b^2 + c^2 - a^2}{2bc}$$

이므로, 이것을 $1 + \cos A$, $1 - \cos A$ 에 대입해서 계산하면

$$1 + \cos A = 1 + \frac{b^2 + c^2 - a^2}{2bc} = \frac{(b+c)^2 - a^2}{2bc}$$

$$= \frac{(a+b+c)(-a+b+c)}{2bc}$$

$$1 - \cos A = 1 - \frac{b^2 + c^2 - a^2}{2bc} = \frac{a^2 - (b-c)^2}{2bc}$$

$$= \frac{(a-b+c)(a+b-c)}{2bc}$$

여기서 $a+b+c=2s$로 놓으면

$$-a+b+c = 2(s-a), \qquad a-b+c = 2(s-b)$$
$$a+b-c = 2(s-c)$$

가 되므로

$$1+\cos A = \frac{2s(s-a)}{bc}$$

$$1-\cos A = \frac{2(s-b)(s-c)}{bc}$$

이것들을 ①에 대입해서 간단히 하면,

$$S^2 = s(s-a)(s-b)(s-c)$$

이것으로 $S = \sqrt{s(s-a)(s-b)(s-c)}$ 가 증명되었습니다.

⊙ $\triangle ABC$에서 $a=4$, $b=5$, $c=7$이면

$$s = \frac{4+5+7}{2} = 8$$

따라서 그 넓이는

$$S = \sqrt{8\cdot(8-4)\cdot(8-5)\cdot(8-7)} = \sqrt{8\cdot4\cdot3\cdot1} = 4\sqrt{6}$$

또, $a=14$, $b=11$, $c=15$ 이면 $s=20$이고, 그 넓이는

$$S = \sqrt{20\cdot6\cdot9\cdot5} = 30\sqrt{6}$$

예제 $AB /\!/ BC$ 이고, 윗변, 아랫변이 각각 4cm, 12cm, 다른 두 변이 7cm, 9cm인 그림과 같은 사다리꼴 $ABCD$ 가 있습니다. 이 사다리꼴의 넓이를 구하시오.

[주의 : 지금까지 설명하지 않았지만, $l /\!/ m$이란 두 직선 l, m이 평행이라는 것을 나타내는 기호입니다.]

풀이 오른쪽 그림과 같이 꼭지점 A를 지나서 변 CD에 평행인 직선을 긋고, 변 BC와의 교점을 E라고 하면, $\triangle ABE$는 세 변의 길이가 7cm, 8cm 9cm인 삼각형입니다. 그러므로 $\triangle ABE$의 넓이를 S_1이라고 하면

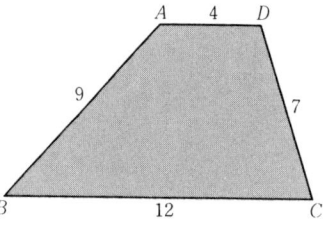

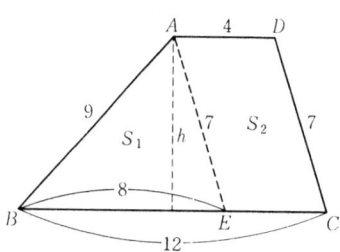

$\dfrac{7+8+9}{2}$ 이므로, 헤론의 공식에 따라

$$S_1 = \sqrt{12 \cdot 5 \cdot 4 \cdot 3} = 12\sqrt{5}$$

가 됩니다. 그리하여 △ABE의 꼭지점 A로부터의 높이를 h라고 하면, $S_1 = 12\sqrt{5} = \dfrac{1}{2} \cdot 8 \cdot h = 4h$로부터

$$h = 3\sqrt{5}$$

그러므로 평행사변형 $AECD$의 넓이를 S_2라고 하면,

$$S_2 = 4h = 4 \cdot 3\sqrt{5} = 12\sqrt{5}$$

입니다. 구하는 넓이는 $S_1 + S_2$이므로, 이것은 $24\sqrt{5}$ (cm^2)가 됩니다.　　　　　〈답〉 $24\sqrt{5}\ \text{cm}^2$

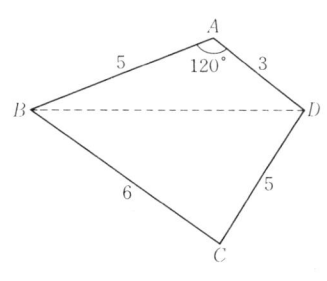

문제 46 왼쪽 그림과 같은 사각형 $ABCD$의 넓이를 구하시오.

◆ 몇 가지 흥미있는 문제

이 장도 마지막에 가까워졌으므로, 다음에는 삼각형이나 그밖의 도형에 관해서 좀 어렵다고 생각되는 몇 가지 문제를 들어보고자 합니다. 그렇다고 해서 무턱대고 어려운 문제를 나열하는 것은 아닙니다. 이 문제들은 모두 매우 흥미있는 것들입니다. 그 중에는 어떠한 매력을 갖고 있는 것도 있습니다. 나는 여러분이 이들 예제의 해답을 읽고, 그것을 이해하고, 그것을 느끼면서 그 어떤 쾌감을 느끼게 된다면 족하다고 생각합니다.

예제 삼각형 ABC의 세 각의 탄젠트 $\tan A$, $\tan B$, $\tan C$가 모두 정수이면, 이 정수들은 1, 2, 3임을 증명하시오.

증명 세 각의 크기에 관해서는 일반성을 잃는 일 없이 $A \leqq B \leqq C$라는 것을 가정할 수가 있습니다. 이렇게 하면 최소각 A의 크기는 $\dfrac{\pi}{3}\,(=60°)$ 이하여서,

$$\tan A \leqq \tan \frac{\pi}{3} = \sqrt{3}$$

이 됩니다. $\sqrt{3} \fallingdotseq 1.7320$ 이하의 양의 정수는 1뿐이므로,

먼저 $\tan A = 1$, $A = \dfrac{\pi}{4}\,(= 45°)$ 이어야 합니다.

　따라서 $B + C = \pi - A = \dfrac{3}{4}\pi\,(= 135°)$, $\tan(B+C) = -1$ 이 되고, 덧셈정리에 따라

$$\frac{\tan B + \tan C}{1 - \tan B \tan C} = -1$$

이 얻어집니다. 기법을 간단히 하기 위해 $\tan B = p$, $\tan C = q$로 놓으면,

$$\frac{p + q}{1 - pq} = -1$$

분모를 없애고 정리하면 $pq - p - q = 1$. 이 양변에 1을 더해서 좌변을 인수분해하면,

$$(p-1)(q-1) = 2$$

가정에 따라 p, q는 정수이므로 $p-1$, $q-1$은 ± 1, ± 2 또는 ± 2, ± 1 (복부호동순)의 어느 것이지만, 이들이 음의 값을 취하는 일은 있을 수 없습니다. 왜냐하면, 만일 $p-1 = -1$, $q-1 = -2$이면 $p = \tan B = 0$, $B = 0$ 이 되기 때문입니다. 그러므로 $p-1$, $q-1$은 양. 따라서 $p = \tan B$, $q = \tan C$는 모두 양(즉 B, C는 모두 예각)이고, $B \leqq C$로 가정하고 있었으므로 $p \leqq q$입니다. 그러므로 $p-1 = 1$, $q-1 = 2$, 따라서 $p = 2$, $q = 3$, 즉

$$\tan B = 2, \qquad \tan C = 3$$

　이상으로 $\triangle ABC$에서 세 각의 탄젠트가 모두 정수이면 ($A \leqq B \leqq C$라는 가정하에)

$$\tan A = 1, \qquad \tan B = 2, \qquad \tan C = 3$$

이어야 한다는 것이 증명되었습니다.

보충 : 여기서 다짐을 하기 위해 위의 예제와는 반대로, 세 각의 탄젠트가 1, 2, 3인 삼각형이 "분명히 존재한다"는 것을 확인해 봅시다. 지금 A, B, C를 세 예각으로 하고 $\tan A = 1$, $\tan B = 2$, $\tan C = 3$으로 합니다. 이때 $A = \dfrac{\pi}{4}$입니다. 또,

$$\tan(B+C) = \frac{\tan B + \tan C}{1 - \tan B \tan C} = \frac{2+3}{1 - 2 \cdot 3} = -1$$

이고, $B+C$는 π보다 작은 양의 각이므로 $B+C=\dfrac{3}{4}\pi$ 입니다. 그러므로

$$A+B+C=\pi$$

가 되어, 분명히 A, B, C를 세 각으로 하는 $\triangle ABC$가 존재합니다.

또 A, B, C를 $\tan A=1$, $\tan B=2$, $\tan C=3$인 3개의 예각이라고 하면, $A+B+C=\pi$가 되는 것은 다음과 같이 초등기하학에 의해서도 증명됩니다. (흥미를 느끼는 사람들을 위해 이 문제도 설명하겠습니다.)

지금 왼쪽 그림과 같이, 먼저 직각을 낀 두 변이 모두 1인 직각삼각형 PQR을 만들고, 다음에 그 빗변 PR을 밑변으로 하여 직각을 끼는 두 변이 $\sqrt{2}$와 $2\sqrt{2}$인 직각삼각형 PRS를 만듭니다.

이때 RS의 중점을 M이라고 하면 $\triangle PRM$은 세 변이 $\sqrt{2}$, $\sqrt{2}$, 2인 직각이등변삼각형이며, PM은 PQ에 수직입니다. 그러므로 S로부터 PQ의 연장에 수선 ST를 내리면 $PT=1$, $ST=3$이 됩니다.

그리고 $\angle QPR$, $\angle RPS$, $\angle SPT$는 각각 탄젠트가 1, 2, 3인 각이므로 이것들은 각 A, B, C와 같고, 그러므로 $A+B+C=\pi$가 성립됩니다.

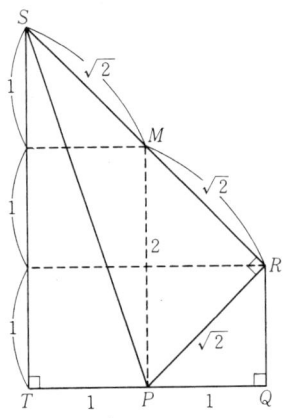

예제 임의의 $\triangle ABC$에서

$$1 < \cos A + \cos B + \cos C \leqq \dfrac{3}{2}$$

이 성립되는 것을 증명하시오.

증명 처음에 다음 부등식

$$2\sin^2\dfrac{C}{2} < \cos A + \cos B \leqq 2\sin\dfrac{C}{2} \qquad (*)$$

를 증명합시다.

먼저 합을 곱으로 고치는 공식에 따라

$$\cos A + \cos B = 2\cos\dfrac{A+B}{2}\cos\dfrac{A-B}{2}$$

여기서 $\cos\dfrac{A+B}{2}=\cos\left(\dfrac{\pi}{2}-\dfrac{C}{2}\right)=\sin\dfrac{C}{2}$ 이므로

$$\cos A+\cos B=2\sin\dfrac{C}{2}\cos\dfrac{A-B}{2} \qquad ①$$

또 $A\geqq B$ 라고 하면

$$0\leqq\dfrac{A-B}{2}<\dfrac{\pi}{2}-\dfrac{C}{2}$$

이므로

$$1\geqq\cos\dfrac{A-B}{2}>\cos\left(\dfrac{\pi}{2}-\dfrac{C}{2}\right)=\sin\dfrac{C}{2} \qquad ②$$

①, ②로부터 명백히 부등식 (∗)이 얻어집니다.

그럼, (∗)에 의해서

$$2\sin^2\dfrac{C}{2}+\cos C<\cos A+\cos B+\cos C \qquad ③$$

또,

$$\cos A+\cos B+\cos C\leqq 2\sin\dfrac{C}{2}+\cos C \qquad ④$$

입니다. 그런데 우리는

$$\cos C=1-2\sin^2\dfrac{C}{2}$$

임을 알고 있습니다. 따라서 ③의 좌변은

$$2\sin^2\dfrac{C}{2}+\cos C=1$$

이 됩니다. 또 ④의 우변은

$$2\sin\dfrac{C}{2}+\cos C=1+2\sin\dfrac{C}{2}-2\sin^2\dfrac{C}{2}$$

가 되는데, 이것은 $\sin\dfrac{C}{2}$에 관한 이차식으로, $\sin\dfrac{C}{2}=\dfrac{1}{2}$일 때 (즉 $C=\dfrac{\pi}{3}$일 때) 최대값 $\dfrac{3}{2}$을 취합니다. 이상으로

$$1<\cos A+\cos B+\cos C\leqq\dfrac{3}{2}$$

임이 증명되었습니다.

[**주의** : 위의 예제에서

$$\cos A+\cos B+\cos C=\dfrac{3}{2}$$

이 되는 것은 $\triangle ABC$ 가 정삼각형일 때, 또는 그 때에 한 정됩니다. (왜 그럴까요? 이유는 여러분 스스로가 말씀 해 보십시오.) 또 $\cos A + \cos B + \cos C$ 는 반드시 1보다 크지만, 1에 한없이 가까운 값을 취할 수는 있습니다. 그 것은 $\triangle ABC$ 의 한 각이 무한히 π에 가깝고, 나머지 2개 가 무한히 0에 가깝기 때문입니다.]

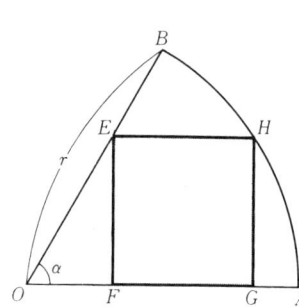

예제 반지름 r, 중심각 α인 부채꼴 OAB가 있습니 다. 이것에 왼쪽 그림과 같이 직사각형 $EFGH$를 내접 시킬 때, 이 직사각형의 넓이의 최대값을 구하시오. 단, $0 < \alpha < \dfrac{\pi}{2}$ 로 합니다.

풀이 $\angle AOH = \theta \ (0 < \theta < \alpha)$로 둡니다. 그러면
$$HG = r \sin \theta$$
또 H로부터 OB에 내린 수선을 HN이라 하면,
$$HN = r \sin(\alpha - \theta)$$
이고, 이것은 또 $EH \sin \alpha$와 같으므로
$$EH = \frac{r}{\sin \alpha} \sin(\alpha - \theta)$$

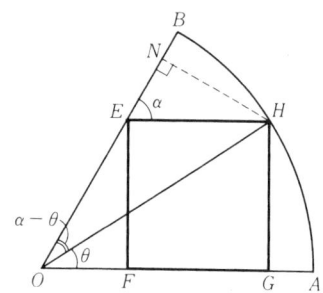

가 됩니다. 따라서 직사각형 $EFGH$의 넓이를 S라고 하면 $S = EH \cdot HG = \dfrac{r^2}{\sin \alpha} \sin(\alpha - \theta) \sin \theta$ 입니다. 여기서 $\dfrac{r^2}{\sin \alpha}$은 상수이므로, S를 최대로 하 려면 $\sin(\alpha - \theta) \sin \theta$를 최대로 하면 됩니다.

그럼, $\sin(\alpha - \theta) \sin \theta$는
$$\sin(\alpha - \theta) \sin \theta = \frac{1}{2}\{\cos(\alpha - 2\theta) - \cos \alpha\}$$
로 변형이 됩니다. 따라서 그 값이 최대가 되는 것은 $\cos(\alpha - 2\theta) = 1$이 될 때이며, 그것은 $\alpha - 2\theta = 0$, 즉 $\theta = \dfrac{\alpha}{2}$일 때입니다. 그리고 이때의 S의 값은
$$\frac{r^2}{\sin \alpha} \cdot \sin^2 \frac{\alpha}{2} = \frac{r^2}{2} \tan \frac{\alpha}{2}$$
이것이 구하는 최대값입니다.

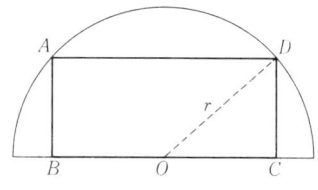

문제 47 반지름 r인 원이 있습니다. 이것에 왼쪽 그림과 같 이 직사각형 $ABCD$를 내접시킬 때,

(1) 이 직사각형의 넓이의 최대값

(2) 이 직사각형 둘레의 길이의 최대값

을 구하시오.

예제 임의의 볼록사각형 $ABCD$에서, 변 AB, CD 를 삼등분하는 점을 오른쪽 그림과 같이 각각 E, F ; G, H로 합니다. 이때 사각형 $EFGH$의 넓이는 반드시 사각형 $ABCD$의 넓이의 $\frac{1}{3}$이 되는 것을 증명하시오.

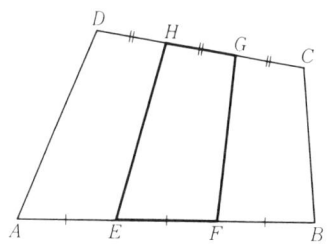

증명 **1** $AB /\!/ CD$인 경우.

[주의 : 기호 $AB /\!/ CD$는 직선 AB와 CD가 평행이라 는 것을 나타냅니다.]

이 경우에 만일 변 AD와 BC도 평행이면 사각형 $ABCD$는 평행사변형이 되어, 우리의 결론은 명백합니 다.

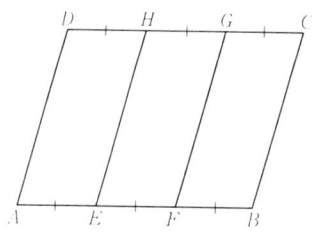

또 AD와 BC가 점 P에서 만난다고 하면, 초등기하 학에 의해서 금방 알 수 있듯이, 반직선 EH, FG 역시 점 P를 지나며, $\triangle PEF$의 넓이는 $\triangle PAB$의 넓이의 $\frac{1}{3}$, $\triangle PHG$의 넓이는 $\triangle PDC$의 넓이의 $\frac{1}{3}$입니다. 그리 고 사각형 $EFGH$의 넓이는 $\triangle PEF$의 넓이에서 $\triangle$ PHG의 넓이를 뺀 것, 사각형 $ABCD$의 넓이는 $\triangle$ PAB의 넓이에서 $\triangle PDC$의 넓이를 뺀 것이므로, 역시 우리의 결론이 쉽게 얻어집니다.

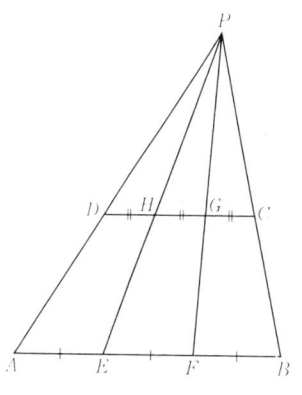

(그리고, $AB /\!/ CD$인 경우에는 분명히 사각형 $AEHD$, $FBCG$의 넓이 역시 사각형 $ABCD$의 넓이의 $\frac{1}{3}$이 되어 있습니다.

2 AB, CD가 평행이 아닌 경우.

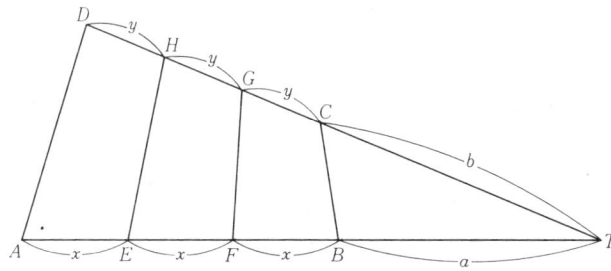

앞 페이지의 그림과 같이 반직선 AB, DC 가 점 T 에서 만나는 것으로 합니다. 이때, 443페이지의 명제에 따라

$$\triangle TAD, \quad \triangle TEH, \quad \triangle TFG, \quad \triangle TBC$$

의 넓이는 각 T 를 사이에 끼는 두 변의 곱

$$TA \cdot TD, \quad TE \cdot TH, \quad TF \cdot TG, \quad TB \cdot TC$$

에 비례합니다. 그리고 사각형 $EFGH$ 는 $\triangle TEH$ 에서 $\triangle TFG$ 를 뺀 것, 사각형 $ABCD$ 는 $\triangle TAD$ 에서 $\triangle TBC$ 를 뺀 것이므로 전자의 넓이를 S', 후자의 넓이를 S 라고 하면

$$\frac{S'}{S} = \frac{TE \cdot TH - TF \cdot TG}{TA \cdot TD - TB \cdot TC}$$

가 됩니다. 그리하여 앞 페이지의 그림과 같이

$$TB = a, \quad TC = b, \quad BF = x, \quad CG = y$$

로 놓고, 위 식의 분자·분모를 계산해 봅니다. 그러면

$$TE \cdot TH - TF \cdot TG$$
$$= (a+2x)(b+2y) - (a+x)(b+y)$$
$$= bx + ay + 3xy$$
$$TA \cdot TD - TB \cdot TC = (a+3x)(b+3y) - ab$$
$$= 3(bx + ay + 3xy)$$

그러므로

$$\frac{S'}{S} = \frac{bx + ay + 3xy}{3(bx + ay + 3xy)} = \frac{1}{3}$$

이상으로 우리의 주장은 증명되었습니다.

다음 예제로 나아가기 전에, 여기서 한 가지 초등기하학에서 유명한──그러나 오늘날 학교 교육에서는 별로 다루어지지 않는── 하나의 정리를 설명하겠습니다. 그것은 체바(Ceva)의 정리라고 불리는 것입니다.

　체바의 정리　$\triangle ABC$ 의 변 또는 그 연장선상에 없는 한 점 O 를 잡고, 직선 AO, BO, CO 가 각각 대변 또는 그 연장선과 만나는 점을 P, Q, R 로 한다. 이때

$$\frac{BP}{PC} \cdot \frac{CQ}{QA} \cdot \frac{AR}{RB} = 1$$

이 성립된다.

풀이 간단히 하기 위해 여기서는 점 O 가 $\triangle ABC$ 의
내부에 있는 경우에 대한 증명만 하겠습니다. (다른 경
우에 대해서는 여러분 스스로가 그림을 그려서 생각해
보십시오.) 또, 앞으로는, 예를 들면 $\triangle ABC$ 라는 기호
로 동시에 그 넓이도 나타냅니다.

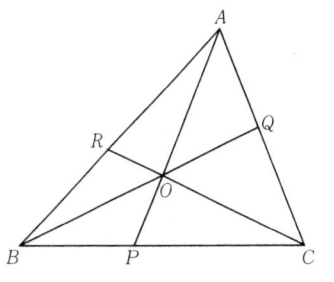

먼저 높이가 같은 삼각형의 넓이는 밑변에 비례하는
데서,

$$\frac{BP}{PC} = \frac{\triangle ABP}{\triangle ACP} \quad \text{또} \quad \frac{BP}{PC} = \frac{\triangle OBP}{\triangle OCP}$$

임을 알 수 있습니다. 따라서

$$\frac{BP}{PC} = \frac{\triangle ABP - \triangle OBP}{\triangle ACP - \triangle OCP} = \frac{\triangle ABO}{\triangle CAO}$$

가 됩니다.

이와 마찬가지로

$$\frac{CQ}{QA} = \frac{\triangle BCO}{\triangle ABO}, \qquad \frac{AR}{RB} = \frac{\triangle CAO}{\triangle BCO}$$

임을 알 수 있습니다. 그러므로

$$\frac{BP}{PC} \cdot \frac{CQ}{QA} \cdot \frac{AR}{RB} = 1$$

이것으로 정리가 증명되었습니다.

문제 48 **(체바의 정리의 역)** $\triangle ABC$ 의 변 BC, CA, AB
또는 그 연장선 상에 각각 점 P, Q, R 이 있고,

$$\frac{BP}{PC} \cdot \frac{CQ}{QA} \cdot \frac{AR}{RB} = 1$$

이 성립됩니다. 이때 세 직선 AP, BQ, CR 은 동일점에서
만나는 것을 증명하시오.

예제 $\triangle ABC$ 를 임의로 주어진 삼각형으로 하고,
그 넓이를 S 라 합니다. 이 $\triangle ABC$ 의 내부에 한 점 O
를 잡아 직선 AO, BO, CO 가 각각 대변 BC, CA, AB
와 만나는 점을 P, Q, R 이라 하고, $\triangle PQR$ 의 넓이를
S' 로 합니다. 이때

$$S' \leqq \frac{1}{4}S$$

임을 증명하시오.

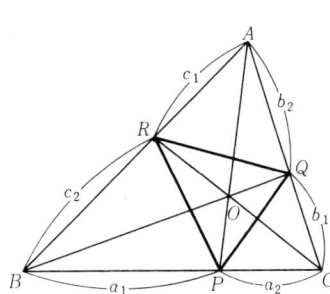

증명 여느때와 마찬가지로 $\triangle ABC$의 세 변의 길이를 $BC = a$, $CA = b$, $AB = c$라 하고, 또 $BP = a_1$, $PC = a_2$, $CQ = b_1$, $QA = b_2$, $AR = c_1$, $RB = c_2$로 합니다. 또, $\triangle AQR$, $\triangle BRP$, $\triangle CPQ$의 넓이를 각각 S_1, S_2, S_3으로 합니다. 그러면 **443**페이지의 명제에 따라

$$\frac{S_1}{S} = \frac{b_2 c_1}{bc}, \quad \frac{S_2}{S} = \frac{c_2 a_1}{ca}, \quad \frac{S_3}{S} = \frac{a_2 b_1}{ab}$$

그리고

$$S' = S - (S_1 + S_2 + S_3)$$

이므로

$$\begin{aligned}
\frac{S'}{S} &= 1 - \frac{S_1}{S} - \frac{S_2}{S} - \frac{S_3}{S} \\
&= 1 - \frac{b_2 c_1}{bc} - \frac{c_2 a_1}{ca} - \frac{a_2 b_1}{ab} \\
&= \frac{1}{abc}(abc - ab_2 c_1 - bc_2 a_1 - ca_2 b_1)
\end{aligned}$$

이 됩니다. 여기서

$$a = a_1 + a_2, \qquad b = b_1 + b_2, \qquad c = c_1 + c_2$$

이므로

$$\begin{aligned}
&abc - ab_2 c_1 - bc_2 a_1 - ca_2 b_1 \\
&= (a_1 + a_2)(b_1 + b_2)(c_1 + c_2) \\
&\quad - (a_1 + a_2) b_2 c_1 - (b_1 + b_2) c_2 a_1 - (c_1 + c_2) a_2 b_1
\end{aligned}$$

복잡한, 그러나 본질적으로는 단순한 계산을 하면

$$abc - ab_2 c_1 - bc_2 a_1 - ca_2 b_1 = a_1 b_1 c_1 + a_2 b_2 c_2$$

라는 결과가 얻어집니다. 그러므로

$$\frac{S'}{S} = \frac{a_1 b_1 c_1 + a_2 b_2 c_2}{abc}$$

입니다.

그런데 체바의 정리에 따르면

$$\frac{a_1}{a_2} \cdot \frac{b_1}{b_2} \cdot \frac{c_1}{c_2} = 1 \quad \text{즉} \quad a_1 b_1 c_1 = a_2 b_2 c_2 \qquad \text{①}$$

입니다. 따라서

$$\frac{S'}{S} = \frac{2a_1 b_1 c_1}{abc} \qquad ②$$

이 됩니다.

그런데 $a = a_1 + a_2$이므로, 산술평균과 기하평균에 관한 부등식에 의해서 $\frac{a}{2} \geqq \sqrt{a_1 a_2}$, 즉

$$a^2 \geqq 4a_1 a_2 \qquad ③$$

가 성립됩니다. 같은 방법으로

$$b^2 \geqq 4b_1 b_2 \qquad ④$$
$$c^2 \geqq 4c_1 c_2 \qquad ⑤$$

이 세 부등식 ③, ④, ⑤를 곱하고 ①을 이용하면

$$a^2 b^2 c^2 \geqq 64 a_1 a_2 b_1 b_2 c_1 c_2$$
$$= 64 (a_1 b_1 c_1)(a_2 b_2 c_2)$$
$$= 64 (a_1 b_1 c_1)^2$$

그러므로

$$abc \geqq 8 a_1 b_1 c_1$$

따라서 ②로부터

$$\frac{S'}{S} = \frac{2a_1 b_1 c_1}{abc} \leqq \frac{1}{4}$$

이것으로 증명이 끝났습니다.

위의 예제에서 정확히

$$\frac{S'}{S} = \frac{1}{4}$$

이 되는 것은 증명 속의 부등식 ③, ④, ⑤가 모두 등호로 성립될 때로서, 그것은

$$a_1 = a_2, \qquad b_1 = b_2, \qquad c_1 = c_2$$

일 때입니다. 즉 P, Q, R이 각각 변 BC, CA, AB의 중점. 따라서 O가 $\triangle ABC$의 무게중심일 때입니다. 우리는 이 결과를 다음과 같이 말할 수 있습니다.

　주어진 $\triangle ABC$의 내부에 한 점 O를 잡고, 직선 AO, BO, CO가 각각 대변 BC, CA, AB와 만나는 점을 P, Q, R이라 할 때, $\triangle PQR$의 넓이가 최대가 되는 경우는 O가 $\triangle ABC$의 무게중심일 때이다. 이때

$$\triangle PQR \text{ 의 넓이는 } \triangle ABC \text{ 의 넓이의 } \frac{1}{4} \text{ 배와 같다.}$$

보충　삼각형의 오심

앞의 항은 좀 길어졌지만, 나는 거기서 몇 가지 흥미있는 문제를 다루었다고 생각하는데, 여러분은 어떠했습니까? 그것이 실제로 여러분에게 다소나마 재미를 맛보게 할 수 있었습니까? 그렇다면 나는 만족합니다. 만일 그렇지 않았다고 해도 나는 여러분이 호의적이라는 것을 믿으며, 적어도 그 페이지들을 짜증스럽게 읽지는 않았을 것으로 생각하고 싶습니다.

자, 이제 이 장도 끝나 갑니다. 그러므로 마지막으로 —— 삼각함수와 직접적인 관계는 없지만 —— 삼각형의 오심에 대해서 설명을 하고 이 장을 마감하기로 하겠습니다.

삼각형의 오심이란 무게중심, 수심, 외심, 내심, 방심을 말합니다. 이들 중에서 무게중심, 수심, 외심에 대해서는 이미 잘 알고 있으리라 생각합니다. 그래서 여기서는 내심과 방심에 대해서만 설명하겠습니다.

$\triangle ABC$ 의 **내심**이란 세 각의 이등분선이 만나는 점입니다. 이 정의가 의미를 갖기 위해서는 먼저 다음을 증명해야만 합니다.

임의의 삼각형 *ABC* 에서, 그 세 각 $\angle A$, $\angle B$, $\angle C$ 의 이등분선은 한 점에서 만난다.

증명 $\angle B$, $\angle C$ 의 이등분선의 교점을 I 로 하고, I 에서 변 BC, CA, AB 에 내린 수선을 각각 ID, IE, IF 로 합니다. 이때 $\triangle IBF$ 와 $\triangle IBD$ 에서,

$$\begin{cases} \angle IFB = \angle IDB = \angle R \\ \angle IBF = \angle IBD \\ IB \text{ 는 공통} \end{cases}$$

이므로 이 두 삼각형은 합동, 즉

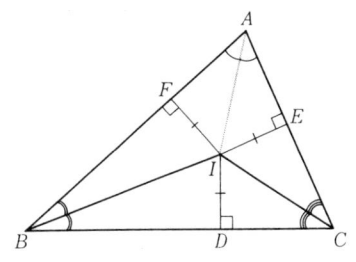

$$\triangle IBF \equiv \triangle IBD$$

입니다. [삼각형의 "합동"을 나타낼 때 기호 ≡을 쓴다는 것은 여러분도 잘 알고 있을 것입니다.] 따라서

$$IF = ID$$

가 됩니다. 마찬가지로 $\triangle ICD \equiv \triangle ICE$ 이므로

$$ID = IE$$

가 됩니다. 그러므로

$$IE = IF$$

입니다. 그래서 이번에는 $\triangle IAE$ 와 $\triangle IAF$ 를 생각해 봅니다.

그러면

$$\begin{cases} \angle IEA = \angle IFA = \angle R \\ IE = IF \\ IA 는 공통 \end{cases}$$

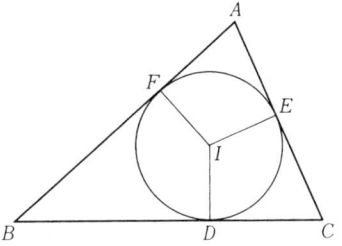

이므로 이 두 삼각형은 합동, 즉

$$\triangle IAE \equiv \triangle IAF$$

가 됩니다. 그러므로

$$\angle IAE = \angle IAF$$

즉, AI 는 $\angle A$ 의 이등분선이 됩니다. 이것으로 $\angle A$ 의 이등분선도 점 I 를 지난다는 것을 알았습니다. 그러므로 세 각의 이등분선은 동일한 점에서 만납니다.

그런데 위와 같이 $\triangle ABC$ 의 내심을 I 라고 하면, I 에서 세 변에 내린 수선 ID, IE, IF 는 같은 길이를 가지고 있습니다. 따라서 I 를 중심으로 하고 그 길이를 반지름으로 하는 원을 그리면, 그것은 삼각형의 세 변에 접합니다. 이 원을 $\triangle ABC$ 의 **내접원**이라고 합니다. 내심이란 "내접원의 중심"이라는 뜻입니다.

<u>**문제 49**</u> $\triangle ABC$ 의 넓이를 S, 내접원의 반지름을 r이라 합니다. 457페이지 위 그림의 $\triangle IBC$, $\triangle ICA$, $\triangle IAB$ 의 넓이

를 생각하면서, 다음 등식을 증명하시오.

(1) $S = rs$ (2) $r = \sqrt{\dfrac{(s-a)(s-b)(s-c)}{s}}$

단, $a+b+c = 2s$로 합니다.

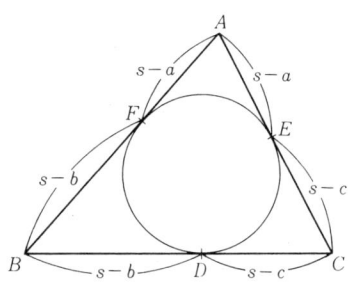

[문제 50] △ABC 의 내접원이 변 BC, CA, AB에 접하는 점을 각각 D, E, F라 하면

$$AE = AF = s - a$$
$$BF = BD = s - b$$
$$CD = CE = s - c$$

임을 증명하시오. 단, s는 삼각형의 둘레의 길이의 절반, 즉 $a+b+c = 2s$입니다.

다음에는 삼각형의 방심에 대해서 설명하겠습니다.

우리가 지금까지 △ABC 의 각이라고 말해 온 것은, 정확히 말하면 "내각"을 뜻했던 것입니다. 이에 대하여 각 꼭지점에서의 **외각**이라 함은 $\pi-$(내각)를 말합니다. 다시 말하면 그 꼭지점을 끼는 어느 한 변과 다른 변의 연장이 이루는 각을 외각이라고 합니다. 이것에 관해서 다음 정리가 성립됩니다.

임의의 삼각형 *ABC* 에서, 한 내각의 이등분선과 다른 두 외각의 이등분선은 한 점에서 만난다.

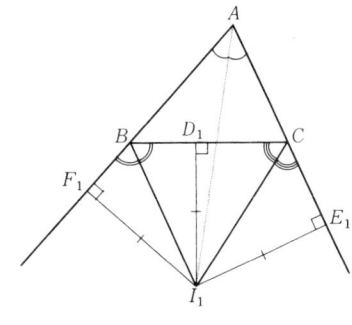

[증명] 예를 들면, $\angle A$ 의 이등분선과 $\angle B$, $\angle C$ 의 외각의 이등분선이 한 점에서 만나는 것을 증명하면 됩니다.

이 증명은 앞의 "세 각의 이등분선"의 경우와 거의 같습니다. 즉, $\angle B$, $\angle C$ 의 외각의 이등분선이 만난 점을 I_1로 하고, I_1에서 변 BC에 내린 수선을 $I_1 D_1$, 또 I_1에서 변 AC, AB의 연장에 내린 수선을 $I_1 E_1$, $I_1 F_1$로 하면, 앞에서와 마찬가지로

$$\triangle I_1 B F_1 \equiv \triangle I_1 B D_1 \quad \text{그러므로} \quad I_1 F_1 = I_1 D_1$$
$$\triangle I_1 C D_1 \equiv \triangle I_1 C E_1 \quad \text{그러므로} \quad I_1 D_1 = I_1 E_1$$

이 되고, 따라서

$$I_1E_1 = I_1F_1$$

이 얻어집니다. 이것으로부터 $\triangle I_1AE_1 \equiv \triangle I_1AF_1$임을 알게 되고, 따라서

$$\angle I_1AE_1 = \angle I_1AF_1$$

이 됩니다. 즉, AI_1은 $\angle A$를 이등분합니다. 다시 말하면 $\angle A$의 이등분선도 점 I_1을 지납니다. 이것으로 증명이 끝났습니다.

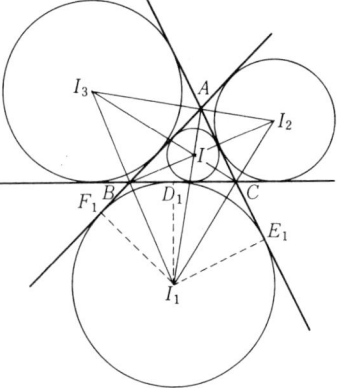

위 그림의 I_1을 $\triangle ABC$의 $\angle A$에 대한 **방심**이라고 합니다. 이 그림에서 $I_1D_1 = I_1E_1 = I_1F_1$이므로 I_1을 중심으로 하고 이것을 반지름으로 하는 원을 그리면, 그것은 변 BC에 접하고, 또 변 AC 및 AB의 연장선과 접합니다. 이 원을 $\triangle ABC$의 ($\angle A$에 대한) **방접원**이라고 합니다. 방심이란 "방접원의 중심"이라는 뜻입니다.

$\triangle ABC$의 방심은 3개 있고, 방접원도 3개 있습니다. 오른쪽에 그 그림을 그려 놓았습니다.

문제 51 오른쪽 그림과 같이 $\triangle ABC$의 $\angle A$에 접하는 방접원이 변 BC와 접하는 점을 D_1, 변 AC, AB의 연장선과 접하는 점을 각각 E_1, F_1이라고 하면,

$$AE_1 = AF_1 = s$$
$$BF_1 = BD_1 = s - c$$
$$CD_1 = CE_1 = s - b$$

임을 증명하시오.

삼각형의 오심 사이에 아주 흥미있는 성질이 많이 있습니다. 이것들은 삼각형 및 원이라는 간단한 도형 속에도 얼마나 많은 신비가 숨어 있는가를 우리에게 가르쳐 줍니다. 단순한 것 속에 숨겨져 있는 아름다움, 그것은 참으로 매력적입니다. 그러나 유감스럽게도 이 강의에서는 그것을 상세히 설명할 수가 없습니다. 여기서는 아쉬운

대로 내심이나 방심과 관계가 있는 간단한 세 명제를 적어 두겠습니다.

1 $\triangle ABC$ 의 각 꼭지점에서 대변(또는 그 연장)에 내린 수선을 AP, BQ, CR이라 하고, 수심을 H라고 하면, H는 $\triangle PQR$ 의 내심 또는 방심이다.

2 $\triangle ABC$ 의 내심을 I, 세 방심을 I_1, I_2, I_3이라고 하면, I는 $\triangle I_1 I_2 I_3$ 의 수심이다.

3 $\triangle ABC$ 의 각각의 이등분선이 외접원과 만나는 점을 L, M, N이라 하면, $\triangle ABC$의 내심은 $\triangle LMN$ 의 수심이다.

여기서는 이들 명제의 증명은 하지 않겠습니다. 흥미를 느낀 사람은 직접 그림을 그려서 그 증명을 생각해 보십시오.

해   답

제 5 장

문제 1　(1)　$\{y\,|\,y<3\}$　　(2)　$\{y\,|\,y\geqq-1\}$
　　　　(3)　$\{y\,|\,y\geqq0\}$　　　(4)　$\{y\,|\,y\geqq2\}$

문제 2　(1)　제2사분면 $\{(x,\,y)\,|\,x<0,\,y>0\}$,
　　　　　　제3사분면 $\{(x,\,y)\,|\,x<0,\,y<0\}$,
　　　　　　제4사분면 $\{(x,\,y)\,|\,x>0,\,y<0\}$,

문제 3　(1)　기울기 1, 절편 0
　　　　(2)　기울기 -2, 절편 0
　　　　(3)　기울기 3, 절편 2
　　　　(4)　기울기 $\dfrac{1}{2}$, 절편 -1
　　　　(5)　기울기 0, 절편 5
　　　　(6)　기울기 0, 절편 -3

문제 4　제2사분면을 지나는 것은 (1), (3), (4), (5)
　　　　제3사분면을 지나는 것은 (1), (2), (4), (6)

문제 5　(1)　　　　　　　　(2)

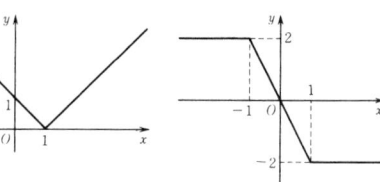

　　　　(3)

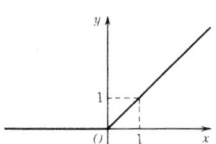

문제 6　(1)　$x<-\dfrac{3}{2},\ 3<x$　(2)　$-1\leqq x\leqq2$

문제 7　(1)　축 $x=-1$, 꼭지점$(-1,\,0)$,
　　　　　　아래로 볼록
　　　　(2)　축 $x=0$, 꼭지점$(0,\,-2)$,
　　　　　　아래로 볼록
　　　　(3)　축 $x=1$, 꼭지점$(1,\,1)$,
　　　　　　위로 볼록
　　　　(4)　축 $x=-2$, 꼭지점$(-2,\,1)$,
　　　　　　아래로 볼록

문제 8　(1)　축 $x=-2$, 꼭지점$(-2,\,-2)$,
　　　　　　아래로 볼록
　　　　(2)　축 $x=1$, 꼭지점$(1,\,2)$, 아래로 볼록
　　　　(3)　축 $x=-2$, 꼭지점$(-2,\,1)$, 위로 볼록
　　　　(4)　축 $x=\dfrac{3}{4}$, 꼭지점 $\left(\dfrac{3}{4},\ \dfrac{9}{8}\right)$, 위로
　　　　　　볼록 (그래프 생략)

문제 9　(1)　$y=-2x^2+3x+2$
　　　　(2)　$y=x^2-6x+5$
　　　　(3)　꼭지점을 $(p,\,0)$으로 하면
　　　　　　$y=a(x-p)^2$이고, 가정에 따라
　　　　　　　　$1=a(1-p)^2$, $4=a(4-p)^2$
　　　　　　따라서　$(4-p)^2=4(1-p)^2$.
　　　　　　이것을 풀어서 $p=2$ 또는 -2, $p=2$ 일
　　　　　　때 $a=1$, $p=-2$ 일 때 $a=\dfrac{1}{9}$.
　　　　　　따라서 구하는 함수는
　　　　　　　$y=(x-2)^2$　또는　$y=\dfrac{1}{9}(x+2)^2$

문제 10　(1)　포물선 $y=x^2+x$ 위를 움직입니다.

문제 11　(1)　$x=2$에서 최소값 3을 갖는다.
　　　　(2)　$x=-3$에서 최대값 12를 갖는다.
　　　　(3)　$x=-\dfrac{3}{2}$에서 최소값 0을 갖는다.
　　　　(4)　$x=\dfrac{3}{4}$에서 최대값 $\dfrac{9}{8}$를 갖는다.
　　　　(5)　$x=-1$에서 최소값 $-\dfrac{1}{2}$을 갖는다.
　　　　(6)　$x=2$에서 최대값 -2를 갖는다.

문제 12　(1)　최대값 0 ($x=0$일 때),
　　　　　　　　최소값 -4 ($x=2$일 때)
　　　　(2)　최대값 1 ($x=1,\ -2$일 때),
　　　　　　　　최소값 $-\dfrac{5}{4}$ ($x=-\dfrac{1}{2}$일 때)
　　　　(3)　최대값 5 ($x=0$일 때),
　　　　　　　　최소값 -3 ($x=2$일 때)
　　　　(4)　최대값 $\dfrac{3}{2}$ ($x=1$일 때)
　　　　　　　　최소값 -6 ($x=-2$일 때)

문제 13　(1)　$\{y\,|\,-2<y<4\}$
　　　　(2)　$\{y\,|\,-1<y\leqq7\}$
　　　　(3)　$\left\{y\,\Big|\,\dfrac{3}{2}\leqq y\leqq6\right\}$

문제 14　$x=8$, $y=4$, 대각선의 길이의 최소값 $4\sqrt{5}$cm

문제 15　밑변과 높이가 모두 6cm일 때, 넓이의 최대값 18cm²

문제 16　$k<-4$, $4<k$일 때 2개
　　　　　$k=-4$, 4일 때 1개
　　　　　$-4<k<4$일 때 0개

문제 17　(1)　$n>3$일 때 2개, $n=3$일 때 1개,
　　　　　　　$n<3$일 때 0개
　　　　　(2)　$m<-2\sqrt{2}$, $2\sqrt{2}<m$일 때 2개
　　　　　　　$m=-2\sqrt{2}$, $2\sqrt{2}$일 때 1개
　　　　　　　$-2\sqrt{2}<m<2\sqrt{2}$일 때 0개

문제 18　$a=-1$, 3. 접점의 좌표는 $a=-1$일 때 $(-1,4)$, $a=3$일 때 $(3,12)$

문제 19　(1)　$-\dfrac{4}{9}<m<4$　　(2)　$m\geqq 4$
　　　　　(3)　$m<-\dfrac{1}{3}$

문제 20　(1)　$x<-2$, $2<x$
　　　　　(2)　$x\leqq -2$, $x=0$, $2\leqq x$

문제 21　$0<m<5$

문제 22　(1)　$m<-6$　　(2)　$m>3$
　　　　　(3)　$2<m<3$

문제 23　(1)　$p=-4$, $q=9$
　　　　　(2)　$p=-2$, $q=5$ 또는 $p=-6$, $q=13$
　　　　　(3)　$p=-1$, $q=3$

문제 24　(1)　3 ($x=1$, $y=1$일 때)
　　　　　(2)　9 ($x=3$, $y=-3$일 때)

문제 25　(1)　최대값 9($x=0$, $y=3$일 때),
　　　　　　　최소값 3($x=1$, $y=1$일 때)
　　　　　(2)　최대값 $\dfrac{9}{2}\left(x=\dfrac{3}{2}, y=0$일 때\right)$,
　　　　　　　최소값 -9 ($x=0$, $y=3$일 때)

문제 26　$-3<x<3$

문제 27　이차방정식을 정리하면
$$x^2-(m+3)x+(ma+2)=0$$
이 되어, 판별식 D는
$$D=m^2-2(2a-3)m+1$$
이 됩니다. D는 m의 이차함수이고, m^2의 계수는 양입니다. 그리고 m에 관한 이차방정식 $m^2-2(2a-3)m+1=0$의 판별식을 D'라 하면
$$\frac{D'}{4}=(2a-3)^2-1=4(a-1)(a-2)$$
가정에 따라 이 값은 음입니다. 그러므로 모든 실수 m에 대하여 $D>0$이 됩니다.

문제 28　점근선과 k의 값을 보이고, 그래프는 생략
　　　　　(1)　$x=3$, $y=0$, $k=2$
　　　　　(2)　$x=-1$, $y=-4$, $k=1$
　　　　　(3)　$x=2$, $y=1$, $k=-3$

문제 29　(1)　$y=\dfrac{2}{x-3}$　　(2)　$y=\dfrac{2}{x}-5$
　　　　　(3)　$y=\dfrac{2}{x+2}+1$

문제 30　(1)　$y=\dfrac{3}{x-1}+3$　　(2)　$y=-\dfrac{1}{x+1}+2$

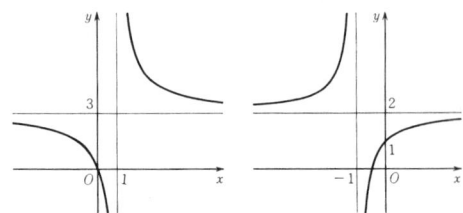

　　　　　(3)　$y=-\dfrac{1}{x-2}-2$　　(4)　$y=\dfrac{2}{x+\dfrac{1}{2}}-1$

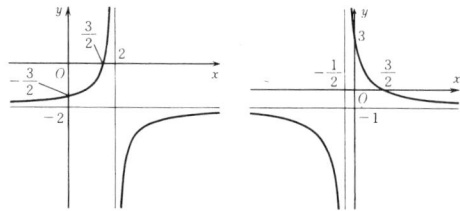

문제 31　(1)　$(-1,0)$　　(2)　$\left(-\dfrac{1}{4}, -1\right)$
　　　　　(3)　$\left(-\dfrac{1}{2}, -\dfrac{1}{2}\right)$, $(2,2)$

문제 32　(1)　$\left(\dfrac{1}{2}, 2\right)$, $\left(2, \dfrac{1}{2}\right)$
　　　　　(2)　$(1,1)$, $\left(-\dfrac{1}{3}, -3\right)$

문제 33　(1)　$-2<x<0$, $\dfrac{1}{2}<x$
　　　　　(2)　$x\leqq -3$, $-2<x\leqq 3$
　　　　　(3)　$\dfrac{1}{2}\leqq x<1$, $2\leqq x$

문제 34　$y=\sqrt{2x}$, $y=-\sqrt{2x}$ 의 두 그래프, $y=\sqrt{-2x}$, $y=-\sqrt{-2x}$ 의 두 그래프는 각각 x축에 대해서 대칭. 또 $y=\sqrt{2x}$, $y=\sqrt{-2x}$ 의 두 그래프, $y=-\sqrt{2x}$, $y=-\sqrt{-2x}$ 의 두 그래프는 각각 y축에 대해서 대칭. 각 그래프는 생략.

문제 35 꼭지점의 x좌표, 포물선의 위쪽 절반인
가 아래쪽 절반인가, 오른쪽으로 벌어져 있
는가 왼쪽으로 벌어져 있는가만 보이고, 그
래프는 생략,

(1) 3, 위, 오른쪽

(2) 2, 위, 왼쪽

(3) -1, 위, 오른쪽

(4) $-\dfrac{1}{2}$, 위, 왼쪽

(5) 1, 아래, 오른쪽

(6) -2, 아래, 오른쪽

문제 36 (1) $y=-2\sqrt{x}$ (2) $y=2\sqrt{-x}$
(3) $y=2\sqrt{x+3}$

문제 37 (1) $(3,3)$ (2) $(4,-2)$
(3) $(0,2),(2,0)$ (4) $(3,1),(6,2)$

문제 38 (1) $-2\leqq x<2$ (2) $x\geqq10$
(3) $-2\leqq x\leqq3$ (4) $0\leqq x<1,\ 4<x$

문제 39 $y=\sqrt{2x-1}$ 의 그래프는 꼭지점의 x좌
표가 $\dfrac{1}{2}$ 이고 오른쪽으로 벌어진 포물선의
위쪽 절반입니다. 또 직선 $y=x+k$ 는 기울
기가 1이고 y절편이 k인 직선입니다. 이 직
선은, $k=0$일 때는 원점을 지나고, k가 양이
고 커지면 위쪽으로 평행이동하며, k가 음
이고 절대값이 커지면 아래쪽으로 이동합
니다. 그런데,
$$\sqrt{2x-1}=x+k \qquad ①$$
의 양변을 제곱하고 정리하면
$$x^2+2(k-1)x+(k^2+1)=0 \qquad ②$$
가 되어, 이 이차방정식에 관한 $\dfrac{D}{4}=-2k$ 가
됩니다. $k>0$이면 ②는 실수해를 갖지 않습
니다. $k=0$이면 ②는 이중해 $x=1$을 가지
는데, 이것은 분명히 ①의 해로 되어 있습니
다. (이 경우 직선은 함수의 그래프에 접합
니다.) $k<0$인 경우에 대해서는, 직선 $y=x$
$+k$가 포물선의 꼭지점을 지나는 것은 k
$=-\dfrac{1}{2}$일 때이며, 다음 그림에서도 알 수 있
듯이 k가 $-\dfrac{1}{2}\leqq k<0$의 범위를 움직일 때
직선은 포물선의 위 절반과 두 점에서 만납
니다. 그러나 $k<-\dfrac{1}{2}$일 때는 포물선의 위
절반과는 한 점에서 밖에 만나지 않습니다.
이상으로 결론이 나왔습니다.

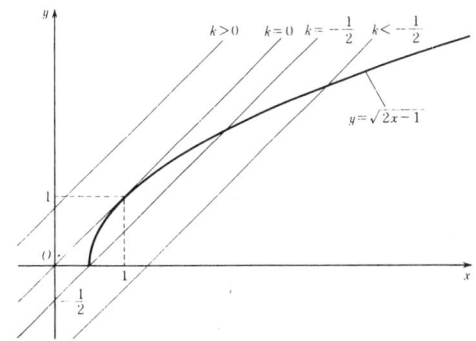

문제 40 (1) 갖는다   (2) 갖지 않는다
(3) 갖지 않는다   (4) 갖는다

문제 41 (1) $y=\dfrac{1}{3}x+\dfrac{2}{3}$, 실수전체
(2) $y=3x-6$, 실수전체
(3) $y=\dfrac{2}{x+1}$, $\{x\,|\,x\neq-1\}$
(4) $y=-\dfrac{1}{x-1}$, $\{x\,|\,x\neq1\}$
(5) $y=-\dfrac{1}{x}+2$, $\{x\,|\,x>0\}$
(6) $y=\dfrac{1}{2}\sqrt{x}$, $\{x\,|\,x\geqq0\}$
(7) $y=-\sqrt{2-x}$, $\{x\,|\,x\leqq2\}$
(8) $y=x^2$, $\{x\,|\,x\leqq0\}$
(9) $y=x^2-4$, $\{x\,|\,x\geqq0\}$
(10) $y=1-x^2$, $\{x\,|\,x\leqq0\}$

문제 42 $y=\sqrt{ax}$ 는 $y=\dfrac{1}{a}x^2\,(x\geqq0)$의 역함수,
$y=-\sqrt{ax}$ 는 $y=\dfrac{1}{a}x^2\,(x\leqq0)$의 역함수

문제 43 $a=-2, b=5$

문제 44 생략

문제 45 (1) $y=\dfrac{3x}{x-2}$ (2) $y=4-x^2\,(x\leqq0)$

제 6 장

문제 1 (1) -1 (2) 0   (3) 24
(4) -4 (5) $-\dfrac{28}{3}$

문제 2 (1) 5   (2) $4\sqrt{2}$ (3) $3\sqrt{5}$
(4) 12

문제 3 $AB=AC=\sqrt{65}$

문제 4 D를 원점, 직선 BC를 x축, D에서 BC와

직교하는 직선을 y축으로 하는 좌표축을 잡고 A, B, C의 좌표를 각각 (a, b), $(-c, 0)$, $(2c, 0)$이라고 하면, 증명해야 하는 등식의 양변은 모두 $3(a^2+b^2+2c^2)$이 됩니다.

문제 5 (1) $(1, 0)$ (2) $(13, -24)$

(3) $(-1, 4)$ (4) $\left(-\dfrac{11}{3}, \dfrac{28}{3}\right)$

문제 6 $(7, -1)$

문제 7 $(5, 7)$

문제 8 $A(x_1, y_1)$, $B(x_2, y_2)$, $C(x_3, y_3)$, $D(x_4, y_4)$라고 하면, P, Q, R, S의 x좌표는 $\dfrac{x_1+x_2}{2}$, $\dfrac{x_2+x_3}{2}$, $\dfrac{x_3+x_4}{2}$, $\dfrac{x_4+x_1}{2}$이고, 선분 PR, QS의 중점의 x좌표는 모두 $\dfrac{x_1+x_2+x_3+x_4}{4}$가 됩니다. 마찬가지로 y좌표는 모두 $\dfrac{y_1+y_2+y_3+y_4}{4}$가 됩니다. 그러므로, 선분 PR, QS는 각각의 중점에서 만납니다.

문제 9 선분 MN의 중점의 좌표를 구하면, 위와 마찬가지로

$$\left(\dfrac{x_1+x_2+x_3+x_4}{4}, \dfrac{y_1+y_2+y_3+y_4}{4}\right)$$

가 됩니다.

문제 10 (1)   (2)

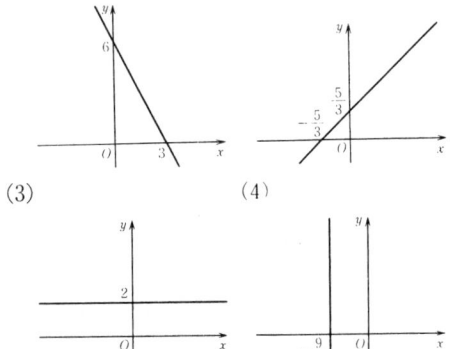

(3)   (4)

문제 11 (1) $x+2y-5=0$ (2) $y=4$

(3) $x-4y+10=0$ (4) $2x+y-10=0$

(5) $x=2$

문제 12 (1) $\dfrac{x}{3}-\dfrac{y}{2}=1$ (2) $x+y=4$

문제 13 힌트처럼 $ab-2a-3b=0$의 양변에 6을 더하면 $ab-2a-3b+6=6$

좌변을 인수분해하여

$$(a-3)(b-2)=6 \qquad \text{①}$$

$a>3$, $b>2$이며, $a-3$, $b-2$는 정수이므로 ①로부터 $a-3$, $b-2$가 취할 수 있는 값의 쌍은

$$(1, 6), (2, 3), (3, 2), (6, 1)$$

의 네 쌍입니다. 따라서

$$\begin{cases} a=4 \\ b=8 \end{cases} \quad \begin{cases} a=5 \\ b=5 \end{cases} \quad \begin{cases} a=6 \\ b=4 \end{cases} \quad \begin{cases} a=9 \\ b=3 \end{cases}$$

그러므로 구하는 직선은 다음의 넷입니다.

$$\dfrac{x}{4}+\dfrac{y}{8}=1, \qquad \dfrac{x}{5}+\dfrac{y}{5}=1,$$

$$\dfrac{x}{6}+\dfrac{y}{4}=1, \qquad \dfrac{x}{9}+\dfrac{y}{3}=1$$

문제 14 (1) $y=2x$ (2) $3x+2y-1=0$

(3) $5x-2y-7=0$ (4) $y=2x-1$

문제 15 (1) $(-2, 4)$ (2) $(5, 6)$

문제 16 (1) 1 (2) $3\sqrt{5}$ (3) $\dfrac{18}{13}\sqrt{13}$

문제 17 $OB=4$, $AC=10$. 또 직선 AC의 방정식은 $4x+3y-40=0$이고, BC는 O에서 직선 AC까지의 거리와 같으므로 $BC=8$. 따라서 구하는 넓이는 $\dfrac{1}{2}(10+4)\times 8=56$.

문제 18 직선 BC를 x축, 선분 BC의 수직이등분선을 y축으로 하는 좌표축을 잡아서 $A(a, b)$, $B(-c, 0)$, $C(c, 0)$이라고 하면, AB, AC의 수직이등분선의 방정식은 각각

$$y-\dfrac{b}{2}=-\dfrac{a+c}{b}\left(x-\dfrac{a-c}{2}\right)$$

$$y-\dfrac{b}{2}=-\dfrac{a-c}{b}\left(x-\dfrac{a+c}{2}\right)$$

이 되어, 모두 y절편이 $\dfrac{a^2+b^2-c^2}{2b}$이 됩니다.

그리고 "초등기하학에 의한 증명"은 다음과 같습니다.

$\triangle ABC$의 변 AB, AC의 수직이등분선의 교점을 O로 합니다. 이때 $\triangle AOB$, $\triangle AOC$는 모두 이등변삼각형이 되어 $OA=OB$, $OA=OC$입니다. 그러므로 $OB=OC$가 되어, $\triangle BOC$도 이등변삼각형입니다. 따라서 O에서 BC로 내린 수선은 BC의 중점 L을 지납니다.

문제 19 (1) $x^2+y^2=9$

(2) $(x-1)^2+(y+3)^2=16$

(3) $(x+3)^2+(y-2)^2=13$

(4) $(x-3)^2+(y-3)^2=5$

(5) $(x-5)^2+(y+2)^2=10$

문제 20 (1) 중심 $(3, -2)$, 반지름 5인 원

(2) 중심 $\left(\dfrac{1}{3}, \dfrac{1}{2}\right)$, 반지름 $\dfrac{1}{6}$인 원

(3) 한 점 $(1, -1)$

(4) 공집합

문제 21 (1) $(x-1)^2+(y-2)^2=25$, 외심 $(1, 2)$

(2) $(x-4)^2+y^2=65$, 외심 $(4, 0)$

문제 22 (1) $(-2, 0)$, $\left(\dfrac{6}{5}, \dfrac{8}{5}\right)$

(3) $\left(\dfrac{1+\sqrt{7}}{2}, \dfrac{1-\sqrt{7}}{2}\right)$, $\left(\dfrac{1-\sqrt{7}}{2}, \dfrac{1+\sqrt{7}}{2}\right)$

문제 23 (1) $|n|<3\sqrt{2}$일 때 2개, $|n|=3\sqrt{2}$일 때 1개, $|n|>3\sqrt{2}$일 때 0개

(2) $|m|>\sqrt{3}$일 때 2개, $|m|=\sqrt{3}$일 때 1개, $|m|<\sqrt{3}$일 때 0개

문제 24 $3x+y=10$, $-x+3y=10$, $x=\sqrt{10}$, $y=-\sqrt{10}$

문제 25 접선의 방정식을 $y=mx+n$으로 합니다.
<u>풀이 2의 방법에 의한 경우</u> $y=mx+n$은 $x^2+y^2=r^2$에 대입하여 정리하면,
$(m^2+1)x^2+2mnx+(n^2-r^2)=0$.
이것이 이중해를 갖는 조건에서
$$\frac{D}{4}=r^2(m^2+1)-n^2=0$$
따라서 $n=\pm r\sqrt{m^2+1}$
<u>풀이 3의 방법에 의한 경우</u> 원점에서 직선 $y=mx+n$까지의 거리는 $\dfrac{|n|}{\sqrt{m^2+1}}$. 따라서 접선의 경우에는
$$\frac{|n|}{\sqrt{m^2+1}}=r \quad 즉 \quad n=\pm r\sqrt{m^2+1}$$

문제 26 (1) $x-3y-10=0$, $x-3y+10=0$

(2) $x+y-2\sqrt{5}=0$, $x+y+2\sqrt{5}=0$

문제 27 (1) $y=\dfrac{1}{\sqrt{3}}(x-4)$, $y=-\dfrac{1}{\sqrt{3}}(x-4)$

(2) $4x+3y=25$, $3x-4y=25$

문제 28 (1) 직선 $x=2$

(2) 직선 $9x+12y-16=0$

(3) 직선 $x=\dfrac{7}{6}$

문제 29 (1) 원 $(x-6)^2+y^2=36$

(2) 원 $\left(x-\dfrac{mn}{m-n}\right)^2+y^2=\left(\dfrac{mn}{m-n}\right)^2$

문제 30 (1) 원 $(x+2)^2+(y-4)^2=20$

(2) 원 $x^2+y^2=1$

(3) 원 $(x-3)^2+y^2=4$

(4) 원 $(x-3)^2+(y-1)^2=16$

(5) 원 $\left(x-\dfrac{9}{4}\right)^2+\left(y-\dfrac{15}{4}\right)^2=\dfrac{9}{4}$

문제 31 (1), (2) : 각각 $y=-\dfrac{1}{x}$, $y=\dfrac{1}{x}$ 의 그래프를 x축의 방향으로 -3, y축의 방향으로 2만큼 평행이동시킨 직각쌍곡선. 점근선은 $x=-3$과 $y=2$. 3,

(3) 두 직선 $x=-3$, $y=2$.

문제 32 (1)   (2)

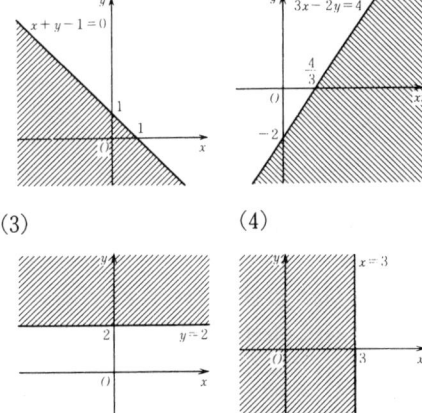

(3)   (4)

(1), (3)은 경계를 포함하고, (2), (4)는 경계를 포함하지 않는다.

문제 33 (1) 중심이 원점이고 반지름이 2인 원의 내부 및 둘레.

(2) 중심이 원점이고 반지름이 3인 원의 외부.

(3) 중심이 $(2, -1)$이고 반지름이 $\sqrt{3}$인 원의 외부 및 둘레

(4) 중심이 $(-1, -3)$이고 반지름이 5인 원의 내부.(그래프 생략)

문제 34 (1)   (2)

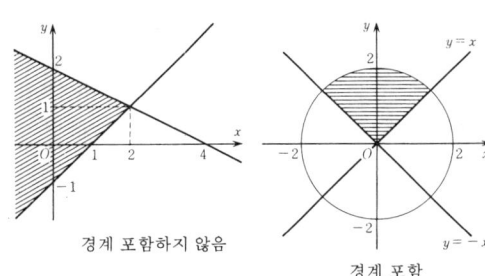

경계 포함하지 않음   경계 포함

문제 35 $x-y+2>0$, $x-8y-5<0$, $4x+3y-20<0$

문제 36 (1)   (2)

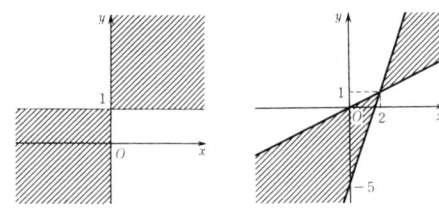

(3)   (4)

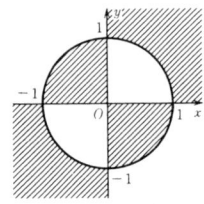

(1), (3)은 경계를 포함하지 않고,

(2), (4)는 경계를 포함한다.

문제 37 (1) $a^2-4b>0$,   (2) $a^2-4b>0$,
                $b>0$ $a^2-4b<4$

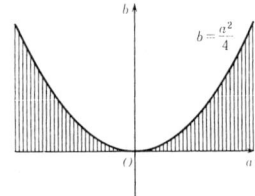   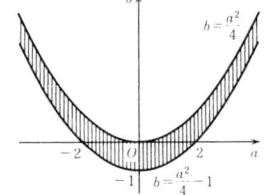

문제 38 (1) 충분조건   (2) 필요조건
            (3) 어느 쪽도 아니다   (4) 필요조건
            (5) 충분조건

문제 39 (1) 최대값 5, 최소값 0
            (2) 최대값 4, 최소값 $-\dfrac{7}{2}$
            (3) 최대값 9, 최소값 -4

            (4) 최대값 $\sqrt{2}$, 최소값 $-\sqrt{2}$
            (5) 최대값 25, 최소값 -25

제 7 장

문제 1 (1) 3   (2) 5   (3) 4   (4) 0.5

문제 2 (1) 10   (2) 2   (3) 7   (4) $\dfrac{1}{3}$

문제 3 (1) $2\sqrt[4]{5}$ (2) $3\sqrt[3]{3}$ (3) $2\sqrt[5]{10}$

문제 4 $\sqrt[4]{5} > \sqrt[3]{3} > \sqrt[5]{6} > \sqrt{2}$

문제 5 (1) $a^{\frac{3}{2}}$ (2) $a^{\frac{2}{3}}$ (3) $a^{\frac{5}{3}}$

            (4) $a^{-\frac{2}{5}}$

문제 6 (1) $\sqrt{a}$ (2) $\sqrt[3]{a^4}$ (3) $\sqrt[4]{a^7}$

            (4) $\sqrt[4]{a^{-5}}$

문제 7 (1) 8   (2) 4   (3) 128   (4) $\dfrac{1}{512}$

문제 8 (1) $a^{\frac{1}{2}}$ (2) $x^{\frac{1}{8}}$ (3) $a^{-5}b^{\frac{1}{2}}$

            (4) $a^{-\frac{1}{2}}$ (5) $a^{\frac{3}{2}}$ (6) $a^{\frac{17}{12}}b^{\frac{7}{3}}$

            (7) $x+2+\dfrac{1}{x}$ (8) $a-b$ (9) a^2-b^2

문제 9 (1) 8   (2) 7   (3) $\dfrac{1}{2}$ (4) $\dfrac{25}{4}$

            (5) 256   (6) $\dfrac{4}{3}$ (7) 32   (8) 9

문제 10 (1) $x=\dfrac{5}{2}$ (2) $x=-1$

            (3) $x=-\dfrac{4}{3}$ (4) $x=\dfrac{1}{4}$

            (5) $x=4$

문제 11 (1) $2^{1.4} < 2^{\sqrt{2}} < 2^{1.42}$ (2) $\sqrt[4]{27} > 9^{\frac{1}{3}}$

            (3) $\sqrt{0.5} > \sqrt[3]{0.25} > \sqrt[4]{0.125}$

            (4) $\sqrt[4]{\dfrac{1}{128}} < 2^{-\sqrt{3}}$

문제 12 (1) $x>\dfrac{5}{2}$ (2) $x\leqq 0$ (3) $x\geqq -3$

            (4) $0<x<3$

문제 13 (1) $\dfrac{3}{2}$ (2) $\dfrac{1}{2}$ (3) -3

            (4) 0   (5) 1   (6) $-\dfrac{3}{2}$

            (7) 6   (8) -2 (9) $-\dfrac{2}{3}$

문제 14 (1) 9   (2) $\dfrac{1}{4}$ (3) 3   (4) 25

(5) 5　　(6) 10　　(7) 4　　(8) $\dfrac{1}{2}$

(9) 9

문제 15 x축에 대해서 대칭

문제 16 (1) $x>9$　　(2) $x\geqq5$　　(3) $0<x<1$

(4) $\dfrac{1}{2}\leqq x<2$

문제 17 (1) $2-2u+v$　　(2) $-4v$

(3) $4u+v-2$　　(4) $\dfrac{1}{3}(4v-2u)$

문제 18 (1) $u+2v$　　(2) $2v-3u$

(3) $2u+v-3w$　　(4) $\dfrac{1}{3}(2v-w)$

(5) $u+\dfrac{1}{2}v+\dfrac{1}{2}w$　　(6) $4u-\dfrac{1}{2}v-\dfrac{3}{2}w$

문제 19 (1) 2　　(2) 1　　(3) -1　　(4) 4

(5) $\dfrac{3}{4}$　　(6) 2　　(7) $\dfrac{1}{6}$

문제 20 $a^x=b^y=c^z$의 각 변의 c를 밑으로 하는 로그를 취하면

$$x\log_c a=y\log_c b=z$$

그러므로 $\dfrac{1}{x}=\dfrac{\log_c a}{z},\ \dfrac{1}{y}=\dfrac{\log_c b}{z}$

따라서 $\dfrac{1}{x}+\dfrac{1}{y}=\dfrac{1}{z}$ 이 되기 위한 필요충분 조건은

$$\log_c a+\log_c b=\log_c ab=1,\ \text{즉}\ ab=c.$$

[다른 증명] $a^x=b^y=c^z=k$로 놓으면

$$a=k^{\frac{1}{x}},\ \ b=k^{\frac{1}{y}},\ \ c=k^{\frac{1}{z}}$$

$\dfrac{1}{x}+\dfrac{1}{y}=\dfrac{1}{z}$ 인 것은 $ab=k^{\frac{1}{x}}k^{\frac{1}{y}}=k^{\frac{1}{x}+\frac{1}{y}}=k^{\frac{1}{z}}$
$=c$ 라는 것과 같은 값이다.

문제 21 (1) $\dfrac{3}{2}u+v$　　(2) $-\dfrac{u+v+1}{v}$

(3) $\dfrac{u+1}{u+v}$　　(4) $-u-v$

문제 22 (1) $-u$　　(2) $-u$　　(3) u

(4) $-\dfrac{1}{u}$

문제 23 (1) x축에 대해서 대칭　(2) x축에 대해서 대칭　(3) 일치

문제 24 (1) 1　　(2) 2　　(3) $\dfrac{4}{3}$

문제 25 (1) $\log_{a^p}b^p=\dfrac{\log_a b^p}{\log_a a^p}=\dfrac{p\log_a b}{p}=\log_a b$

(2) $a^{\log_c b}=(c^{\log_c a})^{\log_c b}=(c^{\log_c b})^{\log_c a}=b^{\log_c a}$

문제 26 (1) 좌변은 $\dfrac{3}{2}\log_2 3$ 이 된다.

(2) $3^{\frac{1}{2}}<2<3^{\frac{2}{3}}$를 보여주면 되는데, 그것은 $3<2^2, 2^3<3^2$에서 알 수 있다.

문제 27 $2^7<3^5<2^8$. 이 각 변의 2를 밑으로 하는 로그를 취해서 5로 나눈다.

문제 28 $2\log_a x=\log_a x^2$ 이므로 x^2과 $2x$의 크기를 비교하면 된다.

$$x>2\quad \text{일 때}\quad 2\log_a x>\log_a 2x$$
$$x=2\quad \text{일 때}\quad 2\log_a x=\log_a 2x$$
$$0<x<2\quad \text{일 때}\quad 2\log_a x<\log_a 2x$$

문제 29 (1) 0.6532　　(2) 1.7228　　(3) 2.7782

(4) 1.8594　　(5) $-1+0.5119$

(6) $-1+0.6863$　　(7) $-3+0.9083$

문제 30 (1) 13자리　(2) 27자리　(3) 소수 제9자리　(4) $n=12$　(5) $n=32$

문제 31 (1) 3.32　　(2) 1.26　　(3) 0.53

(4) 2.58

문제 32 (1) $x=1$　　(2) $x=3$　　(3) $x=2,3$

(4) $x=1,100$　　(5) $x=2,\dfrac{1}{2}$

(6) $x=1,9,\dfrac{1}{9}$

문제 33 (1) $x>1$　　(2) $x\leqq2,\ 3\leqq x$

(3) $1<x<100$

(4) $\log_2 x=t$ 로 놓으면, 주어진 부등식은 $t\geqq\dfrac{1}{t}$ 이 됩니다. $t>0$일 때 $t^2\geqq1$로부터 $t\geqq1$, 따라서 $x\geqq2$. $t<0$일 때 $t^2\leqq1$로부터 $-1\leqq t<0$, 따라서 $\dfrac{1}{2}\leqq t<1$.

〈답〉 $x\geqq2,\ \dfrac{1}{2}\leqq x<1$.

문제 34 $x=5, y=2$일 때 최대값 1을 취합니다.

문제 35 $z=\log_{10}x\cdot\log_{10}y$로 하고, $\log_{10}x=t$로 놓으면 $10<x<10^3$ 으로부터 t의 변역은 $1<t<3$ 이고, $z=t(4-t)$. 변역 $1<t<3$에서 z가 취하는 값의 범위는 $3<z\leqq4$.

문제 36 가정으로부터 $0<\log_a b<1$

그러므로 $\log_a(\log_a b)<0$

또 $\log_a b^2-(\log_a b)^2=\log_a b\cdot(2-\log_a b)>0$

따라서 $\log_a b^2>(\log_a b)^2>\log_a(\log_a b)$

문제 37 $2^x=X, 2^y=Y$로 놓으면, $X>0, Y>0$이고,

$$\log_2 \frac{2^x + 2^y}{2} = \log_2 \frac{X+Y}{2},$$

$$\frac{x+y}{2} = \frac{\log_2 X + \log_2 Y}{2} = \log_2 \sqrt{XY}$$

그리고 $\dfrac{X+Y}{2} \geqq \sqrt{XY}$.

그러므로 $\log_2 \dfrac{2^x + 2^y}{2} \geqq \dfrac{x+y}{2}$. 등호가 성립되는 것은 $X=Y$ 즉 $x=y$일 때.

문제 38 [식의 변형이 좀 귀찮지만, 해법으로서는 가장 단순하다고 생각되는 방법으로 증명해 보겠습니다.]

$\log_a x = X$, $\log_a y = Y$, $\log_a z = Z$ 라 하면,

(좌변) $=(X-Y)(X-Z)$,

(우변) $=\dfrac{1}{4}(Y-Z)(Z-Y)$ 에서,

(좌변) $-$ (우변)

$$= X^2 - (Y+Z)X + YZ + \frac{1}{4}(Y-Z)^2$$

$$= X^2 - (Y+Z)X + \frac{1}{4}(Y+Z)^2$$

$$= \left\{ X - \frac{1}{2}(Y+Z) \right\}^2 \geqq 0$$

등호가 성립되는 것은 $X = \dfrac{1}{2}(Y+Z)$, 즉 $x^2 = yz$ (x가 y, z의 기하평균)일 때.

제 8 장

문제 1 (1) $\dfrac{5}{12}\pi$ (2) $\dfrac{2}{3}\pi$ (3) $\dfrac{3}{4}\pi$

(4) $\dfrac{5}{6}\pi$ (5) $\dfrac{7}{6}\pi$ (6) $\dfrac{5}{4}\pi$

(7) $\dfrac{3}{2}\pi$ (8) $\dfrac{5}{3}\pi$

문제 2 (1) 2π cm, 6π cm² (2) $\dfrac{9}{2}\pi$ cm, $\dfrac{27}{2}\pi$ cm²

(3) 6 cm, 18 cm² (4) 7π cm, 21π cm²

문제 3 (1) $\dfrac{\pi}{3} + 2n\pi$, 같음

(2) $\dfrac{7}{6}\pi + 2n\pi$, $-\dfrac{5}{6}\pi + 2n\pi$

(3) $\dfrac{3\pi}{2} + 2n\pi$, $-\dfrac{\pi}{2} + 2n\pi$

(4) $\pi + 2n\pi$, 같음

문제 4 (1) $\dfrac{1}{\sqrt{2}}$ (2) $-\dfrac{1}{\sqrt{2}}$ (3) $\dfrac{\sqrt{3}}{2}$

(4) $-\dfrac{1}{2}$ (5) $-\dfrac{\sqrt{3}}{2}$ (6) $-\dfrac{1}{2}$

(7) $-\dfrac{1}{2}$ (8) $\dfrac{\sqrt{3}}{2}$ (9) $\dfrac{1}{2}$

(10) $\dfrac{1}{2}$ (11) $-\dfrac{1}{\sqrt{2}}$ (12) $-\dfrac{1}{\sqrt{2}}$

(13) $-\dfrac{\sqrt{3}}{2}$ (14) $\dfrac{1}{2}$ (15) 0

(16) -1

문제 5 그림을 이용해도 증명할 수 있지만, **4**의 [**3**]과 [**2**]로부터

$$\sin\left(\frac{\pi}{2} - \theta\right) = \sin\left(-\theta + \frac{\pi}{2}\right) = \cos(-\theta)$$
$$= \cos\theta$$
$$\cos\left(\frac{\pi}{2} - \theta\right) = \cos\left(-\theta + \frac{\pi}{2}\right) = -\sin(-\theta)$$
$$= -(-\sin\theta) = \sin\theta$$

로서도 이끌어낼 수 있습니다.

문제 6 문제 **5**와 마찬가지로 **4**의 [**4**]와 [**2**]로부터

$$\sin(\pi - \theta) = -\sin(-\theta) = \sin\theta$$
$$\cos(\pi - \theta) = -\cos(-\theta) = -\cos\theta$$

문제 7 θ가 제2사분면의 각일 때 $\sin\theta = \dfrac{3}{5}$

θ가 제3사분면의 각일 때 $\sin\theta = -\dfrac{3}{5}$

문제 8 (1) $-\sqrt{3}$ (2) 1 (3) $-\dfrac{1}{\sqrt{3}}$

(4) $-\sqrt{3}$ (5) 0

문제 9 θ가 제2사분면의 각일 때

$$\sin\theta = \frac{2}{\sqrt{5}}, \quad \cos\theta = -\frac{1}{\sqrt{5}}$$

θ가 제4사분면의 각일 때

$$\sin\theta = -\frac{2}{\sqrt{5}}, \quad \cos\theta = \frac{1}{\sqrt{5}}$$

문제 10 그래프 생략. 주기만을 적는다.

(1) 2π (2) 2π (3) $\dfrac{2}{3}\pi$ (4) π

(5) 4π (6) 2π (7) 2π (8) 2π

(9) π (10) $\dfrac{\pi}{2}$ (11) π

문제 11 생략

문제 12 (1) $\dfrac{\pi}{3} + 2n\pi$, $\dfrac{2}{3}\pi + 2n\pi$

(2) $\dfrac{\pi}{3} + 2n\pi$, $\dfrac{5}{3}\pi + 2n\pi$

(3) $\dfrac{5}{8}\pi + n\pi$, $\dfrac{7}{8}\pi + n\pi$

(4) $\dfrac{5}{3}\pi + 4n\pi$, $\dfrac{7}{3}\pi + 4n\pi$

(5) $\dfrac{\pi}{4}+n\pi$ (6) $\dfrac{\pi}{12}+\dfrac{1}{2}n\pi$

문제 13 (1) $\dfrac{\pi}{6}<\theta<\dfrac{5}{6}\pi$

(2) $0\leqq\theta\leqq\dfrac{\pi}{4}$, $\dfrac{3}{4}\pi\leqq\theta<2\pi$

(3) $\dfrac{\pi}{6}\leqq\theta\leqq\dfrac{11}{6}\pi$

(4) $0\leqq\theta<\dfrac{2}{3}\pi$, $\dfrac{4}{3}\pi<\theta<2\pi$

문제 14 (1) $0\leqq\theta<\dfrac{\pi}{2}$, $\dfrac{3}{4}\pi<\theta<\pi$

(2) $0\leqq\theta\leqq\dfrac{\pi}{6}$, $\dfrac{\pi}{2}<\theta<\pi$

문제 15 $\sin(\alpha+\beta)=-\dfrac{63}{65}$, $\cos(\alpha+\beta)=-\dfrac{16}{65}$,

$\cos(\alpha-\beta)=-\dfrac{56}{65}$

문제 16 (1) $\dfrac{\sqrt{6}-\sqrt{2}}{4}$ (2) $\dfrac{\sqrt{6}+\sqrt{2}}{4}$

(3) $\dfrac{\sqrt{6}+\sqrt{2}}{4}$ (4) $\dfrac{\sqrt{2}-\sqrt{6}}{4}$

(5) $\dfrac{\sqrt{3}}{2}$ (6) $-\dfrac{1}{2}$ (7) $\dfrac{\sqrt{6}-\sqrt{2}}{4}$

(8) $-\dfrac{\sqrt{6}+\sqrt{2}}{4}$

문제 17 (1) 412페이지의 [1]의 두 식을 곱하면

(좌변)$=\sin^2\alpha\cos^2\beta-\cos^2\alpha\sin^2\beta$
$=\sin^2\alpha(1-\sin^2\beta)-(1-\sin^2\alpha)\sin^2\beta$
$=\sin^2\alpha-\sin^2\beta$.

(2) 위와 마찬가지로, 412페이지의 [2]의 두 식을 곱함으로써 증명이 됩니다.

문제 18 $\tan15°=2-\sqrt{3}$, $\tan105°=-2-\sqrt{3}$

문제 19 (1) [3]의 제1식에서 $\alpha=\dfrac{\pi}{4}$, $\beta=\theta$로 한다.

(2) [3]의 제2식에서 $\alpha=\dfrac{\pi}{4}$, $\beta=\theta$로 한다.

문제 20 (1) $2\sin\left(\theta-\dfrac{\pi}{6}\right)$

(2) $5\sin(\theta+\alpha)$, 단 $\cos\alpha=\dfrac{3}{5}$, $\sin\alpha=\dfrac{4}{5}$

(3) $13\cos(\theta+\beta)$, 단 $\cos\beta=\dfrac{12}{13}$, $\sin\beta=-\dfrac{5}{13}$

(4) $\sqrt{2}\cos\left(\theta+\dfrac{\pi}{4}\right)$

문제 21 (1) $\dfrac{\pi}{4}$, $\dfrac{5}{4}\pi$ (2) π, $\dfrac{3}{2}\pi$

(3) $\dfrac{\pi}{3}$, $\dfrac{4}{3}\pi$ (4) 0, $\dfrac{4}{3}\pi$

문제 22 $\dfrac{\pi}{2}<\theta<\dfrac{11}{6}\pi$

문제 23 (1) $y=\sqrt{2}\sin\left(x+\dfrac{\pi}{4}\right)$, 최대값 $\sqrt{2}$, 최소값 $-\sqrt{2}$ (그래프 생략)

(2) $y=2\sin\left(x-\dfrac{\pi}{6}\right)$, 최대값 2, 최소값 -2 (그래프 생략)

문제 24 (1) $\dfrac{\pi}{4}<\theta<\dfrac{5}{4}\pi$ (2) $\dfrac{\pi}{6}\leqq\theta\leqq\dfrac{3}{2}\pi$

문제 25 $60°$

문제 26 $\sin2\alpha=\dfrac{4\sqrt{2}}{9}$, $\cos2\alpha=-\dfrac{7}{9}$,

$\sin\dfrac{\alpha}{2}=\pm\dfrac{\sqrt{3}}{3}$, $\cos\dfrac{\alpha}{2}=\pm\dfrac{\sqrt{6}}{3}$ (복부호 동순)

($\dfrac{\alpha}{2}$ 를 제1사분면의 각으로 속단해서는 안됩니다. α는 $0<\theta<\dfrac{\pi}{2}$인 θ를 써서 $\alpha=\theta+2n\pi$로 표시되는 각이므로 $\dfrac{\alpha}{2}=\dfrac{\theta}{2}+n\pi$입니다. n이 짝수인가 홀수인가에 따라 $\dfrac{\alpha}{2}$ 는 제1사분면의 각 또는 제3사분면의 각이 됩니다. 그러므로 $\sin\dfrac{\alpha}{2}$, $\cos\dfrac{\alpha}{2}$ 는 모두 양 또는 모두 음입니다.)

문제 27 (1), (2) 쉽다.

(3) $\dfrac{\sin\alpha}{1+\cos\alpha}=\dfrac{2\sin\dfrac{\alpha}{2}\cos\dfrac{\alpha}{2}}{2\cos^2\dfrac{\alpha}{2}}=\dfrac{\sin\dfrac{\alpha}{2}}{\cos\dfrac{\alpha}{2}}$

$=\tan\dfrac{\alpha}{2}$

또 하나의 등식의 증명은 마찬가지입니다.

(4) 좌변을 통분해서 계산한다.

문제 28 (1) (좌변)

$=\left(\dfrac{\cos\theta-\sin\theta}{\cos\theta+\sin\theta}\right)^2=\dfrac{1-2\sin\theta\cos\theta}{1+2\sin\theta\cos\theta}=(우변)$

(2) 324페이지의 삼배각의 공식에 따라

(좌변)$=4\cos^3\theta-3\cos\theta+3\sin\theta-4\sin^3\theta$
$=4(\cos^3\theta-\sin^3\theta)-3(\cos\theta-\sin\theta)$
$=(\cos\theta-\sin\theta)(4\cos^2\theta+4\cos\theta\sin\theta+4\sin^2\theta-3)$
$=(우변)$

(3) $3\theta = 2\theta + \theta$로 해서 탄젠트의 덧셈정리와 이배각의 공식을 이용한다.

(4) (좌변)$= \dfrac{(1-\cos\theta)+\sin\theta}{(1+\cos\theta)+\sin\theta}$

$= \dfrac{2\sin^2\dfrac{\theta}{2}+2\sin\dfrac{\theta}{2}\cos\dfrac{\theta}{2}}{2\cos^2\dfrac{\theta}{2}+2\sin\dfrac{\theta}{2}\cos\dfrac{\theta}{2}} = \dfrac{\sin\dfrac{\theta}{2}}{\cos\dfrac{\theta}{2}}$

$=$(우변)

(5) $\dfrac{\theta}{2}=\dfrac{\theta}{3}+\dfrac{\theta}{6}$ 로 부터

$\tan\dfrac{\theta}{2}=\tan\left(\dfrac{\theta}{3}+\dfrac{\theta}{6}\right)=\dfrac{\tan\dfrac{\theta}{3}+\tan\dfrac{\theta}{6}}{1-\tan\dfrac{\theta}{3}\tan\dfrac{\theta}{6}}$

이것의 분모를 없애고 변형한다.

문제 29 $\dfrac{2t}{1+t^2}=\dfrac{2\tan\dfrac{\theta}{2}}{1+\tan^2\dfrac{\theta}{2}}$ 의 분자 분모에

$\cos^2\dfrac{\theta}{2}$ 를 곱하면 이 식은 $2\sin\dfrac{\theta}{2}\cos\dfrac{\theta}{2}=$ $\sin\theta$가 된다.

$\dfrac{1-t^2}{1+t^2}=\dfrac{1-\tan^2\dfrac{\theta}{2}}{1+\tan^2\dfrac{\theta}{2}}$ 의 분자 분모에 $\cos^2\dfrac{\theta}{2}$

를 곱하면, 이 식은 $\cos^2\dfrac{\theta}{2}-\sin^2\dfrac{\theta}{2}=\cos\theta$ 가 된다.

문제 30 (1) $\theta=0,\ \dfrac{\pi}{3},\ \pi,\ \dfrac{5}{3}\pi$

(2) $\theta=\dfrac{\pi}{6},\ \dfrac{5}{6}\pi,\ \dfrac{3}{2}\pi$

(3) $\theta=\dfrac{2}{3}\pi,\ \dfrac{4}{3}\pi$

문제 31 (1) $\dfrac{\pi}{6}\leqq\theta\leqq\dfrac{5}{6}\pi$ 및 $\theta=\dfrac{3}{2}\pi$

(2) $\dfrac{2}{3}\pi<\theta<\dfrac{4}{3}\pi$

문제 32 $\sin^2 x=\dfrac{1-\cos 2x}{2}$ 이므로 $y=\sin^2 x$ 의 그래프는 $y=\cos x$ 의 그래프를 다음과 같은 순서로 변형함으로써 얻어집니다. (a) x축의 방향으로 $\dfrac{1}{2}$ 배 축소한다. (b) x축에 대해서 대칭으로 이동시킨다. (c) y축의 방향으로 1만큼 평행이동시킨다. (d) y축의 방향으로 $\dfrac{1}{2}$ 배 축소한다. $y=\cos^2 x$ 의 그래프의 경우에는 위의 (b)가 필요없습니다. 그래프는 다음 그림인데, 실선이 $y=\sin^2 x$ 의 그래프, 점선이 $y=\cos^2 x$ 의 그래프이고, 주기는 모두 π입니다.

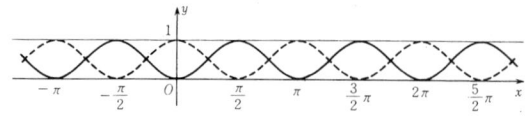

문제 33 (1) 최대값 3, 최소값 $-\dfrac{3}{2}$

(2) $y=2\sin\left(x+\dfrac{\pi}{4}\right)$, 최대값 2, 최소값 -2

(3) $y=\dfrac{1}{2}+\sin\left(2x-\dfrac{\pi}{6}\right)$, 최대값 $\dfrac{3}{2}$, 최소값 $-\dfrac{1}{2}$

(4) $y=3+2\sqrt{2}\sin\left(2x+\dfrac{\pi}{4}\right)$, 최대값 $3+2\sqrt{2}$, 최소값 $3-2\sqrt{2}$

(5) $y=(\sin^2 x+\cos^2 x)^2-2\sin^2 x\cos^2 x$ $=1-\dfrac{1}{2}\sin^2 2x$. 최대값 1, 최소값 $\dfrac{1}{2}$

문제 34 (1) $\dfrac{1}{2}(\sin 4\theta+\sin 2\theta)$

(2) $\dfrac{1}{2}(\cos 8\theta+\cos 6\theta)$

(3) $-\dfrac{1}{2}(\cos 5\theta-\cos\theta)$

(4) $2\sin 2\theta\cos\theta$

(5) $2\cos 3\theta\sin\theta$

(6) $2\cos 5\theta\cos 4\theta$

(7) $-2\sin(\alpha+\beta)\sin(\alpha-\beta)$

문제 35 (1) $\dfrac{1}{2}(\sin 90°+\sin 60°)=\dfrac{2+\sqrt{3}}{4}$

(2) $\dfrac{1}{2}(\cos 90°+\cos 45°)=\dfrac{1}{2\sqrt{2}}$

(3) $-\dfrac{1}{2}(\cos 60°-\cos 45°)=\dfrac{\sqrt{2}-1}{4}$

(4) $\dfrac{1}{2}(\cos 60°+\cos 20°)-\dfrac{1}{2}(\cos 120°+\cos 20°)=\dfrac{1}{2}$

문제 36 (1) (좌변)$=2\cos 60°\sin 10°=$ (우변)

(2) (좌변)$=2\cos 60°\cos 10°=$ (우변)

(3) $\sin 40°-\sin 80°=2\cos 60°\sin(-20°)$ $=-\sin 20°$

$\sin 160°=\sin(180°-20°)=\sin 20°$

그러므로 (좌변)$=0$.

문제 37 (1) $\cos 2A+\cos 2B$ $=2\cos(A+B)\cos(A-B)$

$\cos 2C = \cos 2(A+B) = 2\cos^2(A+B) - 1$

로 하고, 다음은 위의 예제와 같다.

(2) $\sin A + \sin B = 2\sin\dfrac{A+B}{2}\cos\dfrac{A-B}{2}$

$\sin C = \sin(A+B)$

$\qquad = 2\sin\dfrac{A+B}{2}\cos\dfrac{A+B}{2}$

그리고 $\dfrac{A+B}{2} = \dfrac{\pi}{2} - \dfrac{C}{2}$ 로부터, 398페이지

문제 5에 공식에 따라 $\sin\dfrac{A+B}{2} = \cos\dfrac{C}{2}$

그러므로

(좌변) $= 2\cos\dfrac{C}{2}\left(\cos\dfrac{A-B}{2} + \cos\dfrac{A+B}{2}\right)$

$\qquad\qquad\qquad\qquad = $ (우변)

(3) $\cos A + \cos B = 2\cos\dfrac{A+B}{2}\cos\dfrac{A-B}{2}$

$\cos C = -\cos(A+B) = -2\cos^2\dfrac{A+B}{2} + 1$

다음은 (2)와 같다.

(4) $C = \pi - (A+B)$ 로부터

$\tan C = -\tan(A+B) = -\dfrac{\tan A + \tan B}{1 - \tan A \tan B}$

이 분모를 없애고 정리한다.

문제 38 (1) $5\sqrt{2}$ (2) 10

(3) $A = \dfrac{2}{3}\pi$, $R = b = c = \dfrac{10}{\sqrt{3}}$

문제 39 $c = \dfrac{b\sqrt{4R^2-a^2} \pm a\sqrt{4R^2-b^2}}{2R}$

문제 40 (1) $2\sqrt{19}$ (2) 약 6.46

(3) $\cos C = \dfrac{a^2+b^2-c^2}{2ab}$ 에 주어진 C, a, b

의 값을 대입하면 $-\dfrac{\sqrt{3}}{2} = \dfrac{b^2-36}{6\sqrt{3}\,b}$. 이 분모

를 없애고 정리하면 b 에 관한 이차방정식

$b^2 + 9b - 36 = 0$ 이 얻어집니다. 그러므로 b

$= 3$ 입니다.

(4) $\dfrac{\pi}{3}$ (5) 약 $82°$

문제 41 제1식은 다음 그림을 관찰하면 쉽게 알

수 있습니다. 다른 식도 마찬가지입니다.

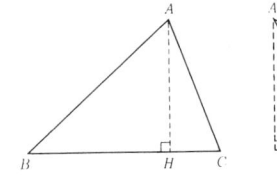
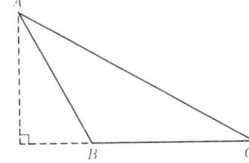

문제 42 (1) $b = c$ 인 이등변삼각형 (2) 정삼

각형 (3) $a = b$ 인 이등변삼각형 (4)

$a = b$ 인 이등변삼각형 또는 C 가 직각인 직

각삼각형 (5) A 가 직각인 직각삼각형

(6) C 가 직각인 직각삼각형 [주어진 식의

분모를 없애고 양변에 $2R$ 을 곱하면 $c(\cos$

$A + \cos B) = a + b$. 다음에 $\cos A$, $\cos B$

를 변 a, b, c 로 나타내고 간단히 하면 $c^2 = a^2$

$+ b^2$ 이 얻어집니다.]

문제 43 각의 크기는 대응하는 변의 크기와 일치

하므로, 최대인 변에 대응하는 각이 최대각

입니다. 그리고 비교해 보면 알 수 있듯이

최대의 변은 x^2+x+1 입니다. 따라서 최대

각을 θ 라 하면

$$\cos\theta = \dfrac{(2x+1)^2 + (x^2-1)^2 - (x^2+x+1)^2}{2(2x+1)(x^2-1)}$$

이 우변을 계산하면 $-\dfrac{1}{2}$ 이 됩니다. 그러므

로 $\theta = \dfrac{2}{3}\pi (120°)$

문제 44 $S = \dfrac{1}{2}bc\sin A$ 이며, 사인정리에 의해서

$\sin A = \dfrac{a}{2R}$. 따라서 $S = \dfrac{abc}{4R}$.

문제 45 $\triangle ABD$, $\triangle ACD$ 는 꼭지점 A 로부터의 높

이가 같으므로 넓이는 밑변에 비례합니다.

따라서 $S_1 : S_2 = BD : DC$.

한편, $S_1 : S_2 = AB \cdot AD : AC \cdot AD = AB : AC$.

문제 46 $\triangle ABD$, $\triangle BCD$ 의 넓이를 각각 S_1, S_2 라

하면, $S_1 = \dfrac{1}{2} \cdot 5 \cdot 3 \cdot \sin 120° = \dfrac{15}{4}\sqrt{3}$. 또, 코

사인정리에 의해서 $BD^2 = 3^2 + 5^2 - 2 \cdot 3 \cdot 5 \cdot$

$\cos 120° = 49$, 그러므로 $BD = 7$. 따라서 헤론

의 공식에 따라 $S_2 = \sqrt{9 \cdot 4 \cdot 3 \cdot 2} = 6\sqrt{6}$.

그러므로 답은 $S_1 + S_2 = \dfrac{15}{4}\sqrt{3} + 6\sqrt{6}$

문제 47 $\angle COD$ 를 θ 로 놓는다.

(1) 넓이를 S 라고 하면,

$\qquad S = 2r^2\sin\theta\cos\theta = r^2\sin 2\theta$

이것은 $\theta = \dfrac{\pi}{4}$ 일 때 최대가 되고, 최대값은 r^2.

(2) 둘레의 길이를 L 이라고 하면,

$\qquad L = 2r\sin\theta + 4r\cos\theta = 2\sqrt{5}\,r\sin(\theta+\alpha)$

$\qquad$ (α 는 $\tan\alpha = 2$, $0 < \alpha < \dfrac{\pi}{2}$ 인 각)

이것은 $\theta + \alpha = \dfrac{\pi}{2}$, 즉 θ 가 $\tan\theta = \dfrac{1}{2}$, $0 <$

$\theta < \dfrac{\pi}{2}$ 인 각일 때 최대가 되고, 최대값은

$2\sqrt{5}\,r.$

문제 48   간단히 하기 위해 P, Q, R이 각각 선분
BC, CA, AB 상에 있는 경우를 생각합니다.
BQ, CR 의 교점을 O로 하고, 직선 AO와 변
BC와의 교점을 P'라고 하면, 체바의 정리
에 따라

$$\frac{BP'}{P'C} \cdot \frac{CQ}{QA} \cdot \frac{AR}{RB} = 1$$

이므로, 이 식과 가정의 식으로부터

$$\frac{BP}{PC} = \frac{BP'}{P'C}$$

가 됩니다. 즉 P, P'는 선분 BC를 같은 비
율로 내분하고 있습니다. 그러므로 $P = P'$
가 아니면 안됩니다. 즉, 직선 AP도 O를
지납니다.

문제 49   (1) $\triangle IBC = \frac{1}{2}\,ra$, $\triangle ICA = \frac{1}{2}\,rb$,
$\triangle IAB = \frac{1}{2}\,rc$이고, 이것들을 전부 더한 것
이 S이므로 $S = sr$.

(2)   (1)의 식을 r에 관해서 풀고 헤론의
공식을 이용하면 된다.

문제 50 $AE = AF = x$, $BF = BD = y$, $CD = CE = z$
로 놓으면 $x + y = c$, $y + z = a$, $z + x = b$. 이
세 식을 더해서 2로 나누면 $x + y + z = s$. 그
러므로 $x = s - a$, $y = s - b$, $z = s - c$.

문제 51   위 문제와 같다.

지은이 • 마츠자카 가즈오 (松坂和夫)

일본의 수학자. 1927년 도쿄 출생. 도쿄대 졸업.
닛쿄대 명예교수. 지은책으로 『대수에의 출발』
『선형 대수 입문』 등이 있다.
이 책은 저자가 그간의 연구와 교육을 종합하여
수학의 기초부터 새롭게 이해하는 '새로운 수학 교과서'로
집필한 것이다.

옮긴이 • 김태성 (金泰星)

서울대학교 문리과대학 졸업.
미국 오리건주립대학교 대학원 졸업, 이학박사.
국립철도고등학교 · 경동고등학교 수학교사 역임.
현재 원광대학교 자연과학대 통계학과 교수.
저서로 『대학수학』 등이 있음.

Super mathematics

수학독본

제 ❷ 권 간단한 함수 / 평면도형과 식
지수함수 · 로그함수 / 삼각함수

지은이 • 마츠자카 가즈오(松坂和夫)
옮긴이 • 김태성(金泰星)
펴낸이 • 김언호
펴낸곳 • (주)도서출판 한길사

등록 • 1976년 12월 24일 (제74호)
주소 • 10881 경기도 파주시 광인사길 37
홈페이지 • www.sonyunhangil.co.kr
전자우편 • sonyunhangil@hangilsa.co.kr
전화 • 031-955-2000~3
팩스 • 031-955-2005

제1판 제 1쇄 1994년 1월 20일
제1판 제26쇄 2025년 12월 22일

값 16,000원
ISBN 89-356-4038-6 54410
      89-356-4043-3 (세트)

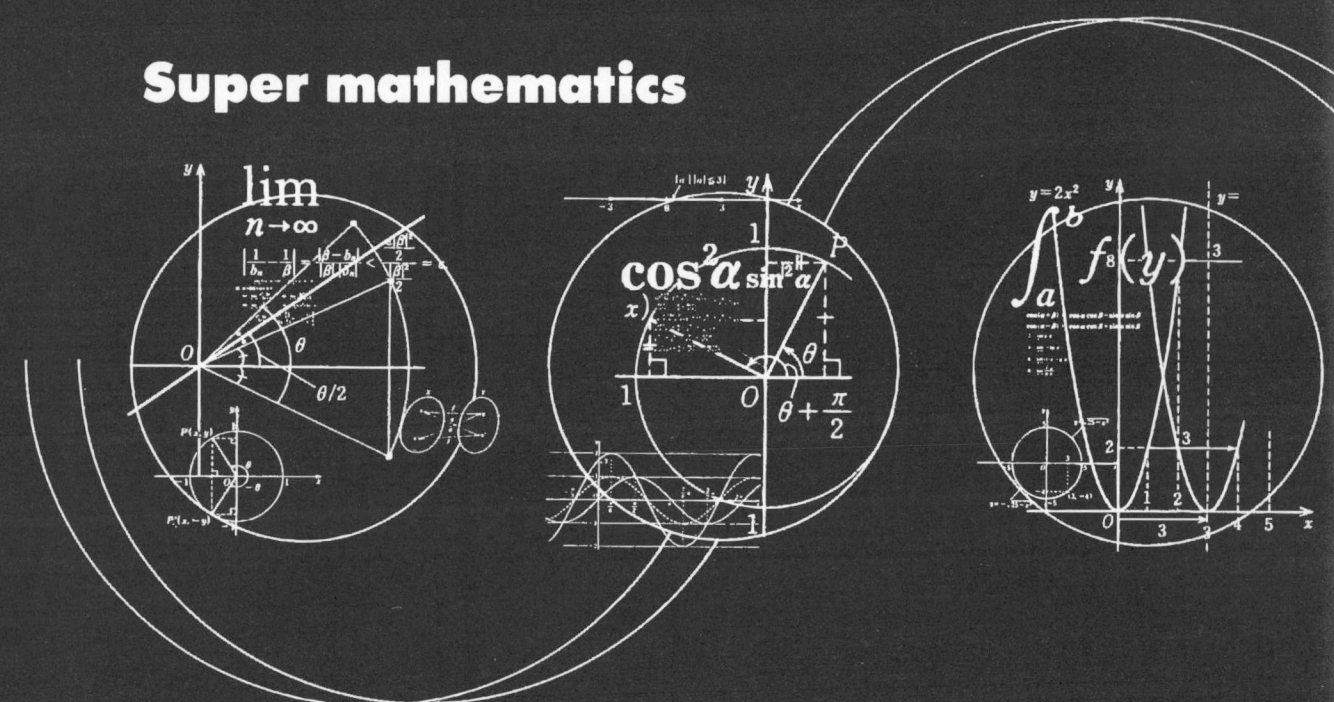